航空发动机新技术丛书

航空发动机涡轮盘损伤容限分析理论与方法

Theory and Methodology of Damage Tolerance Analysis for Aero-Engine Turbine Disc

胡殿印　刘　茜　毛建兴　王荣桥　著

北京航空航天大学出版社

内 容 简 介

涡轮盘损伤容限分析已成为军用航空发动机设计规范、民用航空发动机适航取证中不可或缺的一环。本书系统阐述航空发动机涡轮盘损伤容限分析涉及的基础理论、分析方法和工程应用实例，重点介绍缺陷等效方法、裂纹扩展基础理论与建模方法、轮盘结构特征模拟件设计方法、缺陷检出概率建模方法、涡轮盘损伤容限分析等内容。

本书着重解决航空发动机涡轮盘损伤容限分析的关键技术与工程应用问题，旨在为相关领域的专家、学者、工程技术人员和高校师生提供一套可借鉴的损伤容限分析方法。

图书在版编目(CIP)数据

航空发动机涡轮盘损伤容限分析理论与方法 / 胡殿印等著. -- 北京 : 北京航空航天大学出版社, 2024.3

ISBN 978-7-5124-4325-9

Ⅰ. ①航… Ⅱ. ①胡… Ⅲ. ①航空发动机—涡轮盘—疲劳强度—研究 Ⅳ. ①V233.1

中国国家版本馆 CIP 数据核字(2024)第 029512 号

航空发动机涡轮盘损伤容限分析理论与方法

胡殿印　刘　茜　毛建兴　王荣桥　著

策划编辑　蔡　喆　李晓琳　　责任编辑　蔡　喆　冯　颖

*

北京航空航天大学出版社出版发行

北京市海淀区学院路 37 号(邮编 100191)　http://www.buaapress.com.cn

发行部电话:(010)82317024　传真:(010)82328026

读者信箱: goodtextbook@126.com　邮购电话:(010)82316936

保定市中画美凯印刷有限公司印装　各地书店经销

*

开本: 710×1 000　1/16　印张: 16　字数: 341 千字

2024 年 3 月第 1 版　2024 年 3 月第 1 次印刷

ISBN 978-7-5124-4325-9　定价:139.00 元

《航空发动机新技术丛书》
编 写 委 员 会

《航空发动机新技术丛书》
策划委员会

前　言

航空发动机涡轮盘长时间工作在高温、高转速的极端服役环境下，既要抗受交变离心大载荷，又要叠加因盘心和盘缘大温差导致的热应力，同时需要满足重量轻、寿命长、可靠性高等苛刻且相互矛盾的指标要求，是军机关键件、民机限寿件。由于结构和受载的双重复杂性，涡轮盘盘心、偏心孔、辐板等典型部位呈现显著应力集中和复杂应力状态，极易萌生疲劳裂纹并扩展导致轮盘断裂，引发危及飞行安全的重大故障，因此损伤容限分析成为航空发动机研制的核心关键技术和制约瓶颈。本书聚焦涡轮盘损伤容限分析基础理论与工程应用，结合团队近 20 年的科研成果编撰而成。

本书针对航空发动机涡轮盘损伤容限分析涉及的"机理不明晰、数值模拟难、工程用不上"等关键科学问题，从缺陷等效及表征方法、短裂纹及长裂纹扩展机理、多尺度数值模拟方法、涡轮盘可靠度计算等方面进行系统、深入论述，结合涡轮盘损伤容限分析案例进行介绍。本书的特色主要体现在：(1)与工程应用紧密结合。从涡轮盘损伤容限分析工程实际出发提取关键技术，从失效机理及数值模拟两方面突破技术难点，并最终应用于工程。例如，缺陷等效问题即针对刀痕、夹杂物等初始缺陷开展的等效方法研究，量化缺陷对损伤及寿命的影响。(2)研究紧扣学术前沿。针对损伤容限分析涉及的前沿热点问题开展研究，对最新成果进行总结。例如，在裂纹扩展理论模型方面基于分子动力学、位错理论、晶体塑性理论，分别在微观、细观、宏观尺度，论述短裂纹扩展及长裂纹扩展多尺度模型，为镍基多晶材料的失效行为预测提供支撑；对缺陷等效理论等学术前沿问题开展研究，建立缺陷的应力等效及形位等效方法，为涡轮盘刀痕、夹杂等缺陷表征提供基础。

全书共 9 章。第 1 章为轮盘相关的背景知识介绍，包括轮盘结构强度设计要求、损伤容限设计要求和损伤容限分析的关键科学问题；第 2 章介绍缺陷等效方法；第 3～6 章为裂纹扩展基础理论与建模方法介绍，包括短裂纹扩展机理及模型，低周疲劳、蠕变-疲劳和高低周复合疲劳下长裂纹扩展机理及模型；第 7 章为轮盘结构特征模拟件设计方法;第 8 章为缺陷检出概率建模方法;第 9 章为涡轮盘损伤容限分析流程、软件及工程应用实例。

本书的研究工作得到了航空发动机及燃气轮机重大专项基础研究项目(2017－IV－0004－0041)、民机科研专项等项目的资助,工程应用方面得到了中国航发四川燃气涡轮研究院(624 所)、中国航发商用航空发动机有限责任公司(商发)、中国航发湖南动力机械研究所(608 所)、中国航发沈阳发动机研究所(606 所)、中国航发北京航空材料研究院(621 所)、中国航空工业北京航空制造工程研究所(625 所)等单位的资助和支持。在此表示衷心的感谢。

本书的撰写及其相关研究工作得到了中国航发 624 所古远兴研究员、何云研究员,中国航发商发侯乃先研究员、陈景阳研究员,中国航发 608 所李维研究员、米栋研究员,中国航发贵阳发动机设计所高阳研究员的大力支持与指导。课题组赵淼东、鄢林、潘锦超、孔维瀚等多名学生参与了本书文字、图片、资料的收集工作。在此一并表示感谢。

受研究工作和作者认识的局限,书中难免存在不妥之处,恳请读者批评、指正,并提出宝贵的意见与建议。

作　者

2023 年秋

目　录

第1章
绪　论

1.1 涡轮盘概述

燃气涡轮发动机广泛应用于航空、航海、能源等领域，被誉为动力机械领域“皇冠上的明珠”。燃气涡轮发动机主要包括涡轮喷气发动机、涡轮风扇发动机、涡轮螺旋桨发动机、涡轮轴发动机等，其基本部件包括进气道、压气机、燃烧室、涡轮、尾喷管等，如图 1.1 所示。

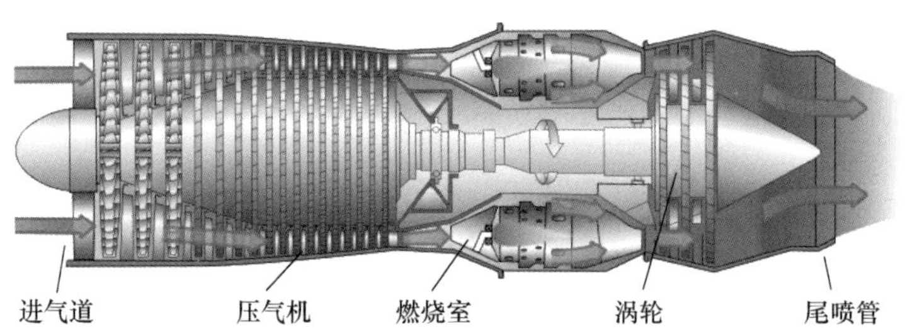

图 1.1 燃气涡轮发动机基本部件结构图

涡轮将高温燃气中部分热能和势能转化为机械功，并驱动压气机、附件等部件工作，是燃气涡轮发动机重要部件之一。涡轮由转子（涡轮盘、涡轮轴、涡轮转子叶片及连接零件等）、静子（涡轮机匣、涡轮导向器等）及其他辅助系统等组成[1]。典型的高压涡轮结构如图 1.2 所示。

涡轮转子中涡轮盘是航空燃气涡轮发动机的军机关键件和民机限寿件，其结构完整性设计是制约我国航空发动机自主研发的瓶颈。涡轮盘主要由轮缘、辐板和轮毂等组成（见图 1.3）。涡轮盘一般通过枞树形榫槽与叶片榫头连接。涡轮盘的关键部位主要包括以下几处[2]：

① 中心孔部位离心载荷最大，是最应关注的部位。

② 榫槽槽底及其过渡圆角、榫齿接触面及螺栓孔等部位具有显著的局部应力集中,也需要重点关注。

③ 辐板喉部、涡轮盘(尤其粉末冶金涡轮盘)辐板厚度突变截面及轮盘辐板上的均压孔或螺栓孔等部位。

④ 封严盘、封严环、鼓筒及挡板上的篦齿部位。

⑤ 挡板上的孔、槽等应力集中部位,无螺栓挡板与轮盘的连接部位。

⑥ 端齿、套齿连接部位,及与平衡配重相连接部位等。

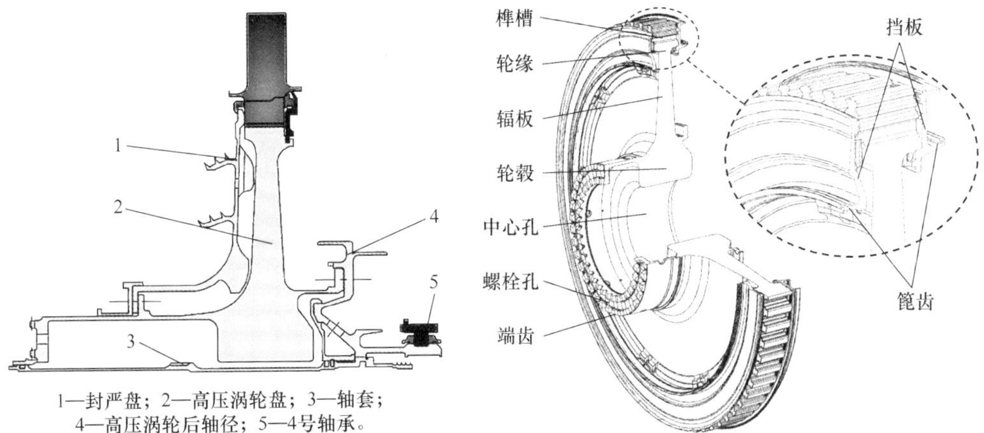

图 1.2 高压涡轮结构(EJ200 发动机)

图 1.3 涡轮盘及其关键部位

1.2 轮盘结构强度设计要求

轮盘强度设计过程中,主要考虑以下几个方面[2]:

1. 载荷环境方面

离心载荷和热载荷是轮盘最主要的载荷。对于高压涡轮盘而言,热载荷显著,当发动机起动、加速达到高转速工作状态后,轮心热应力最高能达到总应力30%以上;同时,轮盘还要考虑发动机迅速降转时的反向温度场,它对循环载荷下限有较大影响。除离心载荷及热载荷外,轮盘还承受其前、后表面的气体压力和由叶片传来的气动力,以及盘与盘、盘与轴、盘与挡板等构件之间的装配载荷。除此之外,强度设计还应关注发动机使用中可能出现的超转、超温载荷。

2. 材料应用方面

当前轮盘材料多采用镍基高温合金材料,以保证足够的高温强度和抗断裂性。屈服、极限等基本性能应优先采用S基值,或A基值与B基值[3]。断裂韧性和裂纹扩展速率暂未考虑其分散性,现阶段多采用均值进行评估,仍需建立概率分析方法。

疲劳、蠕变等性能均采用基于置信度为50%的-3σ值或置信度为95%的-2σ值，如有必要，还可采用置信度为95%的-3σ值；如果不具备，可取用型号标准或企业标准规定的最低值。考虑到盘锻件不同部位力学性能存在差异，应从轮盘不同部位取样获取不同部位的材料力学性能。特别地，对于粉末冶金高温合金材料，其强度更高但夹杂物等缺陷不可避免，需严格控制夹杂物等缺陷尺寸。

3. 安全可靠方面

轮盘为断裂关键件和安全关键件，其破坏为非包容性破坏，严重会危及飞行安全。根据发动机安全性要求，规定引发危害性发动机后果的单个故障率要求载客飞机应不大于10^{-8}次/发动机飞行小时，其他发动机应不大于10^{-6}次/发动机飞行小时。要求轮盘出现裂纹的B0.1寿命应不小于发动机使用寿命，即机群中90%的发动机在发动机寿命期内轮盘故障小于1次。轮盘在设计的寿命期内需要保证具有足够的裂纹扩展寿命，开展损伤容限设计，确保即使轮盘出现裂纹，其裂纹扩展寿命也不低于两倍的检修周期，以确保裂纹被及时检出。

4. 结构设计方面

针对轮盘断裂关键件，结构设计最重要的是采用抗断裂设计思想。主要是需要在整体上控制静应力水平，在关键部位减小应力集中，进行安全寿命设计和裂纹扩展评估，将损伤容限设计作为轮盘结构设计中的重要一环。设计目标是将轮盘看作使用中不可检查，使其在达到一个设计寿命期前不需进行裂纹检查。轮盘避开有害共振和减小振动应力，防止高循环疲劳断裂，也极为重要。从结构设计方面讲，尽量采用能提高承载能力、减轻重量和减少故障多发部位的结构设计技术。

5. 工艺制造方面

轮盘疲劳裂纹往往起源于几何不连续处。制造工艺不当和生产质量不良是轮盘断裂故障的主要原因之一。特别是榫槽部位、应力较高区域的螺栓孔、通气孔等部位以及轮盘辐板与盘缘连接部位等，应对这些部位提出关重特性（关键、重要特性）要求，制定相应的精细加工的工艺和质量要求；并在这些部位尽可能采用表面强化工艺，提高疲劳强度。机械加工表面应有尽可能好的表面完整性，且表面应有比较均匀的、合适的压应力，防止压应力过大产生亚表面疲劳裂纹。应竭力避免与轮盘相关的构件冷态矫正、组装中的弯曲以及紧度过大的配合，以防止由于应力-腐蚀-脆断或氢脆造成过早的损坏；当不能避免时，则应改变操作工艺，从而将危险减至最小；对不同的轮盘材料，应规定其表面残余拉应力不应超过的限度。

6. 使用维护方面

应按照损伤容限要求对可能出现裂纹的部位，特别是低周疲劳裕度不高的部位，规定轮盘使用中在线维护、定期维护和翻修时进行裂纹检测的方式和要求；应控制出现并准确记录对轮盘损伤最为严重的冷机直接加速到中间以上状态的循环次数；应对轮盘使用过程中在载荷与环境等作用下材料性能受损程度做出规定，特别是腐蚀的部位、面积和状态；转子篦齿封严装置应涂有磨料，磨料应可刮削与更换；转子篦齿封严环应可更换或可修理;鼓筒涂层应能采用修补、去皮与复涂的方法进行修理。

在设计要求的指导下,轮盘结构强度设计准则如下[2]:

1. 具有足够的静强度储备

静强度储备是轮盘结构强度设计中最基本的设计准则。在进行设计和试验时,需要确定各典型截面和部位的静强度储备(包括屈服强度储备、极限强度储备、蠕变强度储备和持久强度储备)。同时应按发动机全工作包线内设计用法确定,包括发动机稳态和瞬态。

2. 满足变形限制要求

轮盘工作时可能发生较大变形,应确定在发动机各工况(飞行包线各特征点与发动机状态)下轮盘的弹性变形(含热变形)和永久变形(包括塑性变形和蠕变变形)。应对轮盘的弹性变形和永久变形加以限制,以保证发动机工作时不因轮盘变形而引起转子内配合面定心不良、转子和静子间隙不当或发生严重碰磨;保证在设计寿命期内按设计用法工作后轮盘不出现有害的永久变形;保持尺寸稳定性,不破坏叶尖间隙,不影响发动机的分解和再装配。

3. 防止轮盘破裂

燃油控制器失控与误控、断轴、加力熄火等故障可能会引起发动机异常超转,从而导致轮盘发生非包容破裂,对飞行器造成灾难性的破坏。因此,必须确保在可能出现的超转范围内不破裂,所指破裂包括:防止轮盘周向破裂、防止轮盘径向破裂、防止鼓筒破裂和防止挡板类构件破裂等。要计算轮盘破裂转速储备,还必须进行破裂转速试验,验证轮盘承载能力储备。

4. 防止有害振动

轮盘共振会产生大的振动应力和变形,从而引起高周疲劳损伤甚至破裂,引发灾难性后果。要求在工作转速范围内避开有害共振,并有一定的安全裕度;应评估振动应力,保证轮盘具有足够的高周疲劳强度储备,应通过限制轮盘的稳态应力和采用阻尼减振措施将振动应力限制在许用值内。篦齿封严装置应避免气动弹性失稳、封严组件行波共振和耦合共振(振型协调)及机械-声频共振。

5. 提供足够的低周疲劳寿命

低周疲劳损伤是轮盘承受的循环载荷在材料中产生反复塑性变形引起的疲劳损伤。发动机工作循环中轮盘受到低周疲劳损伤,损伤的累积最终导致裂纹萌生、扩展、甚至断裂,往往引发飞行事故。为使轮盘具有足够的低周疲劳寿命,需要确定循环要求,恰当选材,控制应力水平,进行详细的应力-应变分析,预测平均寿命和安全寿命,最终试验确定安全寿命。

6. 提供足够的损伤容限

损伤容限指由于存在缺陷、裂纹或其他损伤,发动机在规定的不修理使用期内抗破坏的能力[4]。在发动机规定的检修周期内,轮盘应具有足够的损伤容限。按照抗断裂设计思想,通过适当的材料选择、材料控制、应力水平控制、制造工艺控制和采用可靠的检查方法等,可以获得足够的损伤容限。应对轮盘进行损伤容限分析,包括确定初始裂纹尺寸和使用中可检出的裂纹尺寸、裂纹扩展、剩余强度和检修周期等,以防止轮盘在寿命期内裂纹扩展至临界值,甚至破裂,造成飞机灾难性事故。

7. 提供足够的蠕变/应力断裂寿命

蠕变和应力断裂不仅与温度相关,还与时间相关,不仅要有蠕变变形和持久强度限制,还应确定达到限定的蠕变变形和应力断裂的时间限制。对每个有蠕变和应力断裂限制的轮盘,应进行随设计用法而变化的蠕变寿命和应力断裂寿命的分析预测。一般情况下,轮盘的盘体有蠕变寿命限制,而轮盘的轴向榫连接部分(轮缘凸块)有应力断裂寿命限制。应确定满意的蠕变/应力断裂寿命下的设计工作应力。例如,规定的蠕变应变寿命、轮缘直径增长和断裂寿命。

8. 防止轮盘辐板屈曲

轮盘通常均由宽的轮缘和薄的辐板及与之相连接的厚的轮毂构成。当轮毂部位温度比轮缘部位温度高很多时,就存在非弹性不稳定势能(屈曲);如果轮毂与辐板部位在工作状态下拉伸塑性区范围比较大,那么停车后辐板也可能屈曲。防止产生这两种情况下的轮盘辐板屈曲,就要正确确定飞行过程中所产生的最大的反向热梯度并控制辐板厚度、正确确定并控制轮盘工作时轮毂与辐板的塑性区范围。

9. 具有足够的抗腐蚀能力

轮盘应具有足够的抗腐蚀能力,避免轮盘工作中因腐蚀及与腐蚀相关的原因而失效。轮盘等高温合金盘应力腐蚀时有发生,且对盘体损伤比较严重,可能引起轮盘裂纹萌生、扩展甚至破裂,需重点防范。

除了以上强度设计要求,还需要特别关注蠕变-疲劳(轮缘、辐板部位)、高低周复合疲劳寿命(轮缘榫接部位);并开展标准件、特征模拟件及真实构件多层级试验,验证轮盘的疲劳寿命。

1.3 轮盘损伤容限设计要求

从轮盘结构强度设计要求可见,损伤容限设计已成为保证结构安全可靠的关键之一。本节从损伤容限设计方法发展历程出发,详细说明轮盘损伤容限设计要求。

1.3.1 损伤容限设计方法发展历程

军用航空发动机方面,20 世纪 70 年代初,美国空军引入了损伤容限概念,以减少军用飞机中结构失效和断裂失效问题。1972 年,美国空军首次将损伤容限设计纳入结构完整性计划(MIL-STD-1530)。1977—1981 年期间,美国开展了 F100 发动机二级风扇盘损伤容限设计,分析发现该轮盘可在 0.76 mm 裂纹情况下安全工作 3 个检修周期;同时采用损伤容限设计后,轮盘重量增加 3 磅(约 1.36 kg)、延寿 10 倍多,

寿命显著提高。随后在1984年,美国将损伤容限设计方法贯彻到发动机整个设计、试验及使用管理的过程,制定了《发动机结构完整性大纲》(ENSIP MIL-STD-1783)[5];1988年形成了手册ENSIP MIL-STD-1783A;2006年增加了振动与高循环疲劳要求,形成了ENSIP MIL-STD-1783B[6]。国内,1995年,国家军用标准(GJB/Z101—97)[7]中添加了航空发动机轮盘等断裂关键件的损伤容限设计要求;2010年,国家军用标准(GJB241A—2010)[8]明确了损伤容限设计关键要素的设计需求。

民用航空发动机方面,2001年,美国联邦航空管理局(Federal Aviation Administration, FAA)先后颁布适航公告AC33.14[9]和AC33.70[10,11],介绍了限寿件损伤容限设计方法及流程。2012年,国内在现行适航规定(民航局令第207号)CCAR33-R2-35[12]中增加了CCAR33.70限寿件条款,也规定了发动机轮盘等限寿件必须进行损伤容限设计。

1.3.2 损伤容限设计要求

国内外军民用航空发动机损伤容限设计规定针对轮盘断裂关键件、限寿件必须开展损伤容限分析,且需要重点考虑初始缺陷、检出裂纹尺寸、剩余强度、裂纹扩展、检修间隔等关键要素。损伤容限设计具体要求描述如下[2,7,8]:

1. 计算分析要求

应对轮盘上每个关键部位,包括静强度计算中的应力储备较低部位、低周疲劳分析中的寿命较低部位,以及实际经验表明的制造和使用过程中易引发缺陷与易发生裂纹部位,假设存在一定的初始缺陷或裂纹,进行损伤容限分析。

(1) 计算损伤容限基本参量

假定轮盘关键部位的初始裂纹长度,按低周疲劳分析中的基准循环峰值载荷及载荷谱,计算裂纹尖端参量应力强度因子和应力强度因子增量;按应力强度因子增量和盘材裂纹扩展性能计算裂纹扩展速率;按盘材断裂韧度和裂纹扩展速率计算临界裂纹长度和裂纹扩展寿命。

(2) 确定剩余强度

根据轮盘初始裂纹尺寸或使用中可检出的裂纹尺寸,通过对轮盘的损伤容限分析,计算轮盘剩余强度。要求轮盘剩余强度应不小于在要求的设计用法下工作时出现的最大应力,包括与轮盘有关的静力和动力载荷条件:一是控制轮盘正常或预计的超转(例如5%)且发动机恶化情况下的应力,但不包括超转破裂状态和不在设计任务剖面中的飞行状态的应力;二是应考虑振动应力对裂纹扩展的影响,在每个持续功率状态(慢车、巡航和中间)下,确定裂纹尺寸门槛值,根据在稳态工作条件下的材料高周疲劳门槛值特性确定最大允许的应力强度因子。

(3) 控制裂纹扩展,确定检修周期

根据轮盘初始裂纹尺寸或使用中可检出的裂纹尺寸,以及轮盘损伤容限基本参量,通过裂纹扩展分析确定检修周期,要求在两倍规定的检修周期内,其初始裂纹或使用中可检出的裂纹不会因施加所要求的剩余强度载荷而扩展到临界尺寸，引起轮盘破坏。

2. 相关设计要求

① 损伤容限分析应在发动机研制阶段尽早进行，以保证结构、材料、重量、性能、费用等的权衡。在轮盘选材时，特别是选用高强度钛合金、粉末冶金材料时，应选用具有较低屈强比、较高断裂韧度、较大裂纹长度参数和较高强度极限等综合性能较好的材料。

② 材料断裂韧性试验数据十分匮乏，应针对性地尽早提出材料性能数据手册上缺乏的项目和数据的测试要求。损伤容限分析时应考虑关键部位所承受的非对称循环和循环上下限保载等载荷影响，盘材应在相近条件下试验，确定相应的许用断裂韧度。

③ 在零件的初始设计时，假设表面初始裂纹长度为 0.76 mm、深度为 0.38 mm，角隅裂纹为 0.38 mm×0.38 mm；在体积大的部位，诸如轮盘的轮缘、辐板和盘心处有内埋缺陷，直径为 0.38 mm（且位于亚表面）；焊接件的内埋裂纹的直径应等于焊缝厚度的 20%。粉末冶金涡轮盘应按现行超声探伤技术条件，缺陷的当量直径不应大于 168 μm（对应超声检测标准 ϕ0.4 mm－15 dB）。针对具体的轮盘结构，可以通过统计确定表面裂纹、内部缺陷数量和尺寸真实分布。

④ 要求在发动机生产和使用中检测时，可检出的裂纹尺寸应不大于假设的表面初始裂纹尺寸，并要求具有如下的检出概率：

- 对批生产发动机轮盘的初始缺陷检查要求为 90%检出概率、95%置信度；
- 对发动机使用全寿命期内需要进行裂纹检测的部位，要求在翻修厂和维修基地的裂纹检出概率也为 90%、置信度为 95%。

⑤ 轮盘的检修周期分为以下两类：

- 在修理厂不可检查的部位，要求在一个设计寿命期结束时作一次检查；
- 在修理厂或基地级可检查的部位，允许按维修间隔作检查。

⑥ 一般情况下，只要轮盘上检出了裂纹，即使裂纹长度小于假设的初始裂纹长度，也不允许继续使用，除非这种裂纹不在轮盘盘体上（例如位于悬臂鼓筒端部）且不会扩展到本体中，或者已经深入的分析与试验，并经发动机试车结果和使用经验充分证明，临界裂纹长度较许用裂纹长度有足够大裕度，在两个检查期内裂纹不可能扩展至失稳、轮盘破裂。

3. 试验验证要求

① 按耐热合金和粉末冶金材料的专用技术条件要求，在材料研制、锻件交付和批产等各阶段完成规定的材料低周疲劳与损伤容限性能测试。

② 预制具有假设的初始裂纹尺寸的轮盘，进行裂纹扩展试验至预期的、两个检修周期的循环数，验证轮盘的裂纹扩展能力；裂纹扩展后可继续进行裂纹扩展试验直至断裂，验证裂纹扩展寿命和扩展寿命期内裂纹扩展速率，或继续进行剩余强度试验，验证轮盘的剩余强度。

③ 选取在旋转试验器上已通过低周疲劳试验萌生了裂纹的轮盘，继续进行裂纹

扩展试验直至裂纹扩展速率明显加大或断裂，验证裂纹扩展速率和扩展寿命。或继续进行剩余强度试验，验证含裂纹盘的剩余强度。

④ 粉末冶金涡轮盘一般强度很高、韧性较低，内埋缺陷难以避免，尺寸效应影响大，应在同批轮盘中选择无损探伤检出内埋缺陷较严重的涡轮盘进行损伤容限分析与损伤容限试验。

⑤ 倘若发动机在持久试车、加速模拟飞行任务试车或领先使用后发现轮盘裂纹，应利用该裂纹轮盘在旋转试验器上进行裂纹扩展试验或剩余强度试验。

1.4　涡轮盘损伤容限分析的关键科学问题

从轮盘损伤容限设计要求可以看出，准确描述初始缺陷分布及裂纹扩展规律，建立概率断裂力学分析方法，并实现考虑缺陷检出概率和检修间隔的损伤容限分析及验证等，是损伤容限分析的关键。因此，应针对以下关键科学问题开展系统、深入地研究。

1. 缺陷等效方法

轮盘在制造过程中，不可避免地存在夹杂物、孔洞、加工刀痕等缺陷，且受制备工艺影响，缺陷形状、大小、位置均呈现一定随机性。迫切需要结合高精度观测手段，建立反映形状、大小、位置等因素的缺陷等效方法，获取缺陷所致疲劳损伤机理，准确预测缺陷附近应力场/应变场，以量化缺陷对轮盘疲劳寿命的影响。

2. 短裂纹扩展模型

裂纹扩展可以分为短裂纹和长裂纹两个阶段。短裂纹长度与晶粒尺寸处于同一量级，一般定义为 10～20 个晶粒尺寸范围内[13]。相较长裂纹扩展行为，短裂纹扩展路径曲折，速率具有明显波动性，并且短裂纹在应力强度因子低于宏观门槛值时也会发生扩展，扩展速率更快；同时，此时基于线弹性断裂力学的传统裂纹扩展模型不再适用。短裂纹扩展过程受晶粒组织影响显著。因此，有必要基于原位试验探究材料的短裂纹扩展行为特性，并考虑晶粒组织影响，从细观晶体层级建立反映扩展物理机制的短裂纹扩展模拟方法，支撑轮盘损伤容限分析。

3. 长裂纹扩展模型

涡轮盘在服役循环中承受着低周疲劳载荷、蠕变载荷、高周疲劳载荷，建立典型载荷作用下长裂纹扩展模型是实现轮盘寿命预测的关键。目前研究主要针对低周疲劳载荷下的长裂纹扩展行为，蠕变-疲劳、高低周等复合疲劳载荷下裂纹扩展受微观组织影响显著，失效机理尚不清晰，其模型精度有待提高。因此，有必要开展复合疲劳载荷下长裂纹扩展试验，在积累足量数据的基础上，建立准确有效的长裂纹扩展寿命模型。

4. 特征模拟件设计方法

结构疲劳寿命预测方法需要通过大量试验进行验证，也是相关标准、规章的规定内容。然而，整机试验成本高、周期长，难以应用于设计初期的方案验证与迭代设计；实验室环境下构件级试验存在多结构特征、多失效模式并存而相互影响，无法实现设计问题解耦；而基于标准试件的材料级试验仅用于表征材料基本力学性能，无法反映结构特征对疲劳断裂的影响。因此，有必要开展基于特征模拟件的裂纹萌生及扩展寿命研究。

5. 缺陷检出概率模型

发动机返厂检修时通常会开展无损检测，以降低涡轮盘在服役过程中因疲劳裂纹导致的失效风险。缺陷检出概率（probability of detection，PoD）是量化缺陷检测能力的重要参考，工程上通常以95%置信度下PoD为90%对应的缺陷尺寸作为评价缺陷检测精度的依据，因此需开展缺陷检测试验并结合概率统计方法建立缺陷检出概率模型。

6. 概率损伤容限分析方法及软件

轮盘结构强度设计要求，在发动机规定的检修周期内，轮盘应具有足够的损伤容限；并且由于轮盘制造及使用过程存在载荷、几何、材料、缺陷等随机因素影响，裂纹扩展寿命存在显著分散性。因此，建立考虑随机因素及检修周期的概率损伤容限分析方法，是量化失效风险、实现损伤容限分析的关键。同时，有必要针对我国航空发动机材料工艺体系，建立具有自主知识产权的涡轮盘概率损伤容限分析软件，满足军、民机设计要求，提高涡轮盘可靠性和安全性。

1.5 本章小结

本章介绍了涡轮盘结构和载荷特点，总结了轮盘结构强度设计要求和损伤容限设计要求。轮盘断裂关键件、限寿件必须开展损伤容限分析，需要重点考虑初始缺陷、检出裂纹尺寸、剩余强度、裂纹扩展、检修间隔等关键要素。最后，总结凝练了涡轮盘损伤容限分析的关键科学问题。

参考文献

[1] 陈光，洪杰，马艳红. 航空燃气涡轮发动机结构[M]. 北京：北京航空航天大学出版社，2010：105.

[2] 《航空燃气涡轮发动机结构强度设计准则》编审组. 航空燃气涡轮发动机结构强度设计准则[M]. 中国航发四川燃气涡轮研究院，2018.

[3] 中国人民共和国国家军用标准. 金属材料力学性能数据处理与表达：GJB/Z 18A-2020[S]. 国家军用标准总装备部，2020.

[4] 中华人民共和国国家军用标准. 航空发动机结构完整性指南：GJB/Z 101-97[S]. 国防科学技术工业委员会，1997.

[5] FORCE U S A. MIL-STD-1783，Engine Structural Integrity Program (ENSIP)[R]. Washington：United Sates Air Force，1984.

[6] FORCE U S A. MIL-HDBK-1783B，Department of Defense Handbook：Engine Structural Integrity Program（ENSIP）[R]. Washington，D. C.：Department of Defense，2002.

[7] 中华人民共和国国家军用标准. 航空发动机结构完整性指南：GJB/Z 101-97[S]. 国防科学技术工业委员会，1997.

[8] 中华人民共和国国家军用标准. 航空涡轮喷气和涡轮风扇发动机通用规范：GJB 241A-2010[S]. 中国人民解放军空军，2010.

[9] DOWNEY D A. AC 33. 14-1-Damage Tolerance for High Energy Turbine Engine Rotors[R]. U. S. Department of Transportation，Federal Aviation Administration，2001.

[10] FAVARA F A. AC 33. 70-1-Guidance Material for Aircraft Engine Life-Limited Parts Requirements[R]. U. S. Department of Transportation，Federal Aviation Administration，2009.

[11] FAVARA F A. AC 33. 70-2-Damage Tolerance of Hole Features in High-Energy Turbine[R]. U. S. Department of Transportation，Federal Aviation Administration，2009.

[12] 李家祥. 航空发动机适航规定 CCAR-33R2[M]. 中国民用航空局令，2011.

[13] 王桂荣，赵晴，许良. TC4-DT 钛合金小裂纹扩展行为研究[J]. 科技通报，2018，34(06)：95-100.

第 2 章
缺陷等效方法

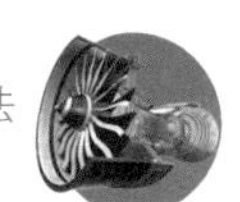

轮盘在制造过程中，不可避免地存在表面缺口、孔洞、夹杂物等缺陷。由于缺陷在材料局部形成应力集中，在疲劳载荷作用下提早发展为疲劳裂纹源，从而显著降低轮盘的疲劳寿命。缺陷形状、大小、位置呈现一定随机性，是导致轮盘疲劳寿命分散性的主要原因之一。为量化缺陷对轮盘疲劳寿命的影响，需建立反映形状、大小、位置等因素的缺陷等效方法，实现缺陷附近应力场/应变场的准确、快速求解，以支撑轮盘疲劳寿命预测。

本章将首先介绍轮盘中典型缺陷分类及来源，对比分析不同缺陷的形貌特征；然后介绍缺陷等效方法。

2.1　缺陷致裂机理

轮盘常见缺陷按来源可以分为冶金过程中引入的缺陷、加工过程中引入的缺陷与服役过程中引入的缺陷。冶金过程中引入的缺陷包括轮盘毛坯在制造过程中产生的孔洞、原始颗粒边界、夹杂物等。加工过程中引入的缺陷包括加工过程的刀痕、撕裂、加工纹理等，而服役过程中引入的缺陷则包括了表面腐蚀、磨损等造成的缺口。这些缺陷在轮盘服役过程中均会造成应力集中，在循环载荷下导致裂纹萌生与扩展。为了统一处理这些缺陷的疲劳失效问题，根据缺陷的位置与形式，这里将上述缺陷分为以下三类：表面缺口类缺陷，孔洞类缺陷与夹杂物类缺陷。

2.1.1　表面缺口类缺陷

表面缺口类缺陷包括了腐蚀、划伤等引起的缺口，加工引入的刀痕，磨损、外物打伤引起的凹坑等。这些缺陷的特征是位于轮盘的表面，且均是因形成缺口而造成应力集中。在分析其寿命时，这类缺陷通常被等效为半圆或半椭圆等形状规则的缺口，以分析其应力场。1996 年发生的潘城空难[1]，其事故原因为孔壁机械加工过程中产生刀痕(见图 2.1)，在疲劳载荷作用下，诱发轮盘螺栓孔的提前失效，造成重大安全事故。

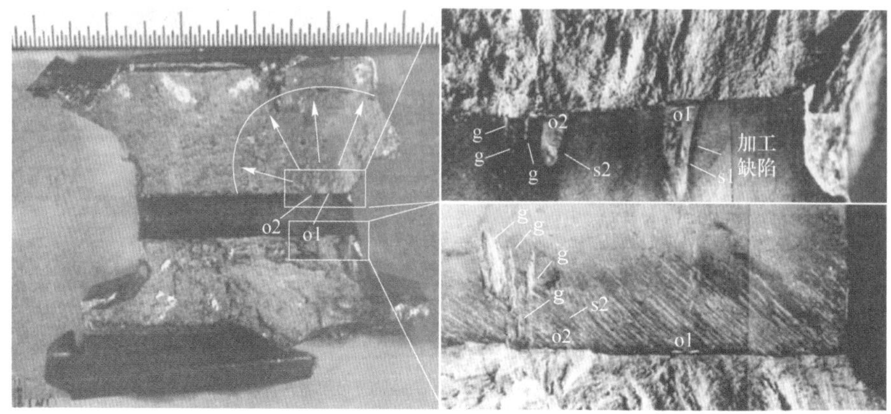

图 2.1　潘城空难中因螺栓孔机械加工缺陷导致风扇盘破裂[1]

2.1.2　孔洞类缺陷

孔洞类缺陷包括材料在制造过程中形成的气孔与裂纹、在服役过程中内部产生的孔洞(如蠕变所致的孔洞)等。这一类缺陷的特征是：存在于材料内部，材料缺失的部分没有被其他物质占据，而是留有空隙。图 2.2 所示的是粉末脱气不充分时粉末高温合金的热诱导孔洞，制粉过程中残留的氩气在后续的热等静压和热处理过程中形成孔洞。

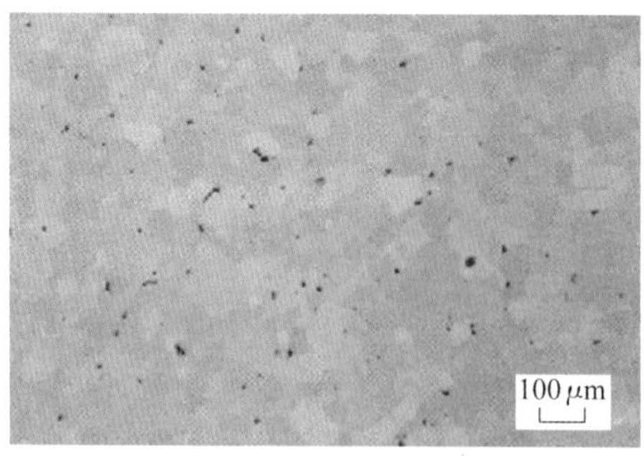

图 2.2　粉末高温合金中的孔洞[2]

2.1.3　夹杂物类缺陷

受合金组分及制备工艺影响，夹杂物组分、形状、尺寸差异较大。例如，镍基变形

高温合金中，为了提高材料的高温力学性能，加入了 Ti、Nb 等元素，其氮化物或碳化物在冶金过程中析出而形成夹杂物。同时，冶炼所用的原材料、环境与设备中的污染物也会引入杂质元素，从而形成夹杂物[3]。此外，粉末高温合金采用粉末冶金工艺，容易在制粉、热等静压等过程中引入夹杂物，常见的夹杂物包括 SiO_2、Al_2O_3、TiO 及其混合物[4,5]。夹杂物类缺陷的特征是：与基体材料存在力学性能的区别，且体积较小。由于夹杂物的力学性能与基体材料存在显著的区别，因此在受载过程中局部会产生应力集中，成为疲劳裂纹源。美国 F404 发动机曾因夹杂物引起 René95 粉末冶金涡轮盘低周疲劳失效破裂，造成 F/A-18 战斗机坠毁的空难事故[6]；我国某型发动机也曾出现过由冷却孔处夹杂物缺陷导致粉末冶金高压涡轮盘疲劳破裂，发生爆炸起火事故，如图 2.3 所示。

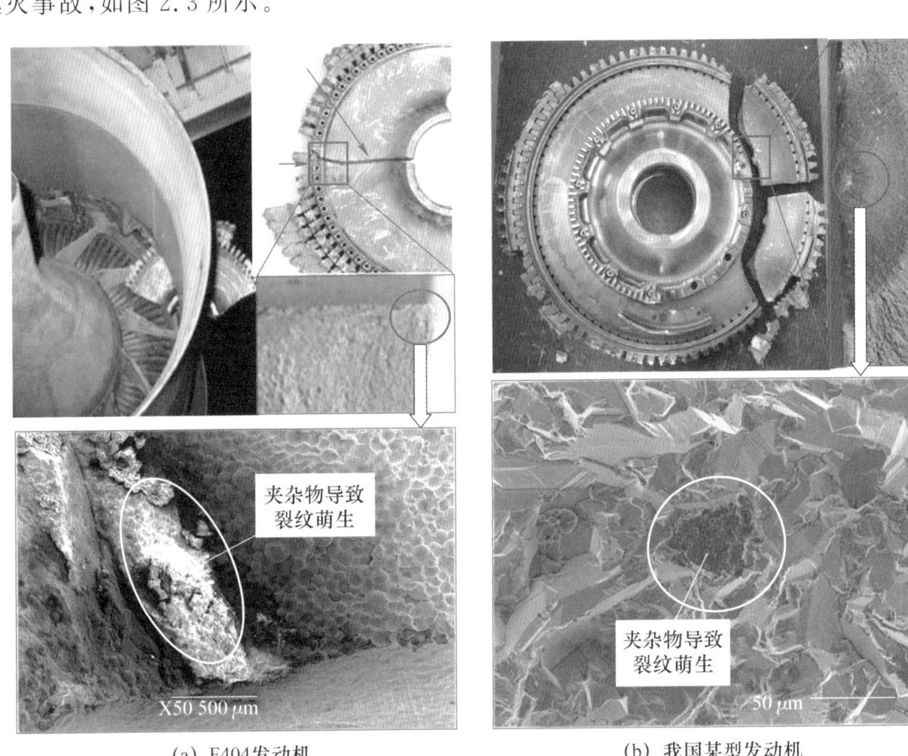

图 2.3　因夹杂物缺陷导致粉末冶金涡轮盘破裂

2.1.4　缺陷疲劳失效机理

表面缺口、孔洞、夹杂物等缺陷在材料局部形成应力集中，进而加速疲劳裂纹萌生。本节以人工掺杂粉末高温合金为例，研究夹杂物对疲劳失效机理及寿命的影响规律。

通过人工掺杂技术制备含夹杂物粉末高温合金毛坯，并结合超声检测、微纳 CT、扫描电镜观测制备原位试验件。粉末高温合金 FGH96 母合金化学成分如表 2.1 所列。

表 2.1　粉末高温合金 FGH96 母合金化学成分表

元　素	C	Cr	Co	Mo	W	Al
含量（wt%）	0.02～0.05	15.00～16.50	12.50～13.50	3.80～4.20	3.80～4.20	2.00～2.40
元　素	Ti	Nb	B	Zr	Ni	
含量（wt%）	3.50～3.90	0.6～1.0	0.01～0.02	0.03～0.05	余量	

粉末冶金涡轮盘中典型非金属夹杂物主要来源于 Al、Si、Ti 等元素有害偏析。通过从坩埚壁刮取氧化物的方式，获取初始非金属夹杂物颗粒，其组成包括 Al_2O_3、SiO_2。通过尺寸筛选，获得粒径尺寸在 50～100 μm 的夹杂物颗粒，以 5 000 粒/每千克的比例加入合金粉末中。在热等静压过程中，经高温高压作用 Al_2O_3 与 SiO_2 发生反应，生成莫来石夹杂物（$Al_2O_3+SiO_2$）。

在锻造成型前，将粉末与夹杂物混合均匀，避免夹杂物团聚。依据现行粉末冶金涡轮盘制备工艺规范及热处理制度制备粉末高温合金毛坯。粉末制备工艺为氩气雾化法（AA 粉），经热等静压（1 170 ℃，130 MPa，4 h）、热锻造（等温 1 100 ℃）、3 火锻造（每火锻造变形量 35%，总变形量为 75%，锻造速率控制在 4～5 mm/s），1 150 ℃固溶处理 2～5 h，油冷至 427 ℃以下，760 ℃时效处理 12 h，空冷至 300 ℃以下。粉末粒度在 50～100 μm。

在毛坯盘成型后，采用超声检测观察夹杂物分布情况，结果如图 2.4 所示。可以看出，夹杂物沿周向分布均匀，沿径向分布存在差异（盘心区域分布较少），由于超声检测在近表面区域存在盲区，需进一步对毛坯进行切块、观测以提升夹杂物的定位精度。进一步从毛坯盘上切取尺寸为 $65\times20\times3\ mm^3$ 的平板毛坯，用于夹杂物的定位及后续原位试验件加工，取样方案如图 2.5 所示。采用超声检测观察夹杂物分布情况，结果如图 2.6 所示。可以看出，夹杂物均匀分布在平板毛坯内部，在后续原位试验件制备过程中可采用逐层打磨的方式使夹杂物置于试验件表面，以便于原位试验观测。

基于纳米级高分辨计算机断层扫描仪对合金内部夹杂物进行微纳 CT 检测，设定扫描仪分辨率为 0.8 m，可获得合金内部夹杂物的尺寸、分布以及三维形貌等信息。预制试样厚度为 2.9 mm，经过磨削、抛光可制备为原位试样。在试样的试验段与过渡段交界位置预制刻痕，以刻痕位置为原点建立坐标系，给出每个缺陷的位置信息，如图 2.7 所示，缺陷的坐标为缺陷的几何中心在粉末高温合金中的坐标，检测得到的典型缺陷形貌如图 2.8 所示。

对夹杂物开展扫描电镜观测和能谱分析，结果如图 2.9 所示[19]。可以看出，Al_2O_3夹杂物呈类球状，平均尺寸约为 60 μm；SiO_2 夹杂物和莫来石夹杂物形貌不规则，有较多尖锐棱角，平均尺寸约为 60 μm。

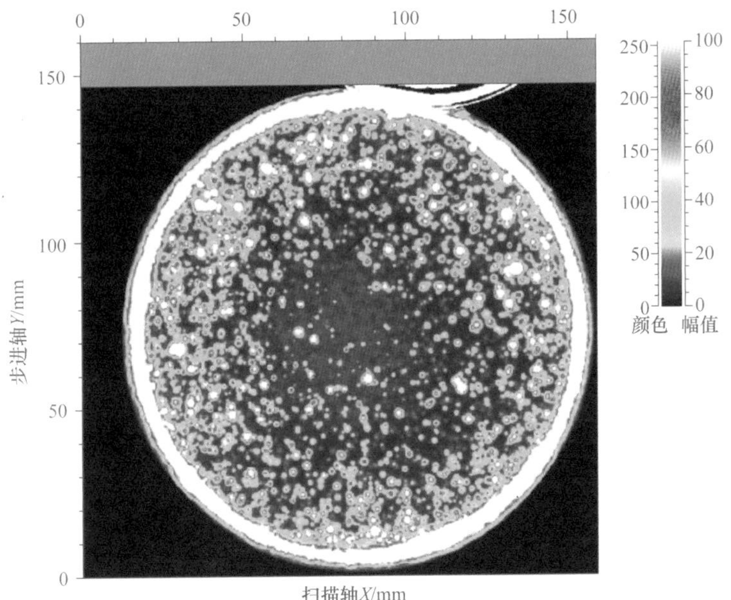

图 2.4　人工掺杂粉末高温合金毛坯盘超声检测结果

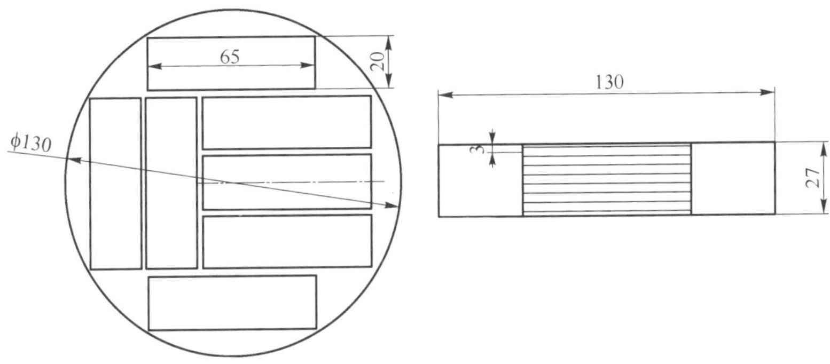

图 2.5　方形毛坯及原位试验件取样方案(单位:mm)

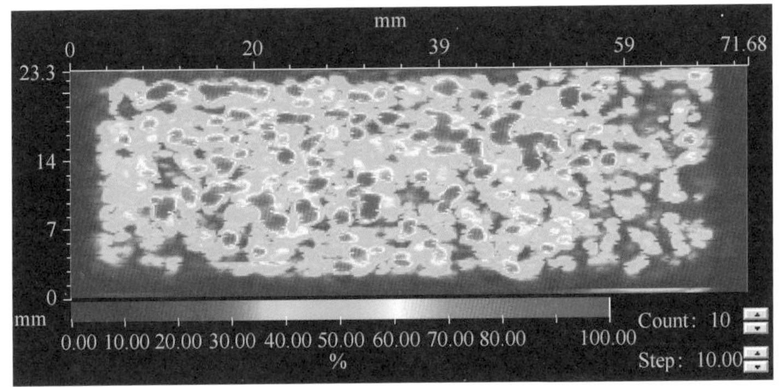

图 2.6　人工掺杂粉末高温合金平板毛坯超声检测结果

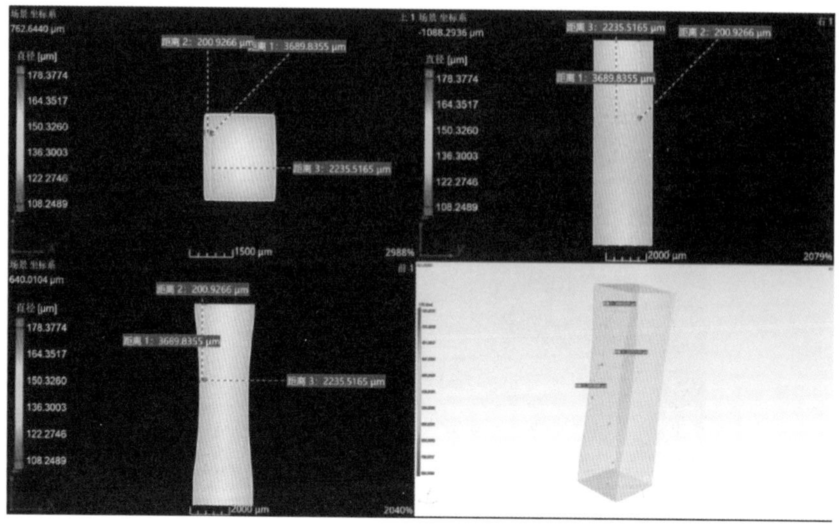

图 2.7　微纳 CT 夹杂物坐标定位

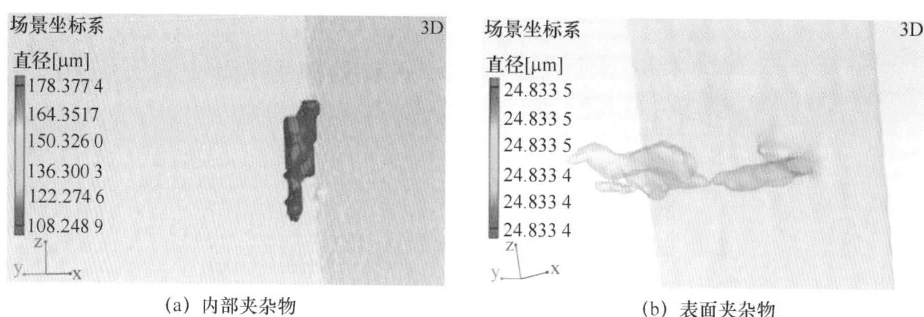

(a) 内部夹杂物　　(b) 表面夹杂物

图 2.8　微纳 CT 夹杂物三维成像

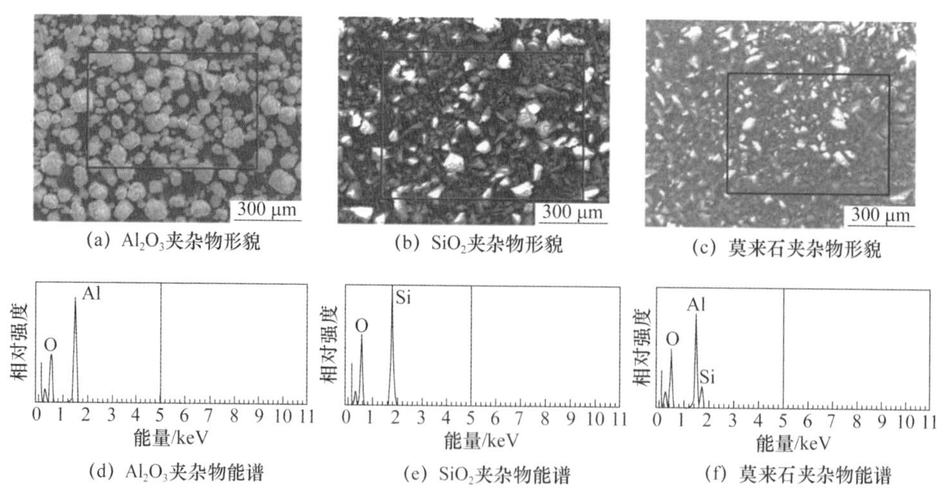

(a) Al_2O_3夹杂物形貌　(b) SiO_2夹杂物形貌　(c) 莫来石夹杂物形貌

(d) Al_2O_3夹杂物能谱　(e) SiO_2夹杂物能谱　(f) 莫来石夹杂物能谱

图 2.9　夹杂物扫描电镜观测和能谱分析结果

对于无夹杂物循环拉伸试验，在循环加载前的原始形貌如图 2.10，可见在加载前晶内并未有明显的滑移线，具有一定数量的变形孪晶。经过腐蚀后，晶界清晰可见，便于后续加载过程中的微观形貌观测。

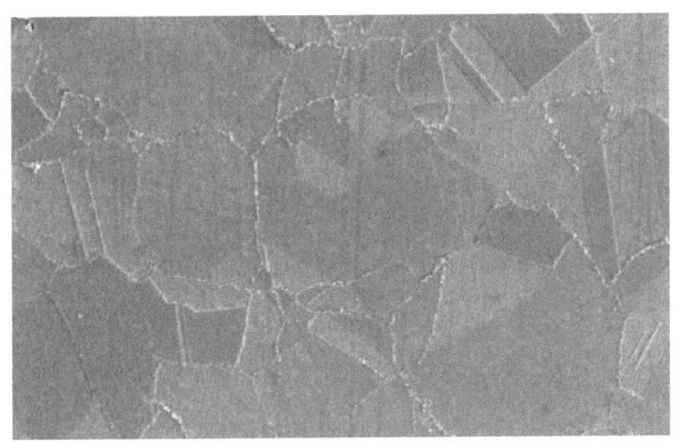

图 2.10　不含人工掺杂缺陷原位试件加载前形貌

开始加载后，试样晶粒内取向有利的滑移系开始启动，晶粒内部可见滑移线，当循环次数 $N=50\,000$ 时，试样表面仍没有观察到明显的裂纹，但晶粒内部与主应力轴呈 45°的滑移线明显增多。

随着循环所致损伤的不断累积，当循环次数 $N=121\,838$ 时，在试样表面观察到开裂现象，如图 2.11 所示，裂纹萌生于晶粒内部，主要为穿晶扩展，受晶界、滑移线及孪晶界影响，发生交替切变断裂，在裂纹前端产生了扩展小平面。

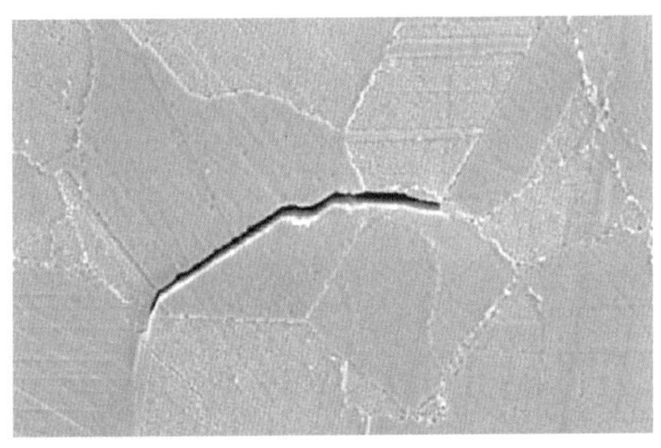

图 2.11　试样在 121 838 次循环时的裂纹形貌

随着循环进一步增加，裂纹进一步扩展。裂纹扩展方向大致与主应力垂直，表现为沿晶及穿晶结合的扩展模式，如图 2.12 所示。当循环次数 $N=173\,501$ 时，裂纹前端扩展至表面，此时，晶粒内部产生不均匀塑性变形，在裂纹扩展前端出现驻留滑移带；当循环次数 $N=174\,767$ 时，应力水平达到剩余截面的断裂强度值，裂纹扩展至临界长度，发生失稳断裂。

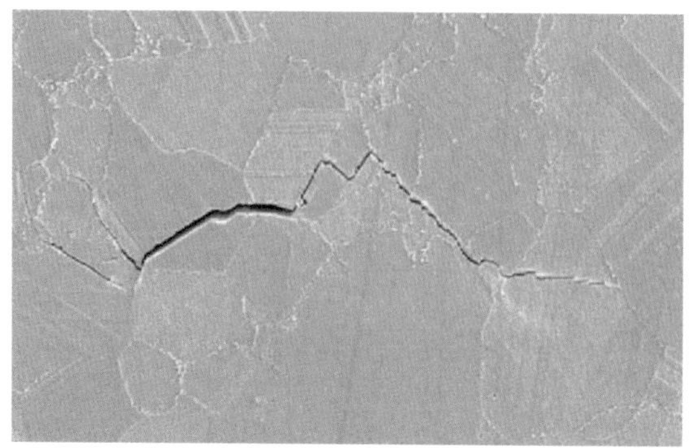

图 2.12　试样在 173 501 次循环时的裂纹形貌

采用扫描电镜对疲劳试验断口进行观察，如图 2.13 所示，断口中疲劳区与主应力方向垂直，瞬断区平面与主应力呈 45°，裂纹萌生于晶界，源区具有较多台阶状形貌，呈现沿晶及穿晶混合扩展的模式。通过高温疲劳裂纹扩展原位观察发现，裂纹从晶界处萌生，这主要是由于在循环载荷下，位错滑移被阻挡而在晶界处累积，导致晶界强度下降并产生初始裂纹。

(a) 源　区

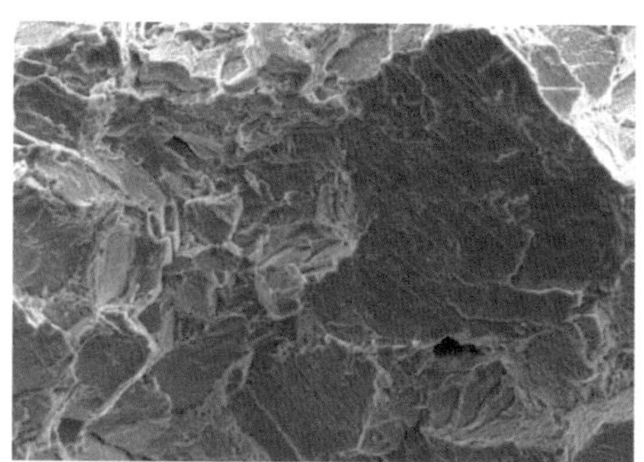

(b) 扩展区

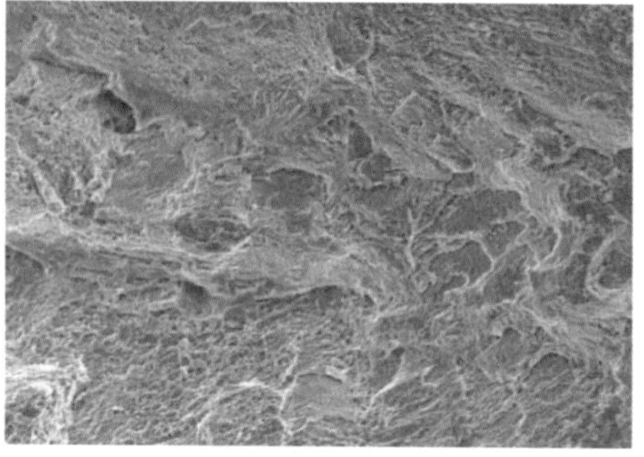

(c) 瞬断区

图 2.13　试样断口形貌

综上可见，不含夹杂物粉末高温合金变形机制主要靠位错在晶内滑移，而位错在晶界的累积是裂纹萌生的主要原因。这是建立多尺度本构模型及寿命模型的物理机制。

对于含夹杂物原位循环拉伸试验，加载前夹杂物较完整，内部无短裂纹存在，反应区的范围较大（见图 2.14(a)）。当循环次数 $N=9\ 500$ 时，在夹杂物的右端尖角和下端界面处同时有裂纹萌生（见图 2.14(b)）。随载荷次数的增加，各短裂纹沿界面扩展（见图 2.14(c)）。当循环次数 $N=20\ 500$ 时，各裂纹在界面处相互连接，并在两端尖角应力集中处沿与载荷方向成 45°向基体内扩展（见图 2.14(d)）。在裂纹没有扩展到基体中以前，认为是疲劳裂纹扩展的初期阶段。该阶段裂纹是以极低的扩展速率进行的，该区域为非连续扩展区，呈现一种结晶学形态的断口。从裂纹萌生到扩展到基体中这段时间较长（$N=20\ 500$），故在某些寿命计算的模型中，将夹杂物的最大尺寸定义为初始裂纹尺寸，而忽视了该裂纹的萌生过程，与实际失效机理不符。由于界面的结合强度相对较弱，裂纹主要在界面处萌生并扩展，夹杂物内部萌生的裂纹与界面处的相比，对基体的影响较小。当循环次数 $N=25\ 200$ 时，夹杂物在其下端界面处与基体完全解离脱开，此时可认为夹杂物已失去了对裂纹扩展的影响，裂纹在二元平面应力作用下向基体内扩展。当裂纹扩展到一定长度时，正应力将起主导作用，裂纹改为沿与载荷垂直的方向扩展（见图 2.14(e)和(f)）。

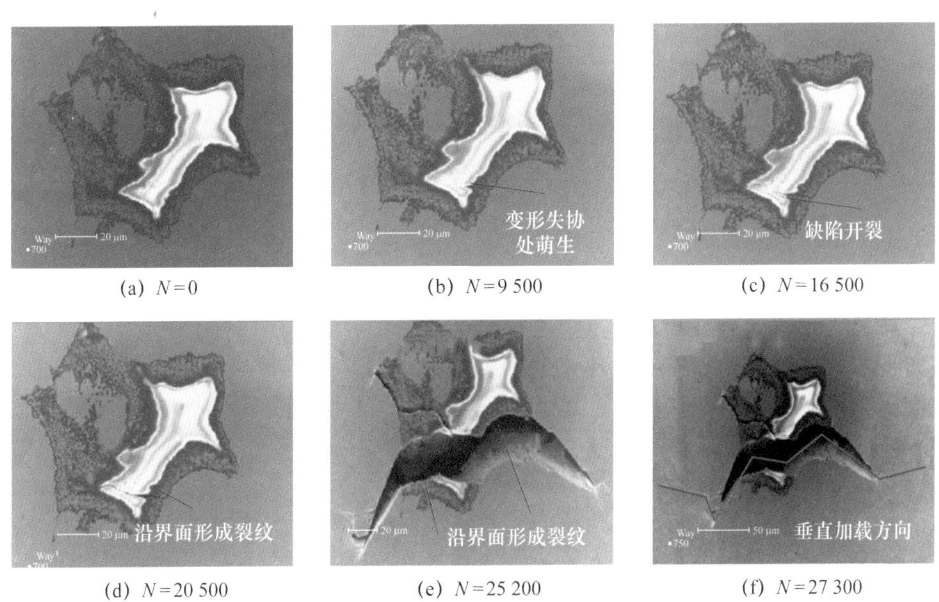

(a) $N=0$　(b) $N=9\ 500$　(c) $N=16\ 500$

(d) $N=20\ 500$　(e) $N=25\ 200$　(f) $N=27\ 300$

图 2.14　人工掺杂原位循环图像

夹杂物塑性较差，不能与基体同步变形，在拉应力的作用下易于萌生裂纹。裂纹在夹杂物处的萌生方式主要有两种，即夹杂物/基体界面处萌生或夹杂物本身开裂。在夹杂物中的主裂纹扩展到基体中之前，次生裂纹主要萌生于界面处，且在最大正应力或最大剪应力的作用下，沿与主应力轴垂直或成约45°向夹杂物内部扩展。当裂纹扩展到基体中之后，在最大剪应力的作用下，沿与主应力轴约成45°呈锯齿状向基体内扩展；其尖端集中了较大的应力，在周围基体变形带内有明显的滑移线出现。夹杂物附近基体中的贫γ'相区，裂纹主要沿晶界和滑移线扩展；而远离夹杂物的基体处则变为穿晶断裂。塑性莫来石类夹杂物，尖角处的应力集中较大，是裂纹萌生的主要位置。

在原位疲劳过程中，裂纹主要在与载荷垂直的界面处萌生并扩展，并在剪应力作用下在夹杂物尖角应力集中处沿与载荷成约45°向基体中扩展。当裂纹超过一定尺寸后，在正应力作用下裂纹沿与载荷垂直的方向扩展。在断口中，夹杂物周围基体中有较多的韧窝出现，属典型的韧性断裂。

2.2 缺陷的应力等效方法

缺陷的存在会改变轮盘中的应力分布，引起应力集中，进而影响轮盘的疲劳寿命。如果忽视这一因素，会导致轮盘疲劳寿命预测结果偏危险。因此，在轮盘的损伤容限分析中，需要考虑缺陷对疲劳寿命的影响。本节基于Eshelby理论，提供一种将缺陷等效为椭球的方法，据此计算缺陷周围的应力场，支撑含缺陷材料裂纹萌生及短裂纹扩展寿命的预测。

2.2.1 Eshelby 等效理论

Eshelby在1957年提出的Eshelby理论，旨在解决空间内存在本征应变时的应力应变场分析问题。本征应变是材料中由于某些非弹性的物理因素(如热应力、不均匀性、孔洞、裂纹、位错等)而引起的应变，记作ε_{ij}^*。总应变ε_{ij}是弹性应变e_{ij}和本征应变ε_{ij}^*之和，表示为

$$\varepsilon_{ij}=e_{ij}+\varepsilon_{ij}^* \tag{2.1}$$

根据Eshelby理论，当无限大的弹性体Ω中，一个椭球形的区域ω存在均匀的本征应变ε_{ij}^*时，区域ω内外的应变场满足

$$\varepsilon_{ij}(\boldsymbol{r})=\begin{cases} S_{ijkl}\varepsilon_{kl}^*, & \text{区域 } \omega \text{ 内} \\ D_{ijkl}(\boldsymbol{r})\varepsilon_{kl}^*, & \text{区域 } \omega \text{ 外} \end{cases} \tag{2.2}$$

式中，S_{ijkl} 为 Eshelby 张量，是一个与材料弹性性能与椭球形的区域 ω 形状相关的四阶张量，描述本征应变 ε_{ij}^* 与总应变 ε_{ij} 的关系。$D_{ijkl}(\boldsymbol{r})$ 表征椭球区域 ω 以外本征应变 ε_{ij}^* 与总应变 ε_{ij} 关系。$D_{ijkl}(\boldsymbol{r})$ 不仅与材料弹性性能、椭球区域形状有关，而且与所在位置有关，是坐标 $\boldsymbol{r}$ 的函数。S_{ijkl} 与 $D_{ijkl}(\boldsymbol{r})$ 的计算方法参考文献[7]和[8]。

以上情况是无外加载荷时，含本征应变的椭球形区域 ω 内外的应变场的计算方法。这一结论可用于均匀载荷下无限大弹性体内椭球形夹杂物周围的应力应变场分析中。假定无限大的弹性体 Ω 中，一个椭球形的区域 ω 存在夹杂物。基体的弹性常数张量为 E_{ijkl}，夹杂物的弹性常数张量为 E_{ijkl}^*。在无限远处，施加均匀载荷 $\sigma_{ij}^{(\infty)}$，如图 2.15 所示。

当夹杂物内弹性常数和夹杂物外相同时，全空间处于均匀状态，此时根据胡克定律有

$$\sigma_{ij}^{(\infty)}=E_{ijkm}\varepsilon_{km}^{(\infty)}, \quad 在\ \omega\ 内 \tag{2.3}$$

$$\sigma_{ij}^{(\infty)}=E_{ijkm}\varepsilon_{km}^{(\infty)}, \quad 在\ \omega\ 外 \tag{2.4}$$

式中，$\varepsilon_{km}^{(\infty)}$ 是均匀材质下的应变。

而当夹杂物内的弹性常数 E_{ijkm}^* 不同于夹杂物外的弹性常数 E_{ijkm} 时，会在夹杂物内外产生产生额外的应力和应变，称为扰动应力 σ_{ij} 和扰动应变 ε_{ij}。此时该问题对应的应力/应变场可分解为如下两个应力/应变场的叠加：①无夹杂物情形下远端均布的应力 $\sigma_{ij}^{(\infty)}$ 引起的应力场（即 $\sigma_{ij}^{(\infty)}$）与应变场 $\varepsilon_{km}^{(\infty)}$，应力应变满足式(2.3)、式(2.4)；②扰动应力 σ_{ij} 和扰动应变 ε_{ij}，如图 2.15 所示。

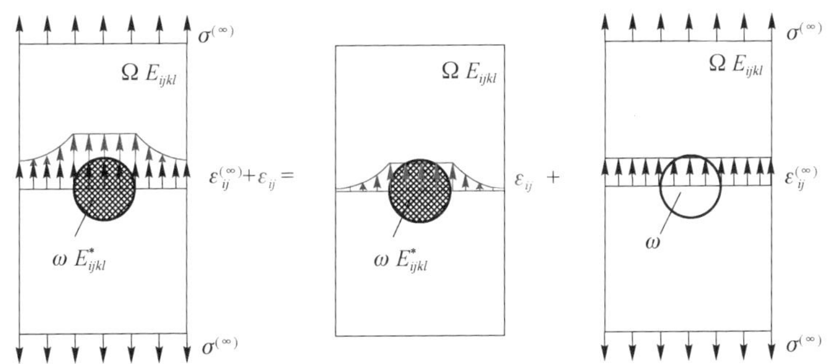

图 2.15　等效前应变场

此时夹杂物内外的应力、应变分别满足胡克定律

$$\sigma_{ij}^{(\infty)}+\sigma_{ij}=E_{ijkm}^*(\varepsilon_{km}^{(\infty)}+\varepsilon_{km}), \quad 在\ \omega\ 内 \tag{2.5}$$

$$\sigma_{ij}^{(\infty)}+\sigma_{ij}=E_{ijkm}(\varepsilon_{km}^{(\infty)}+\varepsilon_{km}), \quad 在\ \omega\ 外 \tag{2.6}$$

进一步地，扰动应力 σ_{ij} 和扰动应变 ε_{ij} 可视为区域 ω 内的某种分布的本征应变 ε_{ij}^* 引起的，如图 2.16 所示。Eshelby 的研究[9]已经证明，当无限大均匀介质 Ω 符合线

弹性假设，同时夹杂物区域 ω 的形状为椭球时，则本征应变 ε_{ij}^* 在 ω 内的分布是均匀的。

此时夹杂物内外弹性常数相同，根据胡克定律有

$$\sigma_{ij}^{(\infty)}+\sigma_{ij}=E_{ijkm}(\varepsilon_{km}^{(\infty)}+e_{km}), \quad 在\ \omega\ 内 \tag{2.7}$$

$$\sigma_{ij}^{(\infty)}+\sigma_{ij}=E_{ijkm}(\varepsilon_{km}^{(\infty)}+\varepsilon_{km}), \quad 在\ \omega\ 外 \tag{2.8}$$

此时扰动应变 ε_{ij} 与本征应变 ε_{ij}^* 也满足式(2.2)所示的关系。式(2.1)和式(2.2)代入式(2.7)中，结合式(2.5)可以得到夹杂物内应力场表示为

$$[(E_{ijkm}^*-E_{ijkm})S_{kmpq}+E_{ijpq}]\varepsilon_{pq}^*=(E_{ijkm}-E_{ijkm}^*)\varepsilon_{km}^{(\infty)} \tag{2.9}$$

根据式(2.9)从而求得本征应变 ε_{ij}^*。通过式(2.9)描述的等效过程可以看到，本征应变的大小受到不考虑夹杂物影响时的初始应力场、Eshelby 张量及夹杂物-基体的弹性常数影响。将式(2.2)代入式(2.7)和式(2.8)即可得到夹杂物内外的应力场解析表达。

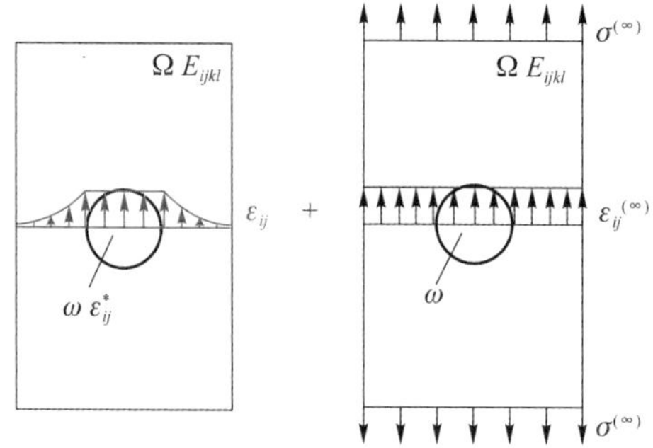

图 2.16 等效后应变场

2.2.2 Eshelby 等效理论的形状修正

轮盘中的缺陷往往具有比较复杂的形状，不能简单地等效为椭球。复杂形状缺陷可以简化为多边形缺陷，并采用适用于非规则缺陷的 Eshelby 等效准则进行等效。对于平面问题，可以采用基于复变函数理论的 Kolosov-Muskhelishvili (K-M)双势函数法进行求解[10]。

在平面问题复变函数理论中，位移 u、应变 ε 和应力分量 σ 可以通过两个解析函数，即 K-M 势函数 γ 和 ψ 来表达。

$$u_x+iu_y=\frac{\kappa\gamma(z)-z\overline{\gamma'(z)}-\overline{\psi(z)}}{2\mu} \tag{2.10}$$

$$\begin{cases}\sigma_x+\sigma_y=2\left[\overline{\gamma'(z)}+\gamma'(z)\right]\\ \sigma_y-\sigma_x+2i\sigma_{xy}=2\left[\bar{z}\gamma''(z)+\psi'(z)\right]\end{cases} \tag{2.11}$$

$$\begin{cases}\varepsilon_x+\varepsilon_y=\dfrac{\kappa-1}{2\mu}\left[\overline{\gamma'(z)}+\gamma'(z)\right]\\\varepsilon_y-\varepsilon_x+2i\varepsilon_{xy}=\dfrac{1}{\mu}\left[\bar{z}\gamma''(z)+\psi'(z)\right]\end{cases}\tag{2.12}$$

式中，μ 为剪切模量，$z=x+iy$，(x,y)为平面点坐标，对于平面应力问题 $\kappa=\dfrac{3-\nu}{1+\nu}$，平面应变问题 $\kappa=3-4\nu$。

边界上的面力 f 复数形式可以表示为

$$f_x+if_y=-i\frac{\mathrm{d}\left[\gamma(z)+z\overline{\gamma'(z)}+\overline{\psi(z)}\right]}{\mathrm{d}s}\tag{2.13}$$

式中，$\mathrm{d}s$ 方向为$\partial\omega$ 逆时针方向。

根据 Eshelby 等效假设，可以得到本征应变对应的位移表示为

$$\begin{cases}u_x^*=(\varepsilon_x^*x+\varepsilon_{xy}^*y)\chi(\omega)\\u_y^*=(\varepsilon_y^*y+\varepsilon_{xy}^*x)\chi(\omega)\end{cases}\tag{2.14}$$

式中，$\chi(\omega)$在夹杂域 ω 内 $\chi(\omega)=0$，在夹杂域 ω 外 $\chi(\omega)=1$。

式(2.14)代入到式(2.10)中可以得到

$$u_x^*+iu_y^*=\frac{\kappa+1}{16\mu}(C_1z-\overline{C_2z})\chi(\omega)=\frac{\kappa\gamma^*(z)-z\overline{\gamma^{*\prime}(z)}-\overline{\psi^*(z)}}{2\mu}\tag{2.15}$$

式中，κ 为材料参数，对于平面应力问题，$\kappa=\dfrac{3-\nu}{1+\nu}$；对于平面应变问题 $\kappa=3-4\nu$。C_1、C_2 为常数项。

常数项 C_1、C_2 表示为

$$\begin{cases}C_1=\dfrac{8\mu}{\kappa+1}(\varepsilon_x^*+\varepsilon_y^*)\\C_2=\dfrac{8\mu}{\kappa+1}(\varepsilon_y^*-\varepsilon_x^*+2i\varepsilon_{xy}^*)\end{cases}\tag{2.16}$$

由式(2.15)可以得到仅考虑本征应变的弹性问题(不受外载)所对应的双势函数 $\gamma^*(z)$、$\psi^*(z)$，其表示为

$$\begin{cases}\gamma^*(z)=\dfrac{\kappa+1}{8(\kappa-1)}C_1\chi(\omega)z\\\psi^*(z)=\dfrac{\kappa+1}{8}C_2\chi(\omega)z\end{cases}\tag{2.17}$$

假设无限大平面下的位移和应变可以用双势函数 $\gamma^\infty(z)$、$\psi^\infty(z)$表达，根据式(2.1)～式(2.4)可以得到 $\psi(z)=\psi^*(z)+\psi^\infty(z)$、$\gamma(z)=\gamma^*(z)+\gamma^\infty(z)$，代入式(2.10)和式(2.13)即可获得应力和位移的表达。假设在夹杂域 ω 的边界上满足

应力和位移连续的条件，令边界上一点在复平面上的坐标表示为 t，在边界上令 $z=t$ 得到

$$\begin{cases}\kappa\gamma_-^{\infty}(t)-t\overline{\gamma_-^{\infty'}(t)}-\overline{\psi_-^{\infty'}(t)}=\kappa\gamma_+^{\infty}(t)-t\overline{\gamma_+^{\infty'}(t)}-\overline{\psi_+^{\infty'}(t)}+(\kappa+1)f(t)\\ \gamma_-^{\infty}(t)+t\overline{\gamma_-^{\infty'}(t)}+\overline{\psi_-^{\infty'}(t)}=\gamma_+^{\infty}(t)+t\overline{\gamma_+^{\infty'}(t)}+\overline{\psi_+^{\infty'}(t)}\end{cases} \tag{2.18}$$

式中，$\gamma_+^{\infty}(t)$、$\psi_+^{\infty}(t)$ 代表势函数在边界外侧的形式，$\gamma_-^{\infty}(t)$、$\psi_-^{\infty}(t)$ 代表势函数在边界内侧的形式。$f(t)=\dfrac{C_1-\overline{C_2 t}}{8}$ 是跳跃项。

由式(2.18)可以得到

$$\gamma_-^{\infty}(t)=\gamma_+^{\infty}(t)+\frac{C_1-\overline{C_2 t}}{8},\quad t\in\partial\omega \tag{2.19}$$

式(2.19)中关于势函数 γ 的求解是应用 Plemelj 公式的 Riemann-Hilbert 连接问题[6]，当夹杂域 ω 边界是简单、封闭、规则的曲线时，式(2.18)中跳跃项 $f(t)$ 是连续时，势函数 $\gamma^{\infty}(z)$、$\psi^{\infty}(z)$ 积分解可以表示为[6]

$$\gamma^{\infty}(z)=-\frac{C_1 z}{8}\chi(\omega)+\frac{\overline{C_2}}{16\pi i}\oint_{\partial\omega}\frac{\bar{t}\,\mathrm{d}t}{t-z} \tag{2.20}$$

$$\psi^{\infty}(z)=-\frac{C_2 z}{8}\chi(\omega)+\frac{C_1}{8\pi i}\oint_{\partial\omega}\frac{\bar{t}\,\mathrm{d}t}{t-z}-\frac{\overline{C_2}}{16\pi i}\oint_{\partial\omega}\frac{\bar{t}\,\mathrm{d}\bar{t}}{t-z} \tag{2.21}$$

双势函数 $\psi(z)$、$\gamma(z)$ 代入复变函数的应变场式(2.12)对比式(2.2)中的 Eshelby 张量形式，可以得到 Eshelby 张量表示为

$$\begin{pmatrix}\boldsymbol{S}_{1111} & \boldsymbol{S}_{1122} & \boldsymbol{S}_{1112}\\ \boldsymbol{S}_{2211} & \boldsymbol{S}_{2222} & \boldsymbol{S}_{2212}\\ \boldsymbol{S}_{1211} & \boldsymbol{S}_{1222} & \boldsymbol{S}_{1212}\end{pmatrix}=\begin{pmatrix}1 & 0 & 0\\ 0 & 1 & 0\\ 0 & 0 & \frac{1}{2}\end{pmatrix}\chi(\omega)+B_1\begin{pmatrix}c_0 & -p_2 & q_2\\ -p_2 & c_1+2p_4 & -2q_4\\ q_2 & -2q_4 & c_1-2p_4\end{pmatrix}B_2 \tag{2.22}$$

式中，$B_1=\begin{pmatrix}\frac{\kappa-1}{\kappa+1} & -\frac{2}{\kappa+1} & 0\\ \frac{\kappa-1}{\kappa+1} & \frac{2}{\kappa+1} & 0\\ 0 & 0 & \frac{2}{\kappa+1}\end{pmatrix}$，$B_2=\begin{pmatrix}1 & 1 & 0\\ -1 & 1 & 0\\ 0 & 0 & 1\end{pmatrix}$，$c_0=-\frac{1}{2}\chi(\omega)$，$c_1=-\frac{1}{4}\chi(\omega)$，$\Gamma_2=\dfrac{1}{4\pi i}\oint_{\partial\omega}\dfrac{\mathrm{d}t}{\bar{t}-\bar{z}}$，$\Gamma_4=\dfrac{1}{16\pi i}\oint_{\partial\omega}\dfrac{(t-z)\mathrm{d}t}{(\bar{t}-\bar{z})^2}$。$(p_2,q_2)$、$(p_4,q_4)$ 分别为 Γ_2、Γ_4 的实部与虚部，即 $\Gamma_2=p_2+iq_2$，$\Gamma_4=p_4+iq_4$。

对随位置变化的 Γ_2，Γ_4 参量采用平均化处理获取平均 Eshelby 张量。通过

式(2.9)便可求解本征应变的近似值。

平均化处理的 $\Gamma_{2,\mathrm{ave}}$、$\Gamma_{4,\mathrm{ave}}$ 计算方式为

$$\begin{cases}\Gamma_{2,\mathrm{ave}}=\dfrac{1}{\omega}\displaystyle\int_{\omega}\Gamma_2\mathrm{d}x=-\dfrac{1}{8\pi\omega}\oint_{\partial\omega}\oint_{\partial\omega}\dfrac{z}{\bar{z}}\mathrm{d}t\mathrm{d}\bar{x}\\ \Gamma_{4,\mathrm{ave}}=\dfrac{1}{\omega}\displaystyle\int_{\omega}\Gamma_4\mathrm{d}x=-\dfrac{1}{32\pi\omega}\oint_{\partial\omega}\oint_{\partial\omega}\dfrac{\bar{z}}{z}\mathrm{d}t\mathrm{d}x\end{cases}\tag{2.23}$$

2.2.3　Eshelby 等效理论的位置修正

缺陷周围的应力场不仅与缺陷本身的材料性能、形状有关，而且与缺陷在结构中的位置有关。在处理考虑位置特征的缺陷的等效问题时，采用叠加原理，将有限大空间内含本征应变的应力应变场分析问题，分解成一个无限大空间内含本征应变的应力应变场分析问题和一个有限大空间内不含本征应变的应力应变场分析问题之和[11]。

考虑位置特征时，基体 Ω 不再占据全空间，而是有限大空间。此时设弹性体占有限大空间 Ω，有限大空间 Ω 不受约束，在有限大空间 Ω 内的区域 ω 上，产生本征应变。

在 Ω 的边界∂Ω 上，如果满足表面位移为 0，则有

$$u_i=0\tag{2.24}$$

如果满足表面面力为 0，则有

$$E_{ijkm}u_{j,k}n_m=0\tag{2.25}$$

式中，$u_{j,k}$ 为指标记法表示位移分量对坐标变量求导，n 为表面法向量。要想解决满足位移或应力边界条件，即式(2.24)或(2.25)的应力场求解，可以利用叠加原理，将位移场分解为

$$u=u^{\infty}+u^{b}\tag{2.26}$$

式中，u^{∞} 为无限大平面位移，u^{b} 为附加的边界位移值。

分解后的位移分别满足

$$\begin{cases}E_{ijkm}u^{\infty}_{k,mj}=E_{ijkm}\varepsilon^{\infty}_{km,j}, & \text{在 }\Omega\text{ 内}\\ u^{\infty}_{i}=g\text{ 或 }E_{ijkm}u^{\infty}_{j,k}n_m=g, & \text{在 }\partial\Omega\text{ 上}\end{cases}\tag{2.27}$$

$$\begin{cases}E_{ijkm}u^{b}_{k,mj}=0, & \text{在 }\Omega\text{ 内}\\ u^{b}_{i}=-g\text{ 或 }E_{ijkm}u^{b}_{j,k}n_m=-g, & \text{在 }\partial\Omega\text{ 上}\end{cases}\tag{2.28}$$

式中，g 为边界∂Ω 上的任意函数，g 为无限大平面中本征应变所引起的位移或应力在∂Ω 处的函数表达式。此时式(2.28)中边界条件表示为

$$u^{b}_{i}=-u^{\infty}_{i}\text{ 或 }E_{ijkm}u^{b}_{j,k}n_m=-E_{ijkm}u^{\infty}_{j,k}n_m,\quad\text{在 }\partial\omega\text{ 上}\tag{2.29}$$

图 2.17 为利用叠加原理分解有限大平面夹杂域内产生本征应变的 Eshelby 问题的过程。

同样，利用复变函数 K-M 双势函数来描述无限大平面中本征应变所引起的位移

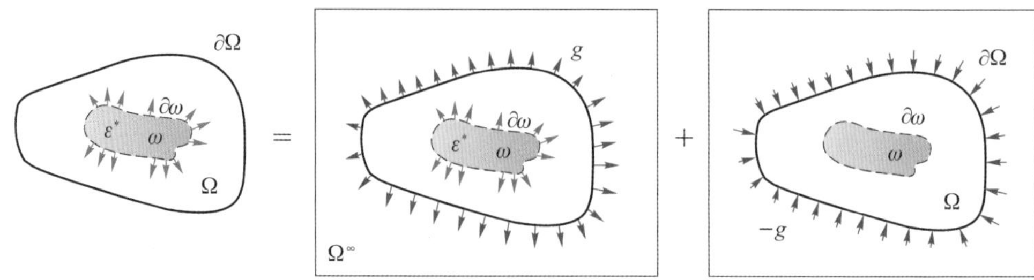

图 2.17　有限域内 Eshelby 夹杂物问题分解

或应力在$\partial\Omega$处函数 g 表示为

$$g(t)=-\eta\gamma(t)+t\overline{\gamma^{\infty\prime}(t)}+\overline{\psi^{\infty}(t)},\quad t\in\partial\Omega \tag{2.30}$$

式中，满足位移边界条件时 $\eta=\kappa$，满足应力边界条件时 $\eta=-1$。

根据无限大平面中本征应变引起弹性场的势函数表达式(2.20)和式(2.21)，可以得到 g 的表示为

$$g(t)=-\frac{1}{16\pi i}\left(C_2\oint_{\partial\omega}\frac{\tau-t}{\bar{\tau}-\bar{t}}\mathrm{d}\tau-2C_1\oint_{\partial\omega}\frac{\tau}{\bar{\tau}-\bar{t}}\mathrm{d}\bar{\tau}-\eta C_2\oint_{\partial\omega}\frac{\bar{\tau}}{\tau-t}\mathrm{d}\tau\right),$$
$$t\in\partial\Omega,\tau\in\partial\omega \tag{2.31}$$

式中，t 表示复平面上基体边界的点，τ 表示复平面上夹杂物边界的点。

获取函数 g 的具体表达后，对于附加边界值问题的解用 K-M 双势函数表示为

$$\gamma^b(z)=\frac{1}{2\pi i}\oint_{\partial\Omega}\frac{\phi(\xi)}{\xi-z}\mathrm{d}\xi \tag{2.32}$$

$$\psi^b(z)=-\frac{\eta}{2\pi i}\oint_{\partial\Omega}\frac{\overline{\phi(\xi)}}{\xi-z}\mathrm{d}\xi-\frac{1}{2\pi i}\oint_{\partial\Omega}\frac{\bar{\xi}\phi'(\xi)}{\xi-z}\mathrm{d}\xi \tag{2.33}$$

式中，$\gamma^b_{(z)}$、$\psi^b_{(z)}$为附加边界值问题的双势函数，$z=x+iy$，(x,y)为平面点坐标。其中对于表达式 ϕ，Muskhelishvili[12] 表示为

$$g(t)=\eta\phi(t)+\frac{\eta}{2\pi i}\oint_{\partial\Omega}\phi(\xi)\mathrm{d}\left(\ln\frac{\xi-t}{\bar{\xi}-\bar{t}}\right)+\frac{1}{2\pi i}\oint_{\partial\Omega}\overline{\phi(\xi)}\mathrm{d}\left(\frac{\xi-t}{\bar{\xi}-\bar{t}}\right) \tag{2.34}$$

上述等效方法可针对夹杂域内的材料属性进行调整，即可适用于轮盘中的缺口、孔洞与夹杂物等常见缺陷。

2.2.4　应用实例分析

下面以半无限大平面上的椭圆形夹杂物为例，通过应力等效方法，获取夹杂物附近的应力场。

当$\partial\Omega$为半平面时，在复平面内表达为$(-\infty,\infty)$，此时辅助势函数表示为

$$\gamma^b(z)=-\frac{C_1}{8\pi\eta i}\oint_{\partial\omega}\frac{t}{\bar{t}-z}\mathrm{d}\bar{t}+\frac{C_2}{16\pi\eta i}\oint_{\partial\omega}\frac{t-\bar{t}}{\bar{t}-z}\mathrm{d}t \tag{2.35}$$

$$\psi^{b}(z)=-\frac{\eta C_{2}}{16\pi i}\oint_{\partial\Omega}\frac{t}{\bar{t}-z}\mathrm{d}\bar{t}-z\gamma^{b'}(z) \tag{2.36}$$

由此可以获得半无限大平面下的椭圆形夹杂物的辅助势函数，进而计算应力场。

设置基体材料的泊松比 $\nu=0.311$，弹性模量 $E=180$ GPa。设置夹杂物弹性模量 $E^{*}=75$ GPa，泊松比 $\nu=0.25$。平面单向拉伸条件设置为 $P=1\,000$ MPa，拉伸方向如图 2.18(a)所示。选取夹杂物形状为椭圆形，尺寸为 $a=200$ μm，$b=100$ μm。夹杂物深度 $l=350$ μm。求解结果如图 2.18(b)、(c)所示。对比了有限元分析的结果(见图 2.19)，夹杂物周围拉伸方向应力的误差小于 1.9%，证明该方法具有良好的精度。

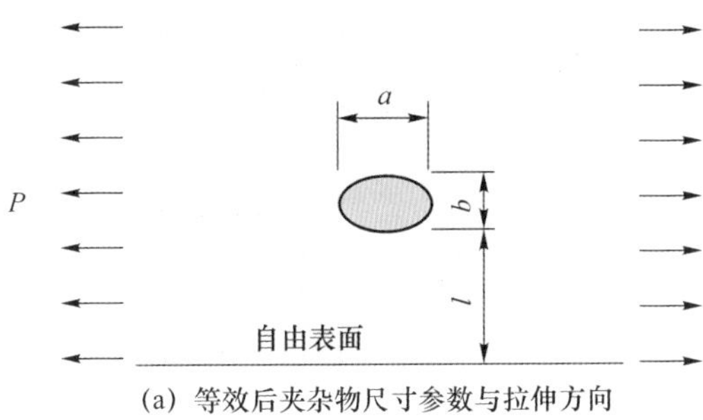

(a) 等效后夹杂物尺寸参数与拉伸方向

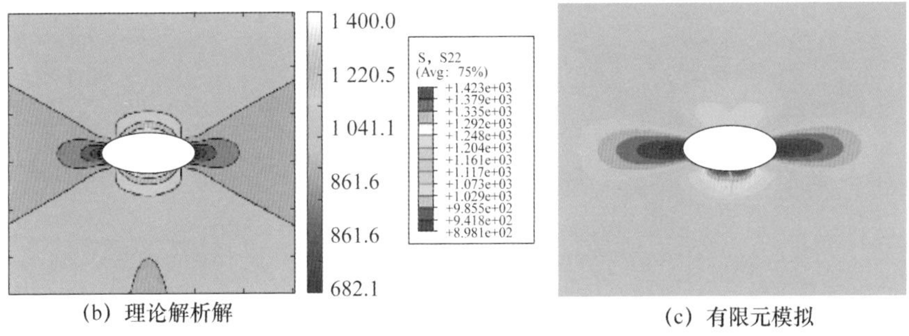

(b) 理论解析解　　(c) 有限元模拟

图 2.18　半无限大平面内夹杂物应力云图(单位:MPa)

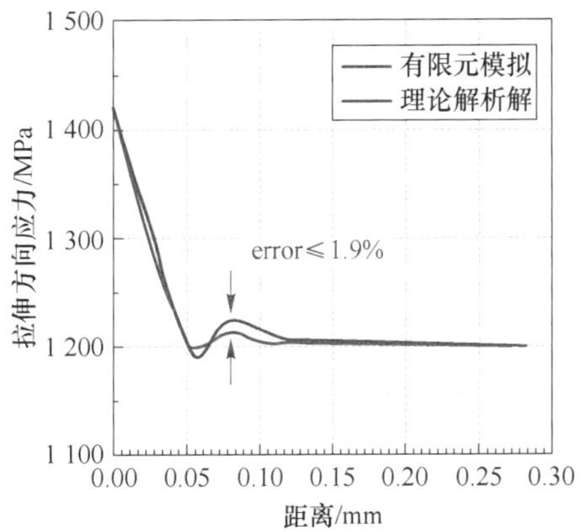

图 2.19　有限元模拟与理论解析解对比

根据式(2.22)可以得到在复变平面多边形夹杂物(见图2.20)顶点已知时的多边形 Eshelby 张量。

为了简化公式,令 $\boldsymbol{s}_i=\boldsymbol{Y}_{i+1}-\boldsymbol{Y}_i$,$z_i=\boldsymbol{Y}_i-x$,其中 x 表示应力场中任意点,多边形夹杂物中 Eshelby 张量中的 $\boldsymbol{\Gamma}_2$、$\boldsymbol{\Gamma}_4$ 可以表示为

$$\begin{cases}\boldsymbol{\Gamma}_2=\dfrac{1}{4\pi i}\displaystyle\sum_{i=1}^{N}\dfrac{\boldsymbol{s}_i}{\bar{\boldsymbol{s}}_i}\ln\dfrac{\bar{z}_{i+1}}{\bar{z}_i}\\ \boldsymbol{\Gamma}_4=\dfrac{1}{16\pi i}\displaystyle\sum_{i=1}^{N}\left[\dfrac{\boldsymbol{s}_i^2}{\bar{\boldsymbol{s}}_i^2}\ln\dfrac{\bar{z}_{i+1}}{\bar{z}_i}-\dfrac{\boldsymbol{s}_i}{\bar{\boldsymbol{s}}_i}\left(\dfrac{z_{i+1}}{\bar{z}_{i+1}}-\dfrac{z_i}{\bar{z}_i}\right)\right]\end{cases}\tag{2.37}$$

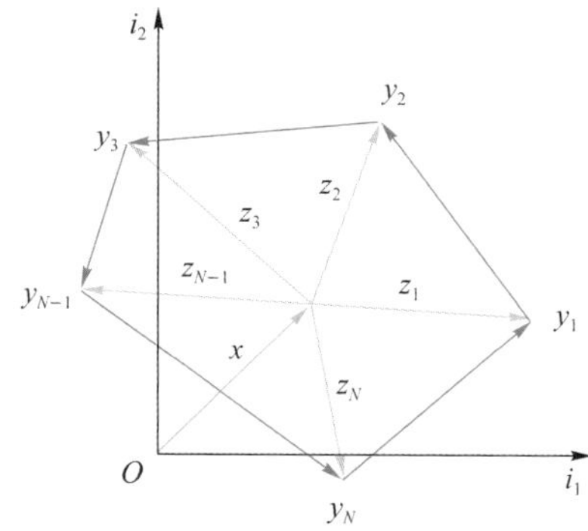

图2.20 多边形夹杂物

对于矩形夹杂物,平均化处理的 $\boldsymbol{\Gamma}_{2,\mathrm{ave}}$、$\boldsymbol{\Gamma}_{4,\mathrm{ave}}$ 表示为

$$\begin{cases}\boldsymbol{\Gamma}_{2,\mathrm{ave}}=\dfrac{2}{\pi}\left(\arctan\eta-\dfrac{\pi}{4}\right)-\dfrac{1}{2\pi}\dfrac{\ln(1+\eta^2)}{\eta}+\dfrac{\eta}{2\pi}\ln\left(\dfrac{1+\eta^2}{\eta^2}\right)\\ \boldsymbol{\Gamma}_{4,\mathrm{ave}}=-\dfrac{1}{8}+\dfrac{1}{4\pi}\dfrac{\ln(1+\eta^2)}{\eta}+\dfrac{\eta}{4\pi}\ln\left(\dfrac{1+\eta^2}{\eta^2}\right)\end{cases}\tag{2.38}$$

式中,η 是矩形长宽比。

通过式(2.22)获得 Eshelby 平均张量,代入式(2.9)即可求得本征应变,继而求得夹杂物附近的应力场。

设置基体的材料泊松比 $\nu=0.28$,弹性模量 $E=210$ GPa;夹杂物的材料泊松比 $\nu^*=0.25$,弹性模量 $E^*=150$ GPa,平面单向拉伸条件 $P_y=100$ MPa。对比了有限元分析的结果(见图2.21和图2.22),夹杂物周围拉伸方向应力的误差小于0.74%,证明该方法具有良好的精度。

开展含夹杂物FGH96高温合金圆棒试验件的断口观测,分析含夹杂物试验件疲劳断裂的过程。采用扫描电镜观测试验件断口,如图2.23所示。根据含夹杂物低周疲劳试验件的断口观测结果,分析夹杂物所致的低周疲劳失效断口的规律,可以得到如下结论:①夹杂物致裂的断口可以分为裂纹源(见图2.23(a),箭头位置)、裂纹早期扩展区(见图2.23(a),Ⅰ区)、裂纹后继扩展区(见图2.23(a),Ⅱ区)、瞬断区(见

图 2.23(a),Ⅲ区);②在疲劳载荷作用下,夹杂物的附近首先产生裂纹。夹杂物附近几个晶粒尺寸范围内的断口呈现显著的类解理特征,并可以观测到细小的疲劳条带。由此可以推测,夹杂物附近出现应力集中,夹杂物附近的晶粒首先沿着其最薄弱的取向发生穿晶断裂。③观测到由内部夹杂物所致的疲劳断裂,裂纹的源区和早期的扩展区形成了一个圆形的平台。该平台与加载轴向垂直,说明在最初的裂纹扩展过程中,内部裂纹始终沿垂直于加载方向扩展。

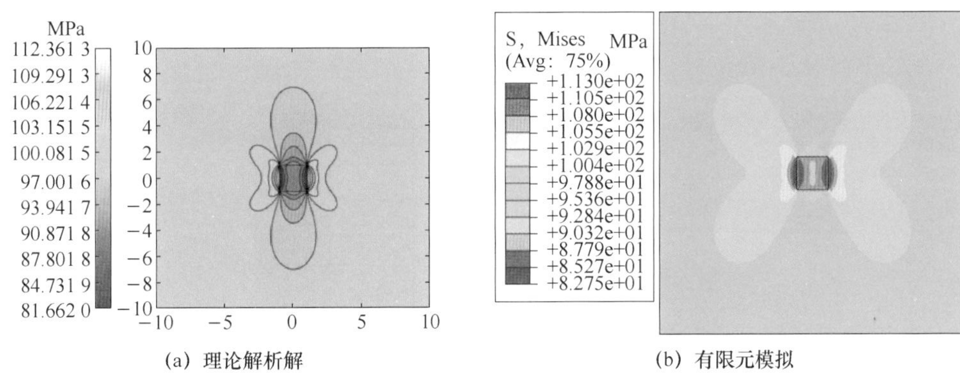

(a) 理论解析解　　(b) 有限元模拟

图 2.21　无限大平面圆形夹杂物 Mises 应力云图

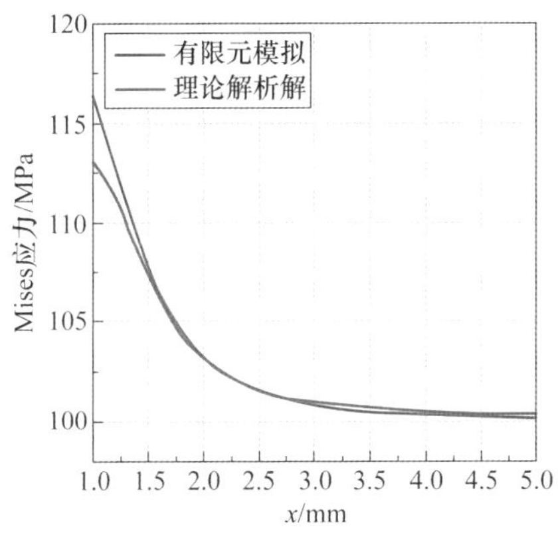

图 2.22　有限元模拟与理论解析解对比

通过 EDS 分析夹杂物的成分,在图 2.23(b)中黄色方块处采样。夹杂物中 Al 元素含量高,表明夹杂物成分为 Al_2O_3。

根据夹杂物的典型几何形状,依据前述等效方法将夹杂物的形状等效为两长轴相等的椭球。在此基础上,基于夹杂物周围应力分析结果,计算应力集中系数 M_d,如表 2.2 所列。

$$M_d = \sigma_{\max} / \sigma_{\mathrm{norm}}$$

式中,$\sigma_{\max}$ 为椭球缺陷附近的最大应力,σ_{norm} 为无缺陷状态下的名义应力。

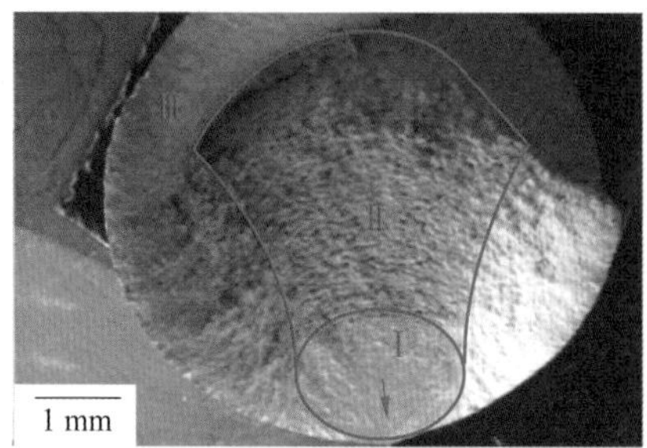

(a) 断口整体形貌

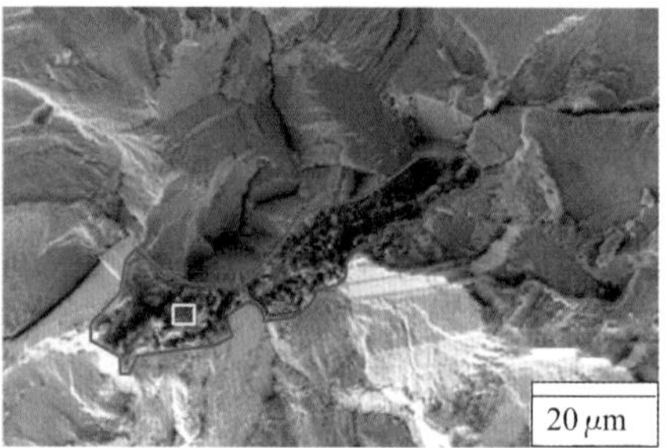

(b) 裂纹源的夹杂物

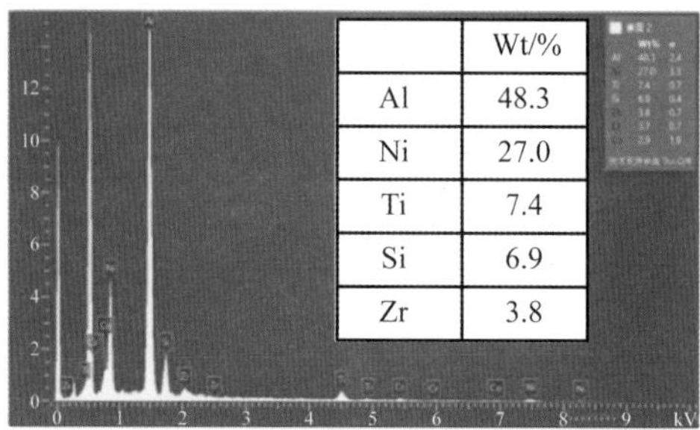

Wt/%
Al 48.3
Ni 27.0
Ti 7.4
Si 6.9
Zr 3.8
kV

(c) 夹杂物EDS检测

图 2.23　夹杂物起裂断口形貌

表 2.2　低周疲劳试验夹杂物应力集中系数

编　号	长轴/μm	短轴/μm	深度/μm	M_d	编　号	长轴/μm	短轴/μm	深度/μm	M_d
1#	319	11	2392	1.133	25#	117.2	19.5	394	1.209
2#	78	55	527	1.110	26#	67.5	56.6	405	1.203
3#	31	23	1755	1.195	27#	40.8	40.8	663	1.083
4#	72	10	79	1.219	28#	26.6	22.6	918	1.063
5#	35	19	256	1.087	29#	49	28	988	1.090
6#	97	39	290	1.095	30#	34.9	34.9	2095	1.077
7#	69	30	850	1.107	31#	41.6	33	20	1.168
8#	35	16	1447	1.007	32#	15.8	8	65	1.170
9#	41	19	932	1.061	33#	74.6	10.8	1036	1.095
10#	91	15	824	1.176	34#	88.2	12.9	2217	1.069
11#	125	19	2218	1.200	35#	52.4	21	780	1.004
12#	66	13	813	1.066	36#	9.4	5.4	1645	1.145
13#	105	32	467	1.116	37#	133.7	10.6	469	1.024

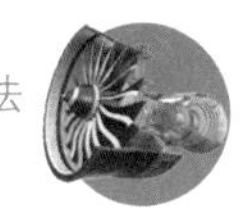

续表 2.2

编　号	长轴/μm	短轴/μm	深度/μm	M_d	编　号	长轴/μm	短轴/μm	深度/μm	M_d
14#	85	46	1043	1.053	38#	49	6	277	1.168
15#	12.1	12.1	12	1.175	39#	22	22	24	1.179
16#	28.6	10.7	46	1.141	40#	79.1	10.5	36	1.191
17#	90	14	105	1.101	41#	36.9	21.6	60	1.138
18#	57.8	30.5	145	1.211	42#	8	8	103	1.136
19#	60.5	13.1	173	1.108	43#	28.8	4.6	250	1.148
20#	23.5	18.4	214	1.011	44#	30.4	30.4	406	1.093
21#	47	20	241	1.152	45#	149	20.8	543	1.149
22#	135.8	49.9	319	1.028	46#	90.4	23.7	802	1.037
23#	340	18.5	341	1.186	47#	102.6	4.2	1131	1.111
24#	56.5	31.8	364	1.203	48#	87.8	15.6	1270	1.191

2.3　缺陷的形位等效方法

本节考虑缺陷形位特征，利用缺陷尺寸、形状、位置，在不考虑裂纹萌生寿命时，将缺陷等效为圆形或半圆形的初始裂纹，为疲劳裂纹扩展寿命预测及损伤容限分析提供输入。

2.3.1　形位等效准则

缺陷等效准则一般分为两类：二维等效准则与三维等效准则。

二维等效准则适用于传统超声检测、涡流检测、断口分析等方法观测得到的缺陷形状，可根据检测得到的缺陷二维形貌直接等效为圆形或椭圆形裂纹。同一尺寸级别的非金属夹杂物，通常距离表面越近，疲劳寿命越短，而随着距表面距离的增大，疲劳寿命相应有所提高；同一位置的非金属夹杂物，尺寸越大，疲劳寿命通常越短。因此若是想要合理地对不规则夹杂物进行等效，基本原则如下[13,14]：

(1) 保证等效前后缺陷的截面面积不变；

(2) 保证等效前后缺陷的形心位置不变；

(3) 保证等效前后缺陷的主轴方位不变。

二维等效准则保留了用于损伤容限分析最基础的信息，即尺寸与位置，适用于相对规则且近似球形的缺陷形状，但并未考虑到缺陷空间取向对有效截面积的影响。

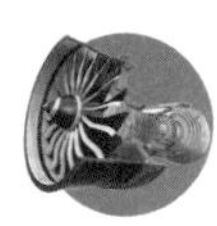

例如，由于传统检测手段仅能获取缺陷在探测方向的投影截面信息，二维等效准则难以反映三维缺陷取向与加载方向的空间关系。

而随着阵列超声检测、断层扫描检测等缺陷三维形貌检测手段的出现，发展出了球等效准则、椭球等效准则，用于描述缺陷的扁平程度、空间取向等信息，将三维形貌投影在与加载方向垂直的平面上，而后根据二维等效准则进行处理，获得用于裂纹扩展分析的圆形或椭圆形裂纹。

球等效准则的基本原则如下：

(1) 保证等效前后缺陷的体积不变；

(2) 保证等效前后缺陷的形心位置不变；

(3) 以等效球形心为圆心、等效球半径为半径的圆形裂纹作为初始裂纹。

在此基础上为了区分缺陷的扁平程度，提出了等效球度的概念，表示为

$$S=\frac{\pi^{1/3}(6V)^{2/3}}{A} \tag{2.39}$$

式中，S 为缺陷等效球度，V 为缺陷的体积，A 为缺陷的表面积，其余系数设置的目的是将 S 限制在 0～1 范围内，即等效球度趋近于 1 时缺陷为正球体，反之则形貌偏离球的程度更大。采用球等效得到的初始裂纹大小、等效球度等标量难以反映缺陷空间取向，为此提出了椭球等效准则。椭球等效准则(见图 2.24)依据缺陷轮廓点云的三维坐标建立三维线性空间并进行主成分分析，利用空间直角坐标系内的旋转不变性将缺陷投影至相互正交的三个向量上，该向量按照从小到大排序即为等效椭球缺陷的长轴、中轴与短轴，其基本原则为[15]

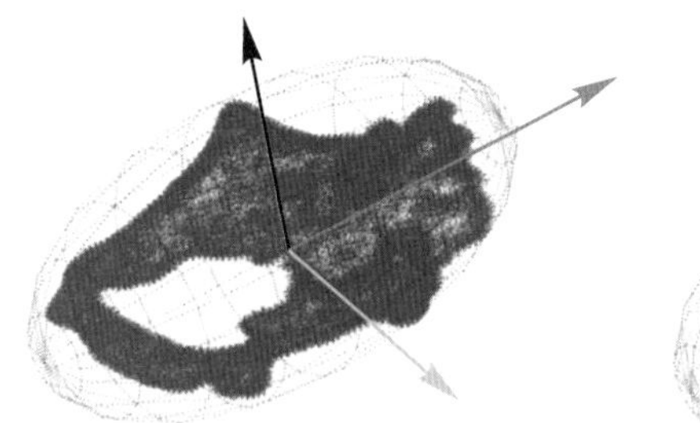

(a) 初始缺陷形貌

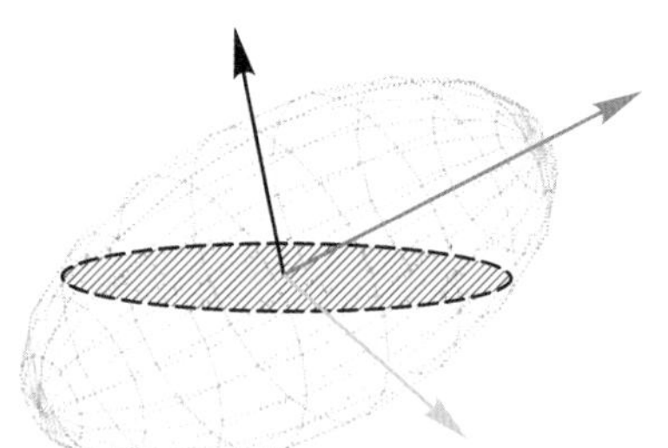

(b) 等效缺陷形貌及有效截面

图 2.24 椭球等效准则示意

(1) 保证等效前后缺陷的形心位置不变；

(2) 保证等效前后缺陷轮廓的主成分不变；

(3) 过等效椭球中心并垂直于加载方向的面与等效椭球形成的截面为有效截面，作为初始裂纹。

2.3.2　有效截面等效方法

采用 2.3.1 节中的方法获得有效二维截面后，可进一步根据缺陷的位置，将有效截面等效为裂纹用于损伤容限分析。

文献[12,13]指出，依据同位置同尺寸的缺陷疲劳寿命相等的原则，可将内部缺陷、亚表面缺陷和表面缺陷分别等效为内部圆形裂纹、亚表面圆形裂纹和半圆形表面裂纹。这种方法思路简单，易于操作，但是并没有考虑到缺陷等效截面形状等信息。前述的研究中已经获取了缺陷的有效二维截面，在文献[12,13]所述的方法基础上，发展了将缺陷等效为椭圆裂纹的方法，具体步骤如下(见图 2.25)：

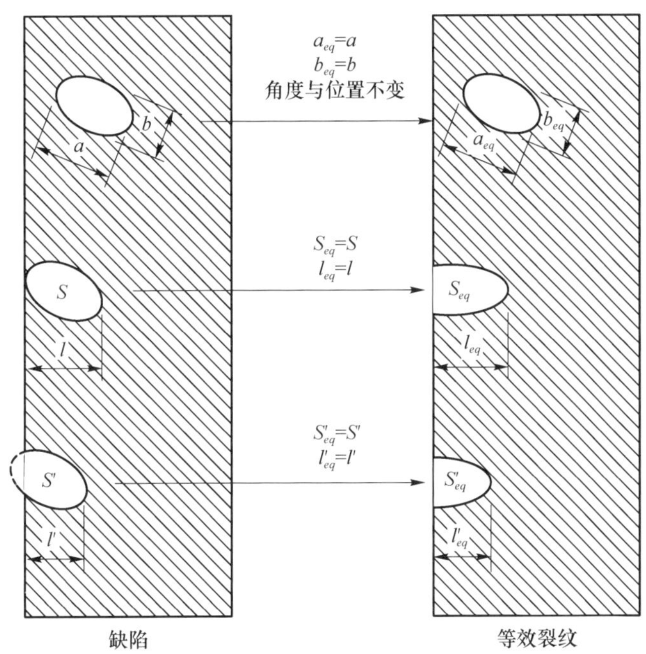

图 2.25　基于椭球等效确定初始裂纹形位特征

(1) 获得缺陷的有效二维截面。可以证明这个截面是一个椭圆。

(2) 当缺陷的有效二维截面全部位于结构内部时，有效二维截面即为等效裂纹。

(3) 当缺陷的有效二维截面与结构表面相切/相交时，将缺陷的有效二维截面等效为表面半椭圆裂纹，这一过程中需要保证：

- 有效二维截面的面积与半椭圆裂纹一致。
- 有效二维截面到表面的最大距离与半椭圆裂纹的深度一致。

在此基础上，采用应力强度因子的经验公式或有限元方法，分析裂纹扩展的过程，获取裂纹扩展至断裂韧度时所需要的循环数，即为疲劳裂纹扩展寿命。

2.3.3 应用实例分析

利用缺陷的形位等效方法，对粉末高温合金中的夹杂物缺陷进行椭球等效，并提取初始裂纹形位特征。图 2.26 是粉末高温合金中的一处夹杂物，其尺寸为 67.9 μm×55.8 μm，距离表面的深度为 0.41 mm。由于其深度远大于其尺寸，是内部缺陷，因此按照上述的方法，等效为结构内部的椭圆裂纹。等效流程的示意图如图 2.27 所示。有效截面为椭圆，长轴与短轴分别为 67.9 μm 与 55.8 μm，同样也是等效椭圆裂纹的长轴与短轴。

图 2.26 粉末高温合金内部夹杂物

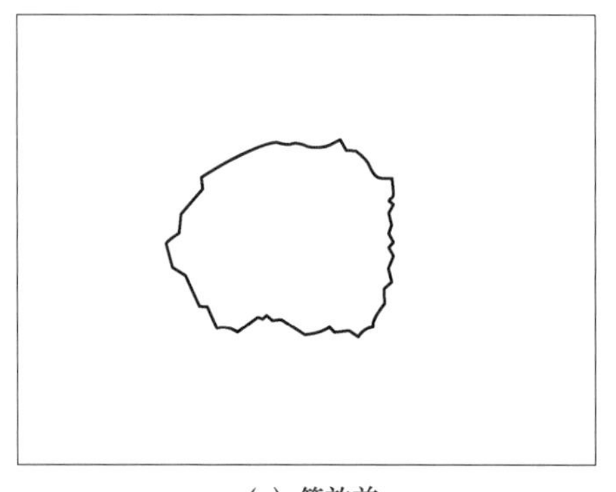

(a) 等效前

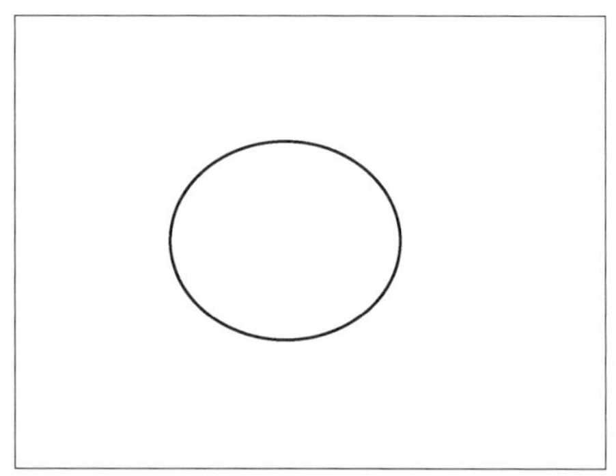

(b) 等效为椭圆裂纹

图 2.27 缺陷形位等效过程

2.4 本章小结

本章介绍了轮盘中常见的缺陷种类及其来源，结合原位疲劳试验分析缺陷对疲劳失效的影响机理：考虑缺陷所致局部应力集中，基于 Eshelby 理论的应力等效方

法，以计算缺陷周围的应力场，以为后续短裂纹扩展分析提供载荷输入。考虑缺陷形位特征，基于球等效的有效截面等效方法，利用缺陷尺寸、形状、位置，在不考虑裂纹萌生寿命时，将缺陷等效为圆形或半圆形的初始裂纹，为疲劳裂纹扩展寿命预测及损伤容限分析提供输入。

参考文献

[1] MCCLUNG R C, ENRIGHT M P. The DARWIN® Computer program forprobabilistic damage tolerance analysisof engine rotors[J]. ADF Aircraft Engine Symposium, 2003.

[2] 张国星，韩寿波，孙志坤. 热诱导孔洞对粉末冶金高温合金性能的影响[J]. 粉末冶金工业，2015，25(01):42-45.

[3] 郭建亭. 高温合金材料学[M]. 北京：科学出版社，2008.

[4] 刘新灵，陶春虎. 粉末高温合金缺陷特性及寿命预测方法研究进展和思考[J]. 材料导报:纳米与新材料专辑，2013，27(1):92-96.

[5] 刘新灵，陶春虎，王天宇. 缺陷类型对 FGH95 粉末高温合金界面开裂行为影响的模拟[J]. 材料热处理学报，2019，40(04):136-142.

[6] SHAMBLEN C E, CHANG D R. Effect of inclusions on LCF life of HIP plus heat treated powder metal René 95[J]. Metallurgical Transactions B, 1985, 16(4):775-784.

[7] 王敏中. 弹性力学教程[M]. 北京:北京大学出版社，2014.

[8] KACHANOV M, SEVOSTIANOV I. Micromechanics of materials, with applications[M]. Springer, 2018.

[9] ESHELBY J D. The determination of the elastic field of an ellipsoidal inclusion and related problems[C]. Proceedings of The Royal Society A-Mathematical Physical and Engineering Sciences, 1957, 241:376-396.

[10] WENNAN Z, QICHANG H, MOJIA H, et al. Eshelby's problem of non-elliptical inclusions[J]. Journal of the Mechanics and Physics of Solids, 2010, 58:346-372.

[11] 任宏卉. 半平面非椭圆夹杂物 Eshelby 问题研究[D]. 南昌:南昌大学，2012.

[12] MUSKHELISHVILI N I. Some basic problems of the mathematical theory of elasticity[M]. Springer-Science Business Media, 1977.

[13] GRISON J, REMY L. Fatigue failure probability in a powder metallurgy Ni-base superalloy[J]. Engineering Fracture Mechanics, 1997, 57(1):41-55.

[14] 刘成立，吕震宙，徐有良，等. 粉末冶金涡轮盘裂纹扩展可靠性分析方法

[J]. 稀有金属材料与工程，2006，35(2):232-236.

[15] HU D，PAN J，MI D，et al. Prediction of anisotropic LCF behavior for SLM Ti-6Al-4V considering the spatial orientation of defects [J]. International Journal of Fatigue，2022，158：106734.

[16] 王晓峰，杨杰，邹金文，等. FGH96 镍基粉末高温合金氧化物夹杂物的计算机断层扫描研究[J]. 粉末冶金技术，2019，32(4):265-272.

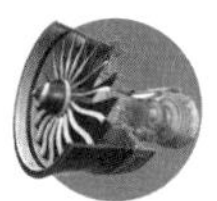

第3章
短裂纹扩展机理及模型

随着材料制备、试验以及测试手段的进步，对于材料疲劳裂纹扩展的研究，逐渐从试验数据测试向失效机理、从宏观尺度向微观尺度转变，建立基于失效物理机制的裂纹扩展模型是实现涡轮盘准确损伤容限分析的关键。然而，目前短裂纹扩展规律的研究大多基于试验数据，亟需剖析短裂纹扩展机理，研究微观组织对短裂纹扩展的影响机制，建立反映失效物理机制的短裂纹扩展模型，提高模型预测精度。

本章针对涡轮盘材料的短裂纹扩展行为，开展裂纹扩展中波动特性、晶界阻碍机制等失效机理研究，利用位错模型进行短裂纹扩展的微观描述，并建立微观-细观-宏观多尺度的短裂纹裂纹扩展模型。

3.1 短裂纹试验方法

在细观尺度上，由于晶体取向、晶界阻碍影响，短裂纹扩展速率随裂纹长度增加呈现显著波动特征，是短裂纹扩展规律有别于长裂纹的主要特征，也是其寿命预测的主要挑战。为建立可描述上述波动特征的短裂纹扩展模型，需开展短裂纹扩展原位试验，准确捕捉短裂纹在各晶粒内的扩展过程。为此研究团队自主研制短裂纹扩展原位试验系统，基于数字图像相关法实现裂纹尖端的自动识别与准确定位，据此开展常温及高温条件下短裂纹扩展试验，量化温度、应力比对短裂纹扩展速率的影响规律，为建立短裂纹扩展模型提供数据支撑。

短裂纹扩展原位试验系统突破了高温疲劳载荷作用下短裂纹扩展的原位观测试验技术，搭建了原位高温疲劳试验系统，可实现 200 倍放大条件下短裂纹扩展过程及局部变形的实时原位监测。利用该系统可以实现实时、高精度的真实疲劳裂纹尖端定位与裂纹长度测量方法以及裂纹扩展路径显示，如图 3.1 所示。

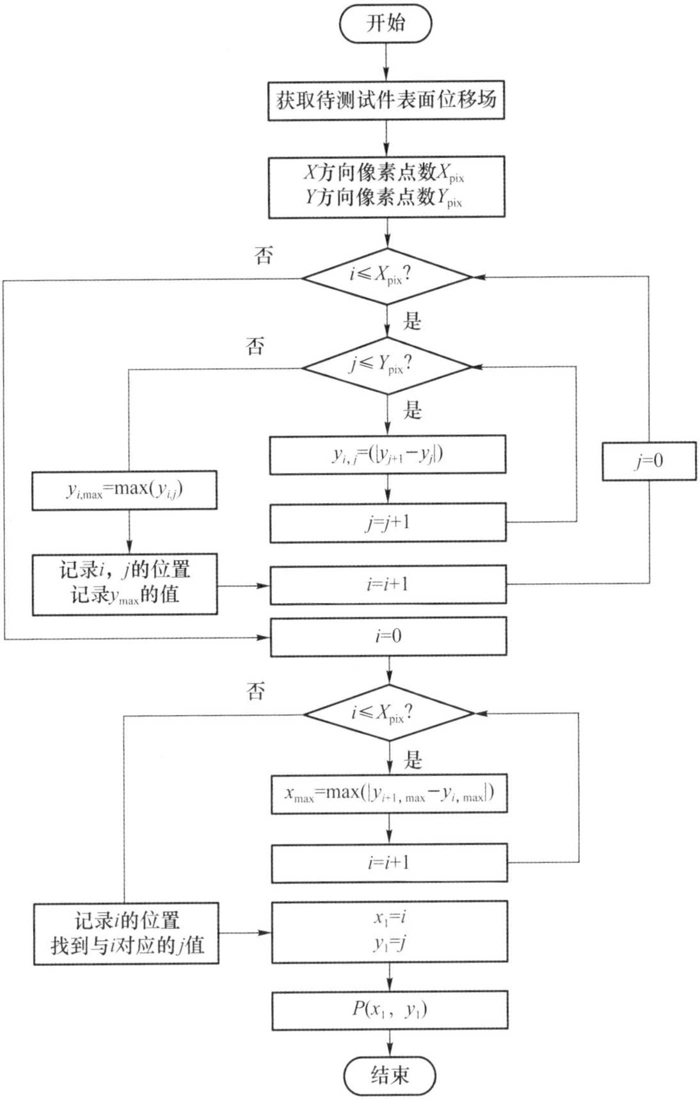

开始

获取待测试件表面位移场

X方向像素点数X_{pix}
Y方向像素点数Y_{pix}

$i \leqslant X_{pix}$?（是／否）

$j \leqslant Y_{pix}$?（是／否）

$y_{i,j}=(|y_{j+1}-y_j|)$

$j=j+1$

$j=0$

$y_{i,max}=max(y_{i,j})$

记录i，j的位置
记录y_{max}的值

$i=i+1$

$i=0$

$i \leqslant X_{pix}$?（是／否）

$x_{max}=max(|y_{i+1,max}-y_{i,max}|)$

$i=i+1$

记录i的位置
找到与i对应的j值

$x_1=i$
$y_1=j$

$P(x_1, y_1)$

结束

图 3.1　裂纹尖端定位于疲劳裂纹长度测量方法流程

短裂纹扩展原位试验系统中疲劳裂纹长度的实时测量通过一种裂纹尖端定位与裂纹长度测量算法实现。以细观尺度试验件表面图像特征为自然散斑，通过数字图像相关算法计算疲劳裂纹扩展过程中的变形图像相对于待测试件初始状态下的变形位移场。由于试件为薄壁结构，在受载状态下容易产生离面位移，现有的二维 DIC 方法计算时忽略了离面位移导致的虚假应变导致计算结果误差较大，需要对其进行修正，最终位移场计算结果如图 3.2 所示。

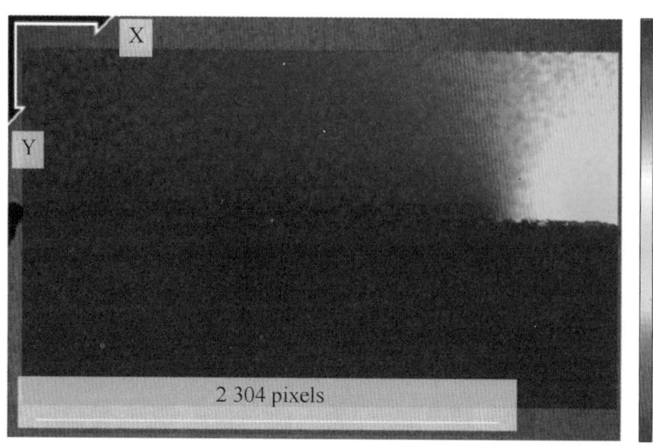

图 3.2　裂纹扩展试验位移场计算结果

由图 3.2 的变形位移场可以获取每个像素点位置处的位移值，在待测结构表面存在裂纹时，沿拉伸方向（图 3.2 中 Y 方向）会出现非连续的位移场，该非连续位移场会导致局部位移值的突变，通过寻找该非连续位移场尾部突变位移值的像素点位置，即可确定裂纹尖端位置，然后利用裂纹尖端位置像素点坐标与初始裂纹位置像素点坐标，即可求得疲劳裂纹长度。

同时搭建了原位高温力学试验系统，如图 3.3 所示，由双轴原位疲劳试验机、光学显微镜、步进电机控制等组成。为了实现对试验件特定位置的追踪，将光镜设定为位置可以进行 x、y、z 三轴调节的形式，采用步进电机控制，其最小步长为 1 μm；显微镜采用蔡司镜头，目镜放大倍数 4 倍，物镜放大倍数 5～50 倍可选，摄像头采用 1 600 万像素 CCD，可实时观测微观组织影响下的微米级裂纹扩展行为。

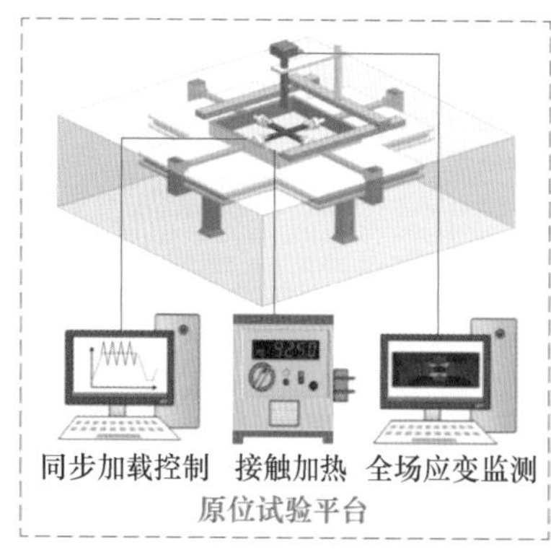

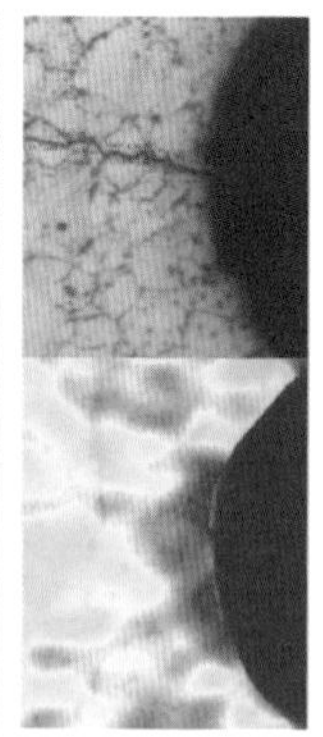

图 3.3　原位高温疲劳试验系统

3.2　短裂纹扩展机理

裂纹扩展是指在疲劳载荷作用下，裂纹尖端存在应力集中而导致材料进一步失

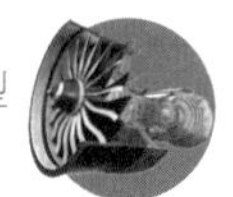

效，裂纹面向材料内部延伸、材料逐渐开裂的过程。在经典的断裂力学中，通常采用应力强度因子（stress intensity factor，SIF，符号 K）表征裂纹扩展过程的驱动力。典型的 da/dN-ΔK 曲线如图 3.4 所示，其中 ΔK 为 K 的变化幅值。对于给定几何结构，K 取决于裂纹远端载荷水平 σ 和裂纹长度 a。然而，部分试验研究表明，当 a 较小时，在相同的 K 水平下，材料将呈现不同的裂纹扩展规律，裂纹扩展路径曲折，扩展速率存在明显波动性；随着裂纹的扩展，以上差别逐渐减小直至消失。由此，界定短裂纹范畴，即裂纹长度与微结构尺寸处于相同量级，裂纹扩展规律依赖于微结构（如晶界），从而表现出显著的波动性特征，一般为 10～20 个晶粒尺寸大小。

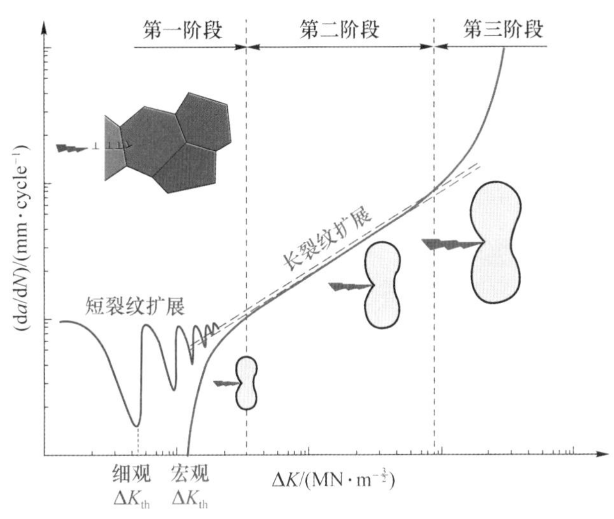

图 3.4　典型的 da/dN-ΔK 关系

3.2.1　短裂纹扩展的波动特征

研究表明，疲劳短裂纹萌生和早期扩展时会受到材料微观结构的影响，裂纹扩展路径曲折，速率存在明显波动性；随着裂纹长度的增加，裂纹扩展与微观结构相关性降低，波动特征逐渐衰减而后趋于稳定。

随着高精度试验观测技术的发展与应用，关于短裂纹扩展的机理研究也得以深入开展。短裂纹扩展过程与位错运动密切相关，其物理机制可以解释为：裂纹尖端附近的应力集中导致材料自该区域激发位错，并在裂纹尖端应力场的驱动下向裂纹扩展方向运动；位错运动至晶界、相界等微结构时受到阻碍而产生位错塞积；大量的位错塞积产生驻留滑移带，滑移带内的位错不断累积，位错密度越高损伤越严重，当驻留滑移带中的位错累积至一定程度时，材料开裂而导致裂纹的进一步扩展。

短裂纹扩展阶段所对应的裂纹长度一般在晶粒尺度范围内，其扩展涉及张开型（Ⅰ型裂纹）和撕裂型（Ⅱ型裂纹和/或Ⅲ型裂纹）两种机理，分别产生刃型位错和螺旋

位错。裂纹在最大剪切应力作用下沿滑移系逐步扩展，由于晶粒尺寸、取向差异以及晶界、二次相表面等交界面对位错累积的显著影响，裂纹扩展路径多呈折线状。

Düber[1]、Taylor[2]、Zurek[3]等曾利用试验手段对多晶材料的短裂纹扩展进行观测，结果表明由于其扩展路径上的晶界作用，裂纹扩展速率的增长起初波动而后逐渐趋于稳定。其原因在于裂纹扩展过程中，微观结构将影响裂纹尖端塑性区的位错滑移过程，进而影响微观裂纹扩展过程。随裂纹长度增长，其塑性区尺寸逐渐大于晶体尺寸，裂纹扩展速率将不再受微观结构影响。

3.2.2 短裂纹扩展的晶界阻碍机制

短裂纹扩展过程会受到晶界处的阻碍，晶界处的点阵畸变大，而晶界能的存在会使位错运动受到阻碍，即位错运动至晶界时会产生位错塞积，大量的位错塞积产生驻留滑移带，滑移带内的位错不断累积至一定程度时，裂纹进一步扩展。宏观上表现为晶界处较晶体内部具有更高的强度，裂纹扩展到晶界处时需要的断裂能量相对更高，因此在晶界处裂纹扩展速率会随之降低。

研究团队[4]针对氩气雾化粉末高温合金 FGH96 开展短裂纹扩展试验研究，热处理过程为固溶时效处理，采用单边缺口拉伸（single edge notched tensile，SENT）试件研究疲劳短裂纹扩展规律，试件几何尺寸如图 3.5 所示。

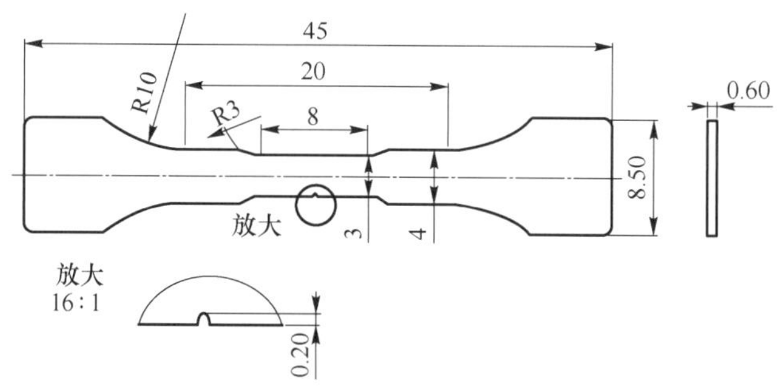

图 3.5　单边缺口拉伸试件几何尺寸(单位:mm)

在室温条件下开展载荷控制疲劳试验，试验条件为应力比 $R=0.1$、最大名义应力 $\sigma_{max}=800$ MPa，以及应力比 0.5、最大名义应力 $\sigma_{max}=1\ 000$ MPa，加载频率 1/6 Hz。疲劳裂纹扩展试验数据如图 3.7 所示。

可以看出：①在疲劳短裂纹扩展初期，疲劳裂纹扩展速率呈现明显波动特征，疲劳短裂纹扩展行为受微观组织影响显著；②随裂纹长度增加，波动特征衰减，逐渐趋向于长裂纹扩展规律。

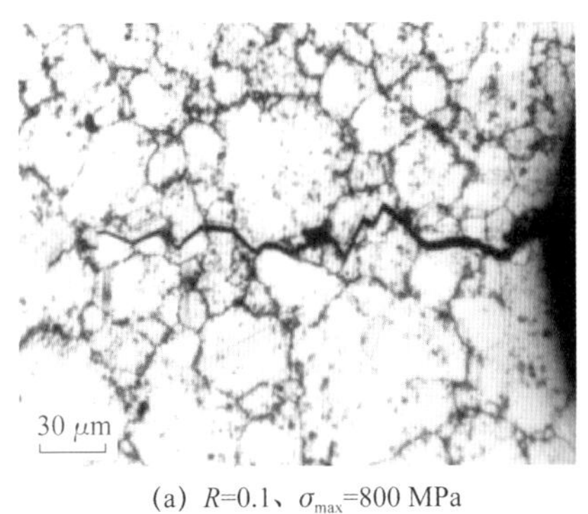

(a) R=0.1、σ_{max}=800 MPa

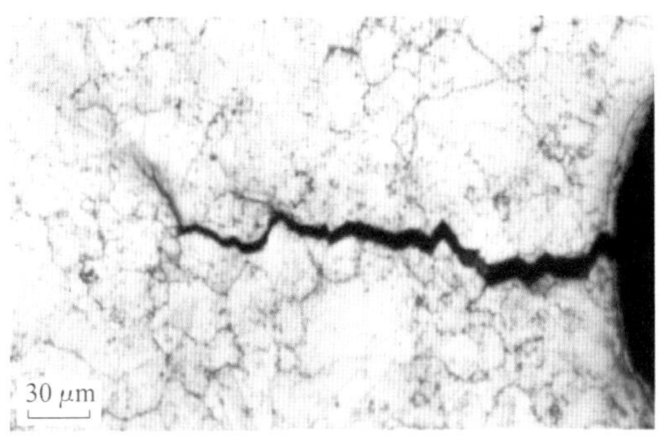

(b) R=0.5、σ_{max}=1 000 MPa

图 3.6　低周疲劳短裂纹扩展试验观测结果

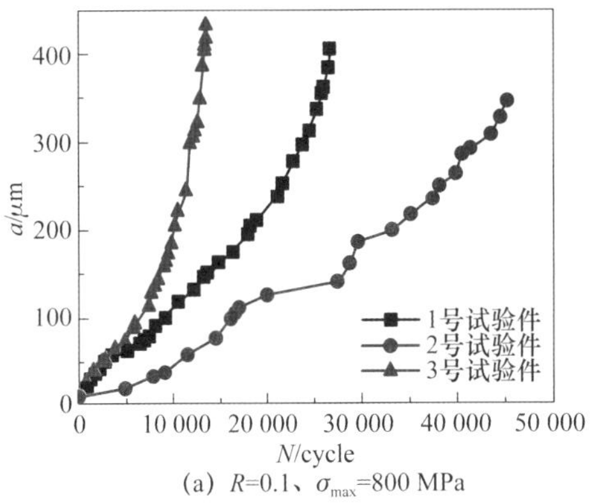

(a) R=0.1、σ_{max}=800 MPa

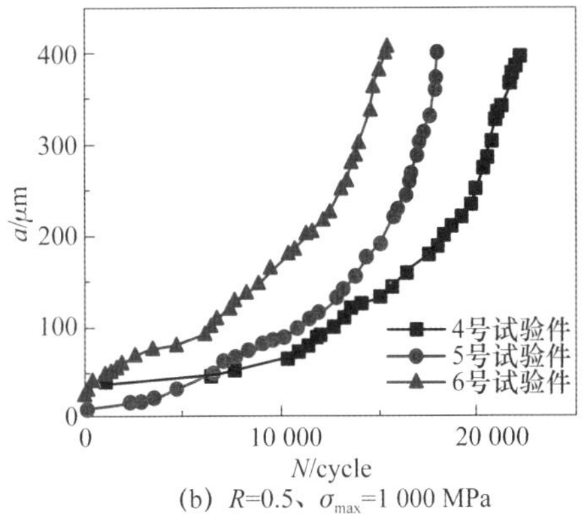

(b) R=0.5、σ_{max}=1 000 MPa

图 3.7　低周疲劳短裂纹扩展试验数据

3.3　基于位错理论的短裂纹扩展模型

对于短裂纹裂纹扩展的微观描述，主要集中在以下四个方面：①如何建立位错形成与疲劳载荷之间的联系；②如何模拟给定应力分布下位错的运动过程；③如何判断位错积叠过程中的微观失效行为；④如何表征多晶材料属性在微观与宏观的差异。因此，本节介绍了三种基于位错理论的模型，并通过短裂纹扩展试验予以验证。

3.3.1　位错发射模型

试验研究表明，在微观尺度下，大量位错运动导致的滑移现象是裂纹扩展的主要形式，基于位错理论的裂纹扩展模型能够有效描述不同阶段时裂纹扩展速率与微观结构的相关性，以及材料损伤过程的不可逆性。在三种基于位错理论的模型中，位错

发射模型最先产生。

Rice 和 Thompson[5]建立了位错发射模型，该模型假设裂纹尖端存在发射状的永久位移，从而解释了延性断裂与脆性断裂之间的差异。Gerberish[6]认为当切应力超过临界剪切强度时，材料内部将形成位错，据此表征裂纹扩展阀门值。在 Sadananda 等[7]的研究中也可得到相似的结论。

$$\Delta K_{\mathrm{th}}=f(\tau_{\mathrm{c}},d,\theta) \tag{3.1}$$

式中，τ_{c} 为临界剪切强度，d 为位错与裂纹尖端的相对距离，θ 为裂纹与滑移方向的夹角。

Weertman[8,9]基于 Bilby、Cottrell 和 Swinden[10]提出的滑移分布理论量化裂纹尖端位移场。该模型建立了裂纹尖端位错与宏观材料参数之间的联系，并指出在循环载荷作用下，累积迟滞能量超过临界迟滞能量时将发生裂纹扩展。与此同时，Rice[11]假定裂纹尖端塑性区内存在连续射线状的滑移线，建立了一种相似的裂纹扩展模型，并通过代表性体积单元的连续应力分布获得裂纹扩展速率

$$\frac{\mathrm{d}a}{\mathrm{d}N}=f\left(\Delta K,\frac{1}{\sigma_{\mathrm{s}}},\frac{1}{U^{*}}\right) \tag{3.2}$$

式中，σ_{s} 为屈服强度，U^{*} 为临界迟滞能量。

Lardner[12]和 Yokobori[13,14]分别通过连续滑移、离散滑移分布计算裂纹尖端塑性区内的裂纹扩展速率，并对局部参数(滑移速率、密度等)进行敏感性分析。该模型可表述为

$$\frac{\mathrm{d}a}{\mathrm{d}N}=f(\Delta K,|\vec{b}|,n,T,f) \tag{3.3}$$

式中，ΔK 为应力强度因子范围，$\vec{b}$ 为 Burgers 矢量，n 为离散滑移发射数量，T 为温度，f 为载荷频率。

Needleman 等[15]在有限元中基于离散位错模型进行动态模拟，建立疲劳裂纹扩展的模型，该模型能够用于计算裂纹扩展阀门值及不同应力比下的裂纹扩展速率

$$\frac{\mathrm{d}a}{\mathrm{d}N}=f(\Delta K,R,\rho_{\mathrm{slip}},\vec{F}_{\mathrm{PK}},\theta) \tag{3.4}$$

式中，ρ_{slip}为滑移密度，$\vec{F}_{\mathrm{PK}}$为 Patch-Kohler 力。

由于位错发射模型未能考虑晶界、孪晶结构对滑移的阻碍作用，因此仅能用于微观结构不相关的裂纹扩展第Ⅱ阶段。而对于裂纹扩展第Ⅰ阶段，由于其裂纹扩展速率受与微观结构影响较大，位错发射模型无法进行有效描述，因而需要引出位错阻碍模型。

3.3.2 位错阻碍模型

位错阻碍模型描述晶界对短裂纹扩展的阻碍作用以及晶粒尺寸对短裂纹扩展的影响规律，从而反映短裂纹扩展的波动特征[16]。该模型假设位错累积到一定程度时，可以克服滑移阻力而穿过晶界，具体通过裂纹尖端张开位移、裂纹尖端与晶界的

距离等描述晶界对位错滑移的阻碍，从而计算得到不同裂纹长度所对应的短裂纹扩展速率。该模型能够有效反映短裂纹扩展过程中的波动特征，并且随裂纹长度增加，裂纹扩展速率预测结果将收敛于长裂纹扩展模型。

Tanaka 等[17,18]在位错发射模型的基础上，考虑晶界对位错滑移的阻碍作用，建立了一种裂纹扩展的理论分析模型，通过切应力作用下的连续位错分布表征滑移带，并假定滑移能够在晶体中传递，晶界具有一定的阻碍作用且在晶界应力大于滑移阻力 τ_c 时将被穿越，如图 3.8(a)所示。Navarro 和 Rios[19-21]提出一种相似的裂纹扩展预测理论，以获得短裂纹与长裂纹的统一表达形式，并通过试验在铝合金上得以验证[22]。该模型认为，随着位错的不断累积，晶界的阻碍作用逐渐降低，使得短裂纹阶段的裂纹扩展速率逐渐收敛于长裂纹[23]，如图 3.8(b)所示。该类模型可以表述为

$$\frac{da}{dN}=f(\Delta \mathrm{CTOD},\tau_c,d) \tag{3.5}$$

式中，ΔCTOD 为裂尖张开距离幅值，τ_c 为滑移阻力，d 为裂纹尖端与晶界的距离。

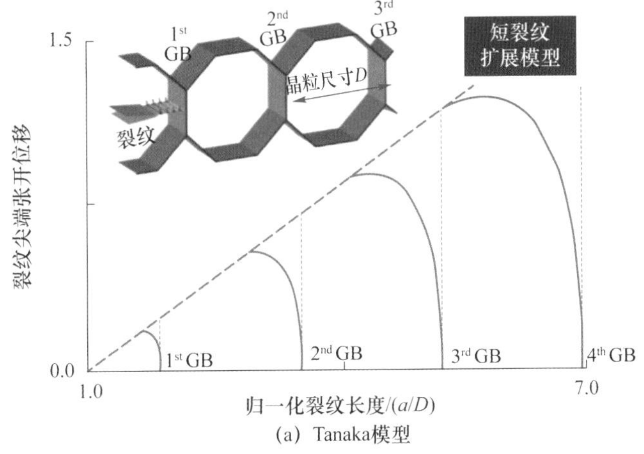

(a) Tanaka模型

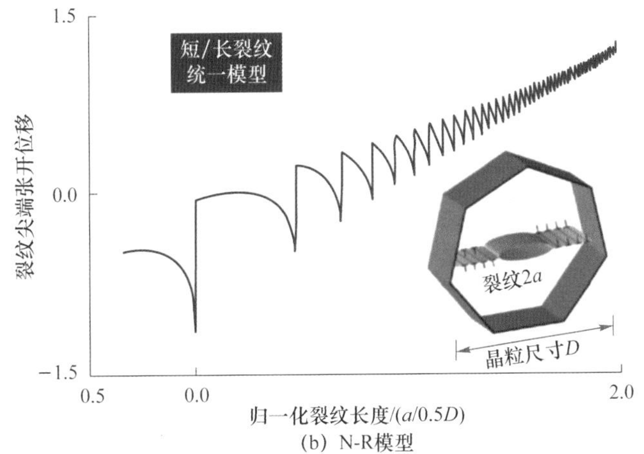

(b) N-R模型

图 3.8　位错阻碍模型中裂纹尖端张开位移随裂纹长度的变化规律[30]

Chowdhury 等[24-26]提出，滑移与晶界的交互作用及其对短裂纹扩展、门槛值具有显著影响，该模型针对交互作用进行分类，通过表征残余位错的 Burgers 矢量，并提出正向、反向滑移传递强度 τ_c^f、τ_c^r，从而建立微观裂纹扩展模型

$$\frac{da}{dN}=f(\Delta K,|\vec{b}_r|,\tau_c^f,\tau_c^r) \tag{3.6}$$

式中，τ_c^f、τ_c^r 分别问正向、反向滑移传递强度。

3.3.3 位错不可逆模型

位错不可逆模型认为，只有当裂纹尖端的射线状滑移发生在特定方向时，其永久变形才能保持而不恢复，进而导致裂纹扩展；而滑移发生在其它方向时，在卸载过程中滑移消失，此时裂纹不扩展。

Frong 和 Thomas[27,28]以及 Wu、Koul 和 Krausz[29]基于裂纹尖端的不可逆滑移模拟了折线状裂纹扩展，如图 3.9 所示[30]。在加载过程中，裂纹尖端首先产生图中发射型滑移 1，其在卸载过程中将产生部分恢复，同时伴随产生图中反向发射型滑移 2，从而形成第一次循环载荷下的裂纹扩展；在第二次循环中，裂纹尖端将在另一方向产生上述双方向滑移，从而形成第二次循环载荷下的裂纹扩展。往复滑移运动通过 u^f 和 u^r 表征，并结合活动体积 V^* 建立裂纹扩展模型，

$$\frac{da}{dN}=f(\Delta K,u^f,u^r,V^*,T) \tag{3.7}$$

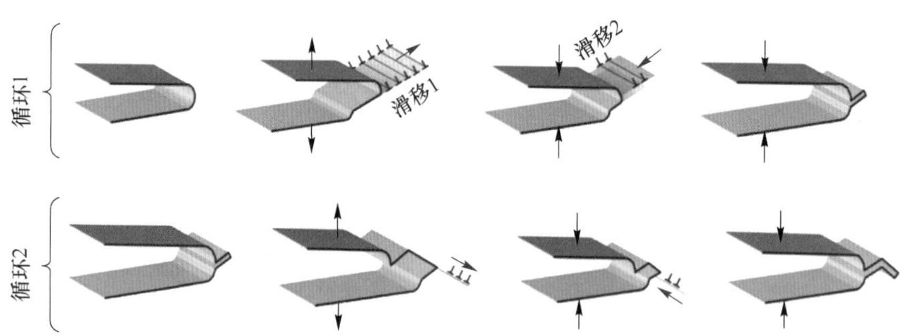

图 3.9 Wu-Koul-Krausz 裂纹扩展模型

Pippan 等[31,32]假定位错间的相互作用为弹性，基于位错不可逆理论量化滑移轨迹，根据最小残余 Burgers 矢量确定裂纹扩展状态，从而预测裂纹扩展门槛值及扩展速率。Wilkinson 等[33,34]同样对此模型进行了研究，并确定不可逆滑移 x_i^f、x_i^r 和无位错区域(dislocation free zone，DFZ)尺寸 x_{DFZ} 为裂纹扩展的指标

$$\frac{da}{dN}=f(\Delta K,x_i^f,x_i^r,x_{DFZ}) \tag{3.8}$$

位错不可逆模型充分考虑了位错在滑移过程中的特定方向及其恢复行为，然而，

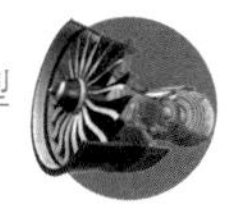

由于该模型在建模过程中无法有效描述晶界阻碍作用的衰减过程，不能保证所得结果收敛于长裂纹扩展模型，因而仅能用于短裂纹扩展阶段。

3.3.4　修正的 Tanaka 模型

以 FGH96 合金短裂纹扩展原位试验为依据，对 Tanaka 模型参数进行拟合：

$$\frac{da}{dN}=C(U^n\Delta\mathrm{CTOD})^m \tag{3.9}$$

式中，ΔCTOD 为裂尖张开距离幅值，$C=0.054\ 02$，$m=1.286\ 71$ 为拟合参数。

短裂纹扩展速率与试验结果对比如图 3.10 所示。基于此，按照短裂纹扩展速率依次积分得到短裂纹扩展寿命，其中寿命预测计算的终止裂纹长度为表面裂纹的工程可检裂纹长度（$2a_{cr}=0.76$ mm），寿命预测结果 $N_f=21\ 511$ 循环，与试验相对误差 22.2%。

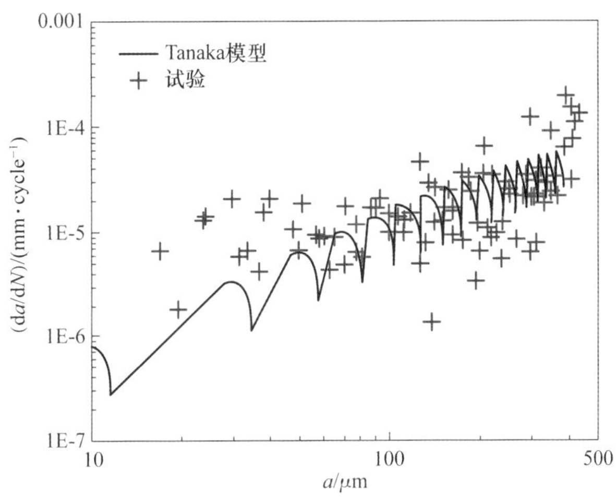

图 3.10　传统 Tanaka 模型与试验结果短裂纹扩展速率的对比

可以看到，短裂纹扩展 Tanaka 模型可以反映晶界阻碍作用，且模型寿命预测结果与试验相对误差小于 25%，该模型可作为材料疲劳短裂纹扩展寿命预测方法。然而，考虑到目前先进航空发动机飞行载荷谱复杂，涡轮盘服役过程中涉及不同应力比、温度条件时，传统模型无法反映上述条件对短裂纹扩展速率的影响。因此，对 Tanaka 模型进行修正，实现了不同应力比、温度条件下疲劳短裂纹扩展寿命的准确预测，提升了模型工程适用性。

在循环载荷应力幅值一定时，平均应力大小完全由应力比 R 决定，因此应力比对短裂纹扩展速率的影响不可忽略，目前学者们大多通过裂纹闭合效应解释应力比的影响[35,36]。长裂纹扩展模型中裂纹闭合参数 U 是建立裂纹闭合效应与裂纹扩展

关系的关键，因此，参考长裂纹修正形式，引入裂纹闭合参数表征应力比对短裂纹扩展速率影响，表示为

$$U=\frac{1-f}{1-R} \tag{3.10}$$

式中，n 为材料常数，R 为应力比，f 为裂纹张开函数[37]，其值主要与应力比、最大名义应力 $\sigma_{\max}$、流动强度 σ_f 以及裂尖约束因子 α_1 有关。研究已证实约束因子与材料板厚相关，对于薄板试件，可视为平面应力状态，取 $\alpha_1=1$[38]。

此外，金属材料疲劳等性能具有温度相关性，随温度的升高，疲劳裂纹扩展抗力显著降低，裂纹扩展速率增大。为此，短裂纹扩展模型在考虑应力比影响的基础上，从热力学理论层面引入含热力学参数的阿仑尼乌斯公式[39]，修正后的 Tanaka 模型可表示为

$$\frac{\mathrm{d}a}{\mathrm{d}N}=K_{\mathrm{AT}}C(U^n\Delta\mathrm{CTOD})^m \tag{3.11}$$

$$K_{\mathrm{AT}}=A_T\exp\left(-\frac{Q_T}{R_{\mathrm{b}}T}\right) \tag{3.12}$$

式中，A_T 为待定常数，Q_T 为激活能，R_{b} 为玻尔兹曼常数，T 为绝对温度。

考虑应力比、温度影响的修正 Tanaka 模型参数由三组不同应力比、温度条件下的短裂纹扩展试验数据拟合得到，试验条件分别为：①$R=0.1$、$T=20$ ℃，②$R=0.5$、$T=20$ ℃，③$R=0.2$、$T=600$ ℃。基于上述条件下的试验结果，拟合得到修正 Tanaka 模型参数拟合结果如表 3.1 所示。短裂纹扩展寿命预测结果与试验对比如表 3.2 所示，其中寿命预测计算的终止裂纹长度为表面裂纹的工程可检裂纹长度，短裂纹扩展速率与试验结果对比如图 3.11 所示。结果表明，基于应力比、温度修正的 Tanaka 模型在实现模型通用性的同时，相比于针对单一试验条件的传统模型，预测精度未见降低。

表 3.1　修正 Tanaka 模型参数拟合结果

C	m	n	A_T	Q_T
0.645 25	1.537 78	2.25	2.35	2 100

表 3.2　修正 Tanaka 模型与试验结果的短裂纹扩展寿命对比

加载条件	寿命/cycle		相对误差/%
	修整模型	试验	
$R=0.1$，$T=20$ ℃	28 811	27 647	4.21
$R=0.5$，$T=20$ ℃	18 390	19 202	9.81
$R=0.2$，$T=600$ ℃	6 475	7 897	18.01

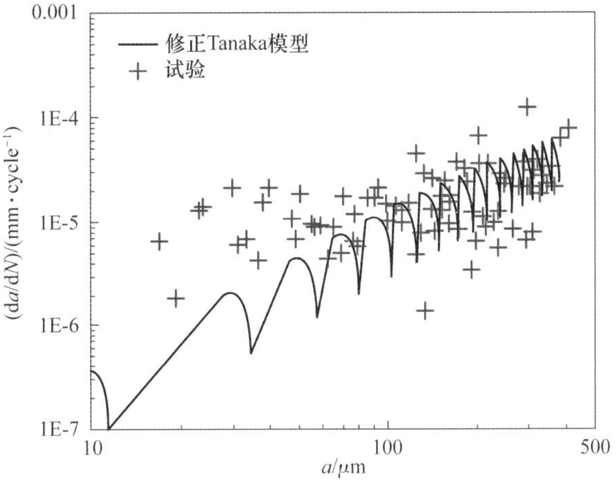

(a) R=0.1，T=20 ℃

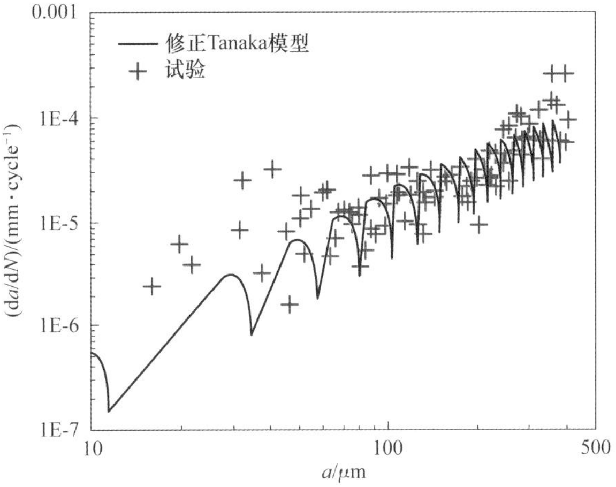

(b) R=0.5，T=20 ℃

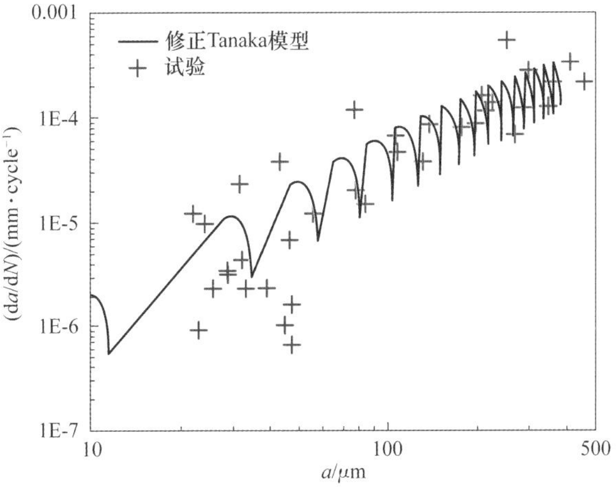

(c) R=0.2，T=600 ℃

图 3.11　修正 Tanaka 模型与试验结果的短裂纹扩展速率对比

为进一步实现修正 Tanaka 模型的准确性验证，采用表 3.1 中模型参数拟合结果，对拟合条件覆盖范围内的另一试验条件（温度 $T=530$ ℃、应力比 $R=0.1$）下的短裂纹扩展速率进行预测，对比试验结果如图 3.12 所示。其中，红色虚线为模型得到的短裂纹扩展速率上下边界。可以看出，试验数据点 90％以上均位于上下边界以内。基于此，计算短裂纹扩展寿命预测结果 $N_f=7\ 114$ 循环，与试验结果相比，非自验证条件下相对误差为 12.0％。

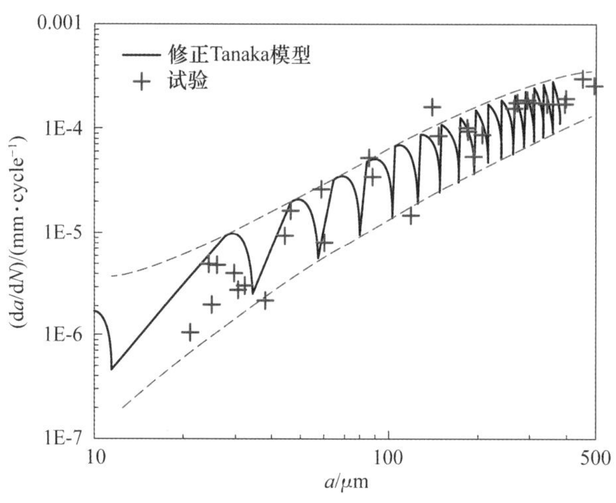

图 3.12　修正 Tanaka 模型短裂纹扩展速率验证

结果表明采用裂纹闭合参数 U、含热力学参数的阿仑尼乌斯公式 K_{AT} 表征应力比、温度对短裂纹扩展影响的方法是合理可行的，在保证短裂纹扩展预测精度前提下，使模型通用性得到提高。

3.4　短裂纹扩展的多尺度模拟方法

由于裂纹尖端损伤断裂区内所发生的细观尺度损伤过程无法通过宏观断裂理论予以描述，传统的、基于线弹性或弹塑性断裂力学的宏观裂纹模型不再适用。因此，有必要建立基于微观失效机制的短裂纹扩展模型，准确描述微观组织对短裂纹扩展行为的影响规律。

3.4.1　基于分子动力学的短裂纹扩展门槛值模拟方法

1. 滑动转移行为的分子动力学模拟

采用美国 Sandia 国家实验室开发的开源软件 LAMMPS（large-scale atomic/molecular massively parallel simulator）[40]开展分子动力学模拟，采用 Bonny 等[41]编

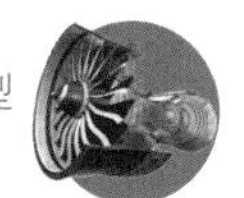

制的嵌入原子模型(embedded atom model,EAM)势文件描述 Fe-Ni-Cr 体系中原子之间的相互作用。经研究验证,该势文件可用于描述镍基高温合金疲劳损伤的累积过程[42-45]。

在镍基高温合金中孪晶晶界(Σ3⟨111⟩)所占比例最高,因而在本章疲劳短裂纹扩展模型研究中,以孪晶晶界为例进行模型构建及方法验证。包含两处晶界的孪晶模型如图 3.13 所示,两个晶粒的晶体取向分别为[112]、[$\bar{1}\bar{1}$1]、[1$\bar{1}$0]和[552]、[11$\bar{5}$]、[$\bar{1}$$\bar{1}$1],模型尺寸分别为 $L_x=192\sqrt{6}a_0$,$L_y=120\sqrt{3}a_0$ 和 $L_z=3\sqrt{2}a_0$(将模型尺寸同时扩大到上述尺寸的 4 倍、10 倍,模拟结果与 1 倍模型尺寸吻合,从而验证模型尺寸合理),$a_0=3.52$Å 为面心立方(face center cube,FCC)的基体 Ni 的晶格常数。模型沿 x 方向和 z 方向为周期性边界条件,由于孪晶晶界的存在,模型沿 y 方向不满足周期性边界条件要求,因而需要在模型 y 方向上、下两侧设置真空层,以满足 LAMMPS 中 triclinic box 对 x、y、z 三个方向的周期性要求。在完成建模过程中的原子填充后,采用 Conjugate Gradient(CG)算法在 0 K 下进行势能寻优,从而获得稳态晶界结构。随后,在模型最右侧区域内插入一螺位错,位错线方向沿 z 轴([1$\bar{1}$0])。将模型中的原子沿 y 轴方向划分为三层,命名为顶部、中部、底部,如图 3.13(b)所示。

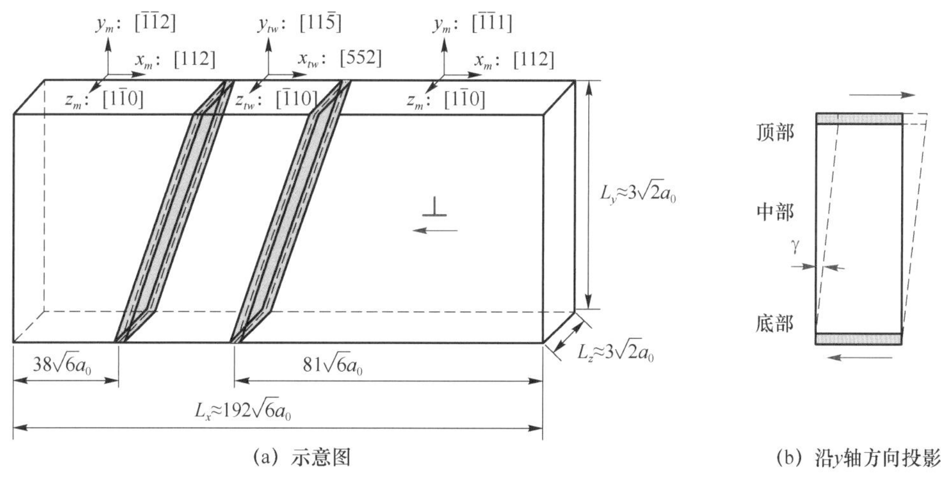

(a) 示意图　　　　(b) 沿 y 轴方向投影

图 3.13　分子动力学模拟中所建立的孪晶模型

为有效量化晶界对位错滑移的阻碍作用,通常采用表征晶格滑移阻力的 Peierls 应力予以表征。为计算 Peierls 应力,应首先获得材料的广义层错能密度曲线(generalized stacking fault energy,GSFE),也称 γ 曲线,该曲线定量描述了由于密排面上的原子发生相对位移时所导致的局部势能增量。通常,在完美晶格中计算 γ 曲线,可通过固定最优滑移面一侧的原子并使另一侧原子发生刚性位移,同时使所有原子沿垂直于晶界平面的方向自由移动的方式建立原子模型,以系统的势能增量与模

型中最优滑移面面积之比的方式计算 γ 值，以 γ 值随刚体位移的变化趋势获得 γ 曲线[46-48]。然而，采用刚性位移法计算 γ 曲线仅适用于完美晶格模型，对于包含晶界的模型，刚性位移法将导致晶界结构的破坏。因此，采用原子监测法监测位错滑移至晶界附近时的局部势能增量，且通过改变被监测原子的位置，可以量化晶界对不同距离处位错的阻碍作用，从而定量描述晶界对位错滑移的阻碍作用。

对于 FCC 晶体的最优滑移系＜112＞{111}，采用刚性位移法及原子监测法所获得的 γ 曲线如图 3.14(a)所示。其中，分别将被监测原子至于距离孪晶晶界 $30a'$、$4a'$、$2a'$、a'、0 的位置，$a'=(\sqrt{6}/2)a_0$ 为沿滑移方向＜112＞的原子间距。结果表明，当被监测原子位置远离孪晶晶界($d>4a'$)时，原子监测法与刚性位移法所得 γ 曲线基本重合，即完美晶格中的非稳态层错能密度 $\gamma_{us}^{bulk}=300.7\ mJ/m^2$ 与本征层错能密度 $\gamma_{isf}^{bulk}=153.6\ mJ/m^2$。这些曲线定量描述了螺位错滑移至孪晶晶界附近时层错能密度的改变。图 3.14(b)为 γ_{us}、γ_{isf} 随 d 的变化趋势，其数值将被用于求解理想剪切强度及 Peierls 应力。

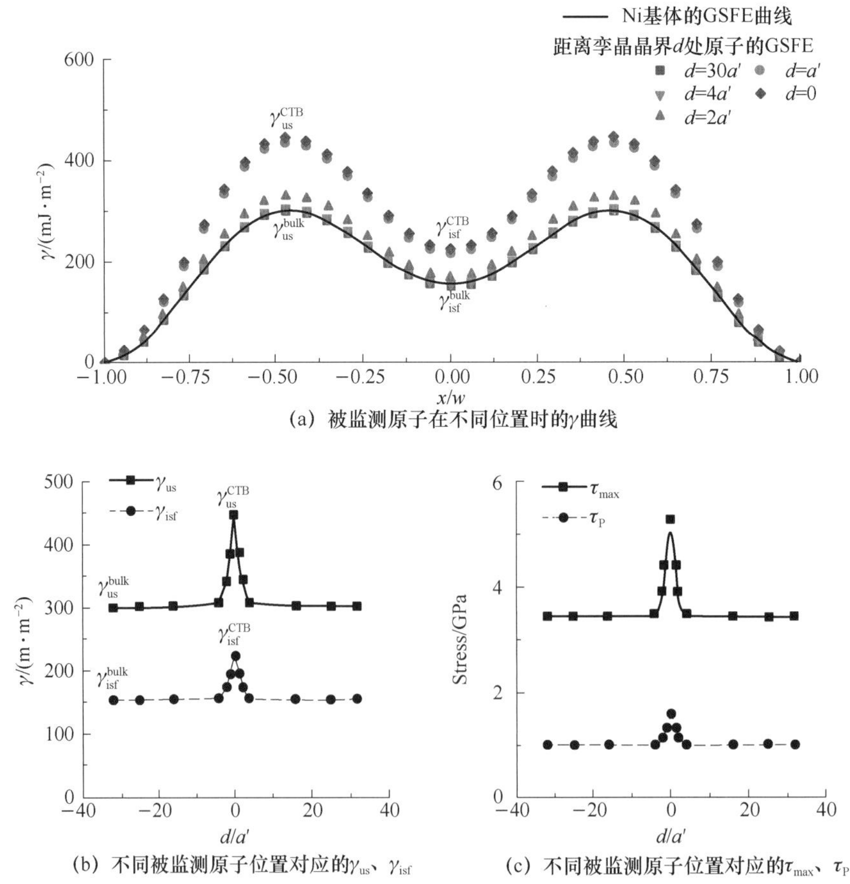

(a) 被监测原子在不同位置时的γ曲线

(b) 不同被监测原子位置对应的γ_{us}、γ_{isf}

(c) 不同被监测原子位置对应的τ_{max}、τ_P

图 3.14　采用刚性位移法及不同位置原子监测法所获得的 γ 曲线

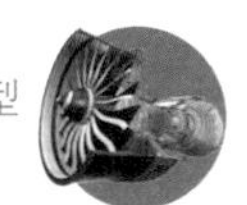

定义理想剪切强度 τ_{max} 为 γ 曲线随移动距离 x 的最大导数

$$\tau_{max}=\max\left(\frac{d\gamma}{dx}\right) \tag{3.13}$$

基于式(3.13)可分别计算层错在远离孪晶晶界($d=30a'$)和靠近孪晶晶界($d=0$)的 τ_{max}，即 $\tau_{max}^{bulk}=3.43$ Gpa 和 $\tau_{max}^{CTB}=4.97$ GPa。τ_{max} 取值与微观塑性直接相关，其本质为激活位错运动所需的切应力上限。

当完美晶格中产生位错时，将在材料局部产生两类能量：长程弹性能与短程错配能(E_γ^S)。E_γ^S 为观测位置与位错核间距 u 的函数，类似地，定义 Peierls 应力 τ_P 为 E_γ^S 随距离 u 的最大导数[49]

$$\tau_P=\max\left(\frac{1}{b}\frac{dE_\gamma^S}{du}\right) \tag{3.14}$$

式中，b 为伯氏矢量的模。E_γ^S 可通过对 γ 曲线的积分求得，通过将连续积分转化为面积求和，E_γ^S 可表示为

$$E_\gamma^S=\sum_{m=-\infty}^{m=+\infty}\gamma[f(ma'-u)]a' \tag{3.15}$$

式中，$f(x)=f(ma'-u)$ 为表征滑移平面两侧原子相对位移的错配函数，m 为沿滑移方向的密排面序号。Schoeck 等[50]给出了宽度为 w 的层错的错配函数解

$$f(ma'-u)=b_{partial}+\frac{b_{partial}}{\pi}\left[\tan^{-1}\left(\frac{ma'-u-w/2}{\zeta_{full}}\right)+\tan^{-1}\left(\frac{ma'-u+w/2}{\zeta_{full}}\right)\right] \tag{3.16}$$

式中，$b_{partial}$ 为偏位错的伯氏矢量，$\zeta_{full}=\frac{\sqrt{3}}{6}a_0$ 为全螺位错核的半宽度[51]。针对 γ 曲线的基本形式，可以给出一种包含多 cos 函数的 E_γ^S 近似解

$$E_\gamma^S=\sum_{m=-\infty}^{m=-1}\frac{\gamma_{us}}{2}\left(1-\cos\frac{2\pi f(x)}{b_{partial}}\right)a'+\sum_{m=-1}^{m=0}\frac{\gamma_{isf}}{2}\left(1+\cos\frac{2\pi f(x)}{b_{partial}}\right)a'+\sum_{m=0}^{m=1}\frac{\gamma_{isf}}{2}\left(1+\cos\frac{2\pi f(x)}{b_{partial}}\right)a'+\sum_{m=1}^{m=+\infty}\frac{\gamma_{us}}{2}\left(1-\cos\frac{2\pi f(x)}{b_{partial}}\right)a' \tag{3.17}$$

通过联立式(3.14)～式(3.17)，并根据前述 γ_{us} 与 γ_{isf}，可以分别求得远离孪晶晶界和靠近孪晶晶界的 τ_P，即 $\tau_P^{bulk}=1.01$ GPa 与 $\tau_P^{CTB}=1.46$ GPa。

基于上述计算可知，τ_{max} 和 τ_P 在靠近孪晶晶界区域高于远离孪晶晶界区域，因而可以表征孪晶晶界对位错滑移的阻碍作用。假设 τ_{max} 和 τ_P 在靠近晶界处取值与归一化距离值 d/a' 呈指数关系，即

$$\tau_{max}=\tau_{max}^{bulk}\cdot\{1+\delta\exp[-d^2/\eta a']\} \tag{3.18}$$

$$\tau_P=\tau_P^{bulk}\cdot\{1+\delta\exp[-d^2/\eta a']\} \tag{3.19}$$

式中，拟合参数 $\delta=(\tau_{max}^{CTB}-\tau_{max}^{bulk})/\tau_{max}^{bulk}=(\tau_P^{CTB}-\tau_P^{bulk})/\tau_P^{bulk}=0.47$ 代表了孪晶晶界对位错运动的阻碍作用；拟合参数 $\eta=1.88$ 决定了晶界阻碍的影响范围。τ_{max} 和 τ_P 的拟合结果如图 3.14(c)所示。

2. 离散位错模型

为了有效表征细观尺度的裂纹扩展门槛值 K_{th}，基于离散位错模型在细观尺度模拟晶界处的滑动转移行为。在滑动转移发生之前，裂纹尖端与晶界之间存在一组的位错，在疲劳载荷的加载(或卸载)过程中，靠近(或远离)晶界，如图 3.15 所示。

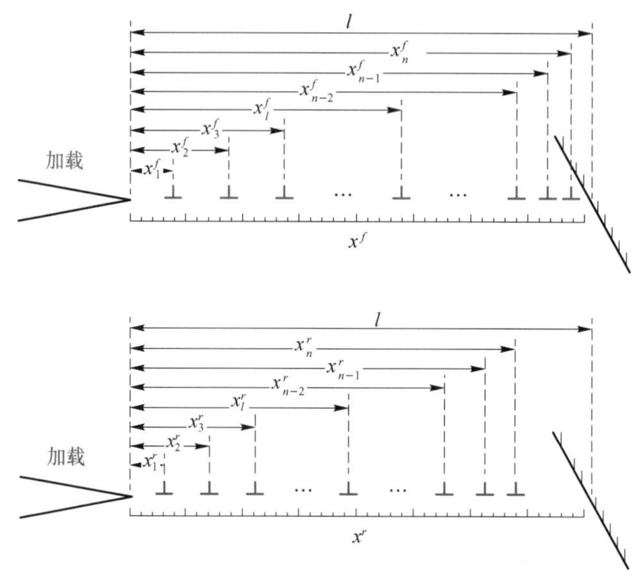

图 3.15 循环载荷作用下位错-晶界交互作用的离散位错示意图

在任意时刻，作用在位错 i 上的切应力分量包括：驱动位错滑移的裂纹尖端应力场切应力分量 τ_{app}、表征晶界阻碍位错滑移的镜像力 τ_{img}、表征滑移平面上位错之间相互作用的塞积力 $\tau_{pile\text{-}up}$[52]。作用在某一位错 i 上的净切应力可表示为

$$\tau_i = \tau_{app} - \tau_{img} - \tau_{pile\text{-}up} \tag{3.20}$$

当 τ_i 克服滑移阻力 τ_P 时将发生位错滑移。由于各切应力分量均作用与位错线，其 Peach-Koehler 力平衡条件可转化为切应力分量平衡条件

$$\frac{K}{\sqrt{2\pi x_i}} - \frac{C}{2x_i} - C\sum_{j\neq i}^{n_{disl}} \sqrt{\frac{x_j}{x_i}}\frac{1}{x_j - x_i} - \tau_P = 0 \tag{3.21}$$

式中，$K=\sigma\sqrt{\pi a}$为疲劳载荷作用于长度为 $2a$ 的内部裂纹时对应的应力强度因子；σ 为某一时刻的远端均布应力，在疲劳载荷峰值、谷值时分别对应 σ_{max}、σ_{min}，定义应力比 $R_\sigma=\sigma_{min}/\sigma_{max}$、应力幅值 $\Delta\sigma=(1-R_\sigma)\sigma_{max}$；$C=(\mu b)/(2\pi)$为模型中对于螺位错的材料常数，$\mu=c_{12}$为微观尺度剪切模量；$n_{disl}$为裂纹尖端与晶界之间的位错数量。对于模型中的全部位错($i=1,\cdots, n_{disl}$)可根据式(3.21)构建平衡方程组，并据此求解任意时刻的位错位置。值得注意的是，式(3.21)中的 τ_P 是位错与晶界距离($D\text{-}a\text{-}x_i$)的函数，与式(3.18)、式(3.19)中的 d 定义一致，从而定量描述晶界对位错滑移的阻碍作用。

疲劳裂纹扩展速率可定义为裂纹尖端在加载和卸载过程中的位移差值[53]

$$\frac{\mathrm{d}a}{\mathrm{d}N}=(u_f-u_r)\cos\theta \tag{3.22}$$

式中，θ 为最优滑移面与裂纹平面夹角，对于Ⅰ型裂纹 $\theta=70.53°$，对于Ⅱ、Ⅲ型裂纹 $\theta=0°$。在加载过程中，裂纹尖端的位移可表示为

$$\mathrm{d}u=\frac{2}{\mu}\int_0^{x_1^f}\tau\mathrm{d}x \tag{3.23}$$

式中，x_1^f 为位错滑移能够到达的最远位置，即第一个由裂纹尖端萌生的位错在加载峰值时的位置；τ 为产生该位移所对应的切应力。以求和形式代替积分形式，式(3.23)可转化为

$$\delta u=\frac{2x_1^f}{\mu}\sum_{i=1}^{n_{\mathrm{disl}}}\tau_i \tag{3.24}$$

因此，一次加载、卸载过程中裂纹尖端的位移差值，即裂纹扩展速率 $\mathrm{d}a/\mathrm{d}N$ 可表示为

$$\frac{\mathrm{d}a}{\mathrm{d}N}=\Delta u=u_f-u_r=\frac{2x_1^f}{\mu}\sum_{i=1}^{n}\tau_i^f-\frac{2x_1^f}{\mu}\sum_{i=1}^{n}\Delta\tau_i^r=\frac{2x_1^f}{\mu}\sum_{i=1}^{n}(\tau_i^f-\Delta\tau_i^r)=\frac{2x_1^f}{\mu}\sum_{i=1}^{n}\tau_i^r \tag{3.25}$$

将式(3.20)、式(3.21)代入式(3.25)式可得

$$\frac{\mathrm{d}a}{\mathrm{d}N}=\frac{2}{\mu}\cdot n_{\mathrm{disl}}\cdot x_1^f\cdot\tau_{\mathrm{P}} \tag{3.26}$$

基于以上公式即可求解裂纹扩展速率 $\mathrm{d}a/\mathrm{d}N$，并定义细观应力强度因子门槛值幅值 ΔK_{th} 为第一个萌生于裂纹尖端的位错穿过晶界时的应力强度因子变化范围

$$\Delta K_{\mathrm{th}}=K_{\mathrm{th}}^f-K_{\mathrm{th}}^r \tag{3.27}$$

式中，K_{th}^f、K_{th}^r 为交滑移发生时由 $\sigma_{\max}$、$\sigma_{\min}$ 计算所得应力强度因子。为降低模拟过程的计算成本，可给定一个较大的初始裂纹长度(小于晶体尺寸 D)，且在第一个加载循环中最远位错位置并未穿过晶界，即 $x_1^f+a<D/2$。因此，细观应力强度因子门槛值可定义为

$$K_{\mathrm{th}}=\frac{\Delta K_{\mathrm{th}}}{1-R_\sigma} \tag{3.28}$$

因此，离散位错模型的输入参数可归纳为 n_{disl}、D、$\sigma_{\max}$、$\sigma_{\min}$、R_σ 和 $\Delta\sigma$。按参数对裂纹扩展速率的影响规律，可将上述参数分为两组，第一组为代表材料微观特性的 n_{disl}、D，这些参数可独立影响裂纹扩展行为，在参数影响规律研究中仅单独改变所研究参数而保持其他参数不变，若所得 ΔK_{th} 随参数取值改变，则认为该参数影响裂纹扩展规律；第二组为代表载荷特征的 $\sigma_{\max}$、$\sigma_{\min}$、R_σ、$\Delta\sigma$，这些参数在影响裂纹扩展行为时具有相关性，需成对出现以确定唯一的载荷状态，因而在参数研究过程中，若所得 ΔK_{th} 不随参数取值改变，则认为该参数影响裂纹扩展规律。基于以上参数建立裂纹扩展模型，由于晶界阻碍，$\mathrm{d}a/\mathrm{d}N$ 逐渐降低，当滑动转移发生时，$\mathrm{d}a/\mathrm{d}N$ 立即升高，据此计算 $\mathrm{d}a/\mathrm{d}N$ 谷值所对应的 ΔK_{th}。$\mathrm{d}a/\mathrm{d}N$ 模拟结果如图 3.16 所示。通过改变模

型参数组合，可以有效量化各输入参数对裂纹扩展规律的影响，结果如图 3.17 所示。基于上述参数影响分析方法，可以判断晶粒尺寸 D 与应力幅值 $\Delta\sigma$ 为影响 ΔK_{th} 取值的主要因素。

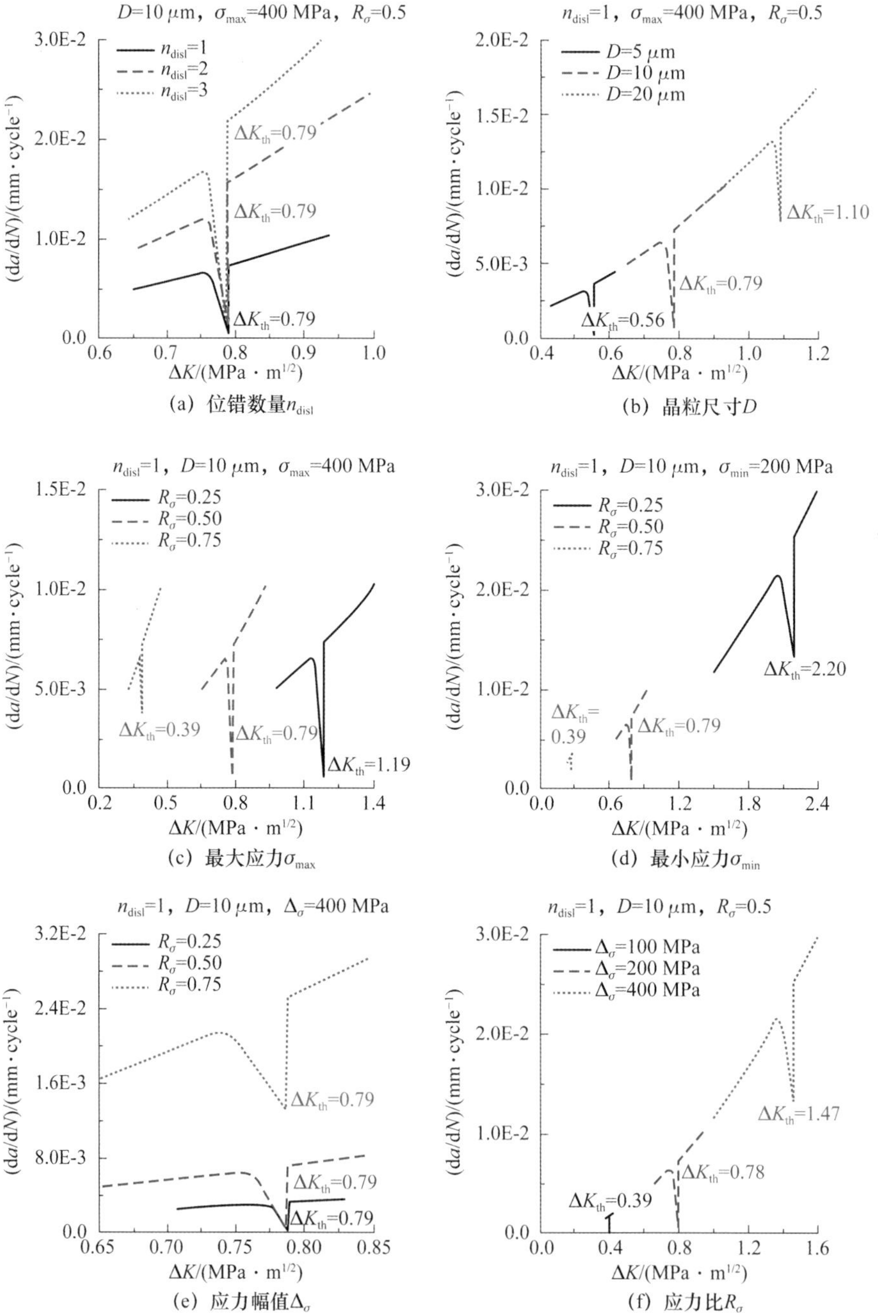

(a) 位错数量n_{disl}

(b) 晶粒尺寸D

(c) 最大应力σ_{max}

(d) 最小应力σ_{min}

(e) 应力幅值Δ_{σ}

(f) 应力比R_{σ}

图 3.16 不同输入参数取值下 da/dN 模拟结果

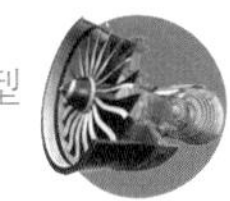

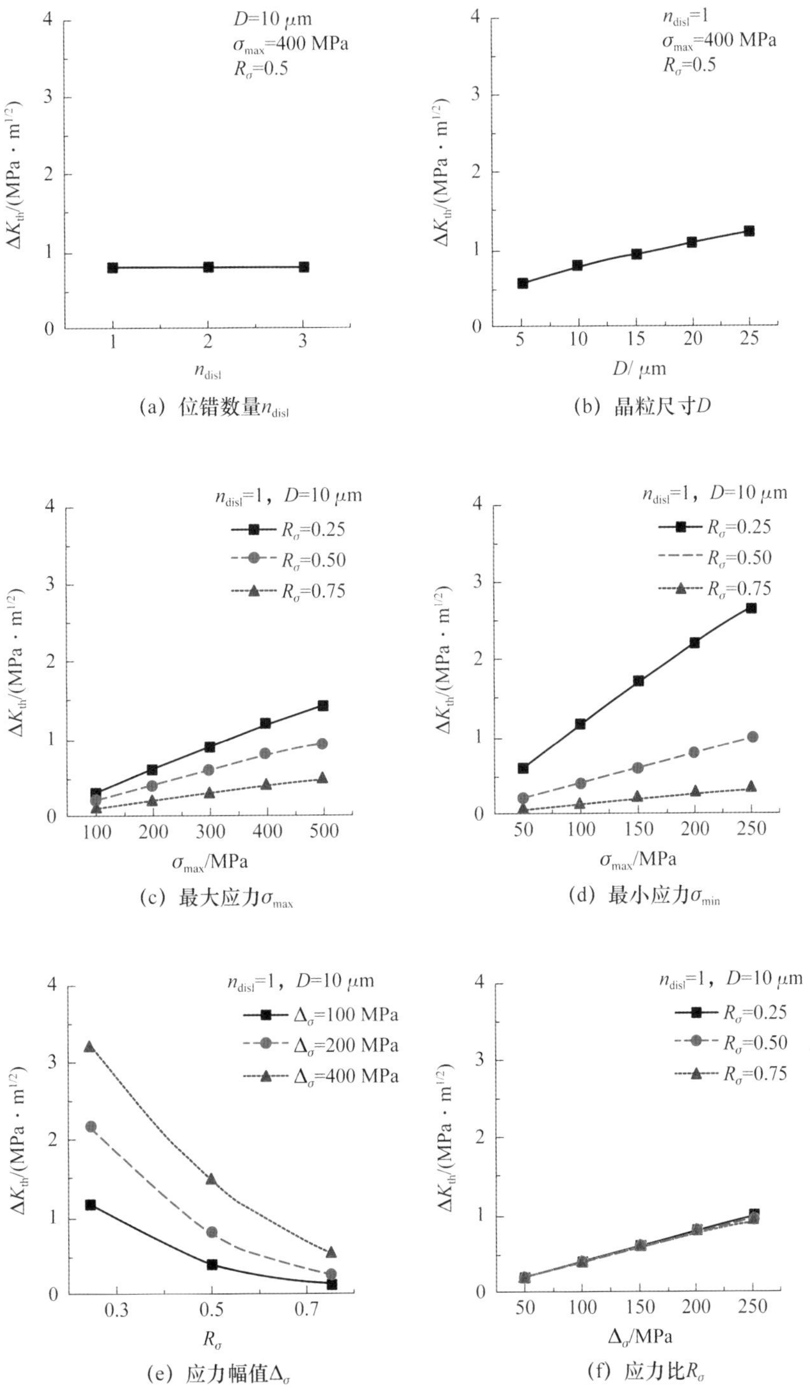

(a) 位错数量n_{disl}

(b) 晶粒尺寸D

(c) 最大应力σ_{max}

(d) 最小应力σ_{min}

(e) 应力幅值Δ_{σ}

(f) 应力比R_{σ}

图 3.17　不同输入参数取值下 ΔK_{th} 模拟结果

3. Navarro-Rios 模型及其跨尺度修正

传统的 N-R 模型[54]从裂纹尖端位错与晶界交互作用角度出发，描述裂纹扩展规律。在 N-R 模型中，假设裂纹扩展速率 $\mathrm{d}a/\mathrm{d}N$ 与裂纹尖端的塑性变形成正比

$$\frac{\mathrm{d}a}{\mathrm{d}N}=\rho\phi \tag{3.29}$$

式中，ρ 为滑移带中可移动位错所占比例，在模型中假设该比例是名义应力幅值 $\Delta\sigma$ 的函数，且可表达为如下指数形式

$$\rho=p_1\ (m^*\ \Delta\sigma)^{p_2} \tag{3.30}$$

式中，p_1、p_2 为基于长裂纹扩展试验数据所得到的拟合参数，$m^*=1.55$ 为晶体取向因子[55]，代表因应变协调导致的局部应力集中程度。塑性位移 ϕ 可通过求解滑移系上内力与外力的平衡方程求得

$$\phi=\frac{2\kappa}{\pi G\sigma_{\max}}\frac{\sqrt{1-n^2}}{n}K^2 \tag{3.31}$$

式中，$\kappa=1$ 或 $1-\nu$ 为表征螺位错或刃位错的常数，ν 为泊松比，G 为材料的宏观剪切模量，$\sigma_{\max}$ 为最大名义应力，$n=a/c$ 为无量纲参数，a 为半裂纹长度，c 为半裂纹长度与裂纹尖端塑性区尺寸之和。参数 n 代表了裂纹尖端与晶界的相对距离。K 为裂纹长度 a 所对应的应力强度因子。显然，参数 n 的取值取决于材料微观结构。

参数 n 存在两个临界值，n_c 和 n_s，定义了裂纹尖端与晶界间距的上、下限，即滑动转移发生之前、之后的临界状态。因此，在一个晶体内部的裂纹扩展过程中，参数 n 从 n_s 增大至 n_c，直至滑动转移发生，n 瞬间降低至下一晶体对应的 n_s。n_c、n_s 可表示为

$$n_c=\cos\left[\frac{\pi}{2}\frac{\sigma_{\max}}{\sigma_{\mathrm{comp}}}\left(1-\frac{K_{\mathrm{th}}}{K}\right)\right] \tag{3.32}$$

$$n_s=\frac{n_c}{1+2\left(\dfrac{\sigma_{\max}}{\sigma_{\mathrm{FL}}}\right)^2\left(\dfrac{K_{\mathrm{th}}}{K}\right)^2} \tag{3.33}$$

式中，σ_{comp} 为取值大于 $\sigma_{\max}$ 的参考应力，在传统 N-R 模型中取为极限强度 σ_b；K_{th} 为细观裂纹扩展门槛值；σ_{FL} 为材料的宏观疲劳极限，可由试验获得。传统 N-R 模型将 σ_{FL} 视为裂纹在扩展方向的第一个晶体处，因晶界阻碍而停止所对应的应力值，因而与 K_{th} 存在如下关联

$$K_{\mathrm{th}}=\sigma_{\mathrm{FL}}\sqrt{\pi\frac{D}{2}} \tag{3.34}$$

以上即为传统 N-R 模型的建模过程。由于式(3.30)中的参数 p_1、p_2 需通过长裂纹扩展试验数据拟合而得，因此，在确定模型参数之前，应首先对试验数据按裂纹长度进行分类，以确定长裂纹、短裂纹试验数据。长裂纹与短裂纹之间的临界应力强度因子 K_t 可通过以下方式求得

$$\frac{K_t}{K_{th}}=\frac{4}{\pi}\frac{\sigma_{comp}}{\sigma_{FL}}+1 \tag{3.35}$$

当 $K>K_t$ 时，判断裂纹扩展过程进入长裂纹扩展阶段。综上，N-R 模型的建立，基于给定的载荷参数 σ_{max}、R_σ，材料参数 σ_b、σ_n、G、ν、D、σ_{comp}、K_{th}。

然而，传统 N-R 模型中部分参数的定义及获取方式存在尺度上的不一致，从而削弱了建模过程的理论依据：模型中采用的极限强度 σ_b 及疲劳极限 σ_{FL} 均来源于宏观试验，而据此表征的 σ_{comp}、K_{th} 所描述的是细观力学行为。因此，本章采用基于微观尺度分子动力学所获得的 τ_{max} 作为 σ_{comp}，并采用基于细观尺度离散位错模型所获得的 K_{th} 对传统 N-R 模型进行修正，从而完善模型参数的物理意义。

为了验证模型有效性，并对比修正前后模型精度的差异，以镍基高温合金 GH4169 为例，分别采用传统及修正的 N-R 模型模拟疲劳短裂纹扩展过程，采用 3.2 节中低周疲劳短裂纹扩展试验数据进行对比验证。考核试验条件下，材料拉伸性能如表 3.3 所列。所选取的四组试验数据对应的模型参数如表 3.4 所列，其中晶体尺寸 D 为基于 Weibull 分布的统计结果，a_t 为应力强度因子临界值 K_t 所对应的裂纹长度。

表 3.3　室温条件下各取样位置材料参数

取样位置	σ_b/MPa	σ_s/MPa	E/GPa	G/GPa	D/μm
A	1 476	1 342	220	85.0	8.71
B	1 420	1 276	216	83.5	15.51
C	1 417	1 202	212	81.9	24.80

注：剪切模量 G 由弹性模量 E 及泊松比 $\nu=0.294$ 计算而得

表 3.4　各试验条件模型参数计算结果

取样位置	σ_{max}/MPa	ΔK_{th}/(MPa · m$^{1/2}$)	K_t/(MPa · m$^{1/2}$)	a_t/μm
A	340	1.11	7.11	139
	590	1.87	11.98	131
B	340	1.49	9.43	245
C	340	1.86	11.97	395

注：对于所有试验条件，应力比 $R_\sigma=0.1$，参考应力 $\sigma_{comp}=\tau_{max}^{CTB}=4.97$ GPa

基于取样位置 A 材料在 $\sigma_{max}=340$ MPa 和 590 MPa 试验条件下的长裂纹扩展试验数据($a>a_t$)，可求得式(3.30)中的拟合参数 $p_1=3.29e^{-13}$、$p_2=0.93$。采用表 3.3、表 3.4 中的 D、σ_{max}、ΔK_{th}、σ_{comp}，并分别基于传统及修正的 N-R 模型，模拟疲劳短裂纹扩展过程，结果如图 3.18 所示。

由图 3.18 可以看出，在疲劳短裂纹扩展的初始阶段($a<50$ μm)，传统及修正的 N-R 模型模拟结果十分相近。然而，随裂纹长度增加，①修正 N-R 模型呈现较低的裂纹扩展速率，相比于传统 N-R 模型与试验结果更为接近，不同裂纹长度对应的扩

展速率均值归一化结果如表 3.5 所列，修正 N-R 模型裂纹扩展速率均值的误差比传统模型减少约 10％；②修正 N-R 模型呈现较宽的疲劳短裂纹扩展速率波动范围，相比于传统 N-R 模型与试验结果更为接近，不同裂纹长度对应的速率波动幅值归一化结果如表 3.6 所列，修正 N-R 模型速率波动幅值相较传统模型可提高约 15％。

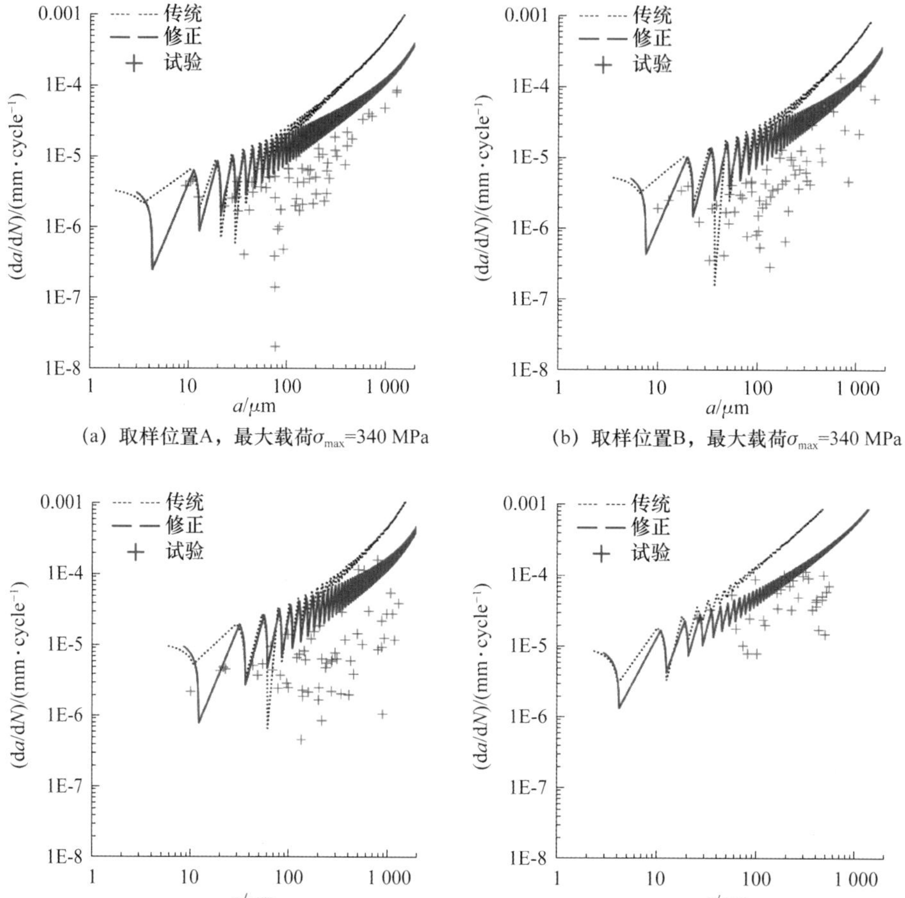

(a) 取样位置A，最大载荷σ_{max}=340 MPa

(b) 取样位置B，最大载荷σ_{max}=340 MPa

(c) 取样位置C，最大载荷σ_{max}=340 MPa

(d) 取样位置D，最大载荷σ_{max}=590 MPa

图 3.18　传统及修正 N-R 模型疲劳短裂纹扩展模拟结果

表 3.5　不同裂纹长度对应的扩展速率均值归一化结果

$a/\mu m$	传统模型	修正模型	试　验
100	1.25	1.16	1.00
200	1.15	1.05	1.00
400	1.08	1.00	1.00

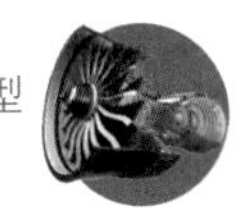

表 3.6　不同裂纹长度对应的速率波动幅值归一化结果

a/μm	传统模型	修正模型	试　验
100	0.03	0.20	1.00
200	0.02	0.16	1.00
400	0.00	0.15	1.00

修正模型相比于传统模型具有更高的预测精度，其原因在于修正模型选用了更大的参考应力 σ_{comp}（传统模型约为 1.5 GPa，修正模型约为 5.1 GPa，如表 3.3 及图 3.14 所示）及更小的裂纹扩展门槛值 ΔK_{th}（传统模型约为 5～7 MPa・m$^{1/2}$，修正模型约为 1～2 MPa・m$^{1/2}$，如式(3.34)及表 3.4 所示)，现将其原因分析如下。

一方面，由式(3.29)可以看出，$\mathrm{d}a/\mathrm{d}N$ 正比于 ϕ，因而对 n_{c}、n_{s}（定义疲劳短裂纹扩展波动的上、下界，见式(3.31)）影响 $\mathrm{d}a/\mathrm{d}N$ 的讨论，可转化为对 n_{c}、n_{s} 影响 ϕ 的讨论。为了便于讨论，我们采用 $\cos(\pi x/2)\approx 1-x^2$ 的近似形式，并考虑随裂纹长度增加，K_{th}/K 将逐渐趋于 0，据此可将式(3.32)中的 n_{c} 表示为

$$n_{\text{c}}=\cos\left[\frac{\pi}{2}\frac{\sigma_A}{\sigma_{\text{comp}}}\left(1-\frac{K_{\text{th}}}{K}\right)\right]\approx 1-\left(\frac{\sigma_A}{\sigma_{\text{comp}}}\right)^2 \tag{3.36}$$

考虑到随裂纹长度增加，n_{c} 趋于 1，则式(3.31)在 $n=n_{\text{c}}$ 时可近似表达为

$$\varphi_{n=n_{\text{c}}}=\frac{2\kappa}{\pi G\sigma_{\max}}\frac{\sqrt{1-n_{\text{c}}^2}}{n_{\text{c}}}K^2\approx\frac{2\sqrt{2}\kappa}{\pi G\sigma_{\max}}\frac{\sqrt{1-n_{\text{c}}}}{n_{\text{c}}}K^2\approx\frac{2\sqrt{2}\kappa}{\pi G}\frac{1}{\sigma_{\text{comp}}-\sigma_{\max}^2/\sigma_{\text{comp}}}K^2 \tag{3.37}$$

由于$(\sigma_{\text{comp}}-\sigma_{\max}^2/\sigma_{\text{comp}})$项随 σ_{comp} 单调递增，因而对于较大的 σ_{comp}，$\phi_{n=n_{\text{c}}}$ 相对于 K 的斜率较低。因此，修正 N-R 模型呈现较低的裂纹扩展速率，相比于传统 N-R 模型与试验结果更为接近。

另一方面，由于 n_{c}、n_{s} 定义了疲劳短裂纹扩展波动的上、下界，裂纹扩展速率波动范围可表示为

$$\delta=\left(\frac{\mathrm{d}a}{\mathrm{d}N}\right)_{n_{\text{s}}}-\left(\frac{\mathrm{d}a}{\mathrm{d}N}\right)_{n_{\text{c}}}\propto\left(\frac{\mathrm{d}a}{\mathrm{d}N}\right)_{n_{\text{s}}}\bigg/\left(\frac{\mathrm{d}a}{\mathrm{d}N}\right)_{n_{\text{c}}} \tag{3.38}$$

联立式(3.29)与式(3.31)，在 $n=n_{\text{s}}$ 和 $n=n_{\text{s}}$ 时的裂纹扩展速率之比可表示为

$$\left(\frac{\mathrm{d}a}{\mathrm{d}N}\right)_{n_{\text{s}}}\bigg/\left(\frac{\mathrm{d}a}{\mathrm{d}N}\right)_{n_{\text{c}}}=\sqrt{\frac{1-n_{\text{s}}^2}{1-n_{\text{c}}^2}} \tag{3.39}$$

联立式(3.32)～式(3.34)，并同样考虑 $\cos(\pi x/2)\approx 1-x^2$ 的近似形式，式(3.39)可表示为

$$\left(\frac{\mathrm{d}a}{\mathrm{d}N}\right)_{n_{\text{s}}}\bigg/\left(\frac{\mathrm{d}a}{\mathrm{d}N}\right)_{n_{\text{c}}}\approx\sqrt{\frac{1}{2\left[\frac{\sigma_{\max}}{\sigma_{\text{comp}}}\left(1-\frac{K_{\text{th}}}{K}\right)\right]^2}-\frac{1}{2\left[\frac{\sigma_{\max}}{\sigma_{\text{comp}}}\left(1-\frac{K_{\text{th}}}{K}\right)\right]^2\cdot\left(1+\frac{D}{a}\right)^2}} \tag{3.40}$$

将式(3.40)代入式(3.38)可知，随裂纹长度 a 增大，式(3.40)中根号下两项的差

值将逐渐减小，与疲劳短裂纹扩展波动特征随裂纹扩展衰减的结论一致。同时，更大的 σ_{comp} 取值将导致更大的 δ 值，对应图 3.18 中修正模型呈现的较宽的疲劳短裂纹扩展速率波动范围。

3.4.2 短裂纹扩展的多尺度模拟方法

1. 晶体塑性理论

为了准确预测短裂纹扩展行为，从细观晶体层面开展研究，建立晶体塑性材料模型。其中，晶体塑性材料参数采用多晶材料的代表性体积单元模型拟合得到。晶体塑性材料考虑了变形速率的强化作用，模型中控制单个滑移系塑性切应变速率的法则如下

$$\dot{\gamma}^{\alpha}=\dot{\gamma}_0\left|\frac{\tau^{\alpha}}{g^{\alpha}}\right|^{n}\mathrm{sgn}(\tau^{\alpha}) \tag{3.41}$$

$$g^{\alpha}=\sum_{\beta=1}^{N_{\mathrm{total}}}h_{\alpha\beta}\dot{\gamma}^{\beta} \tag{3.42}$$

式中，$\dot{\gamma}^{\alpha}$ 为滑移系 α 的塑性切应变率，$\dot{\gamma}_0$ 为参考塑性切应变速率，τ^{α} 为滑移系 α 的分解切应力，g^{α} 为滑移系 α 的当前强度，$h_{\alpha\beta}$ 为硬化模量，$\dot{\gamma}^{\beta}$ 为滑移系 β 的塑性切应变率，N_{total} 为滑移系总数量，n 为滑移切应变率的率灵敏度参数，$\mathrm{sgn}(\tau^{\alpha})$ 为符号函数

$$\mathrm{sgn}(\tau^{\alpha})=\begin{cases}1 & \tau^{\alpha}>0\\ 0 & \tau^{\alpha}=0\\ -1 & \tau^{\alpha}<0\end{cases} \tag{3.43}$$

模型采用的硬化模型如下

$$h_{\alpha\alpha}=h(\gamma)=h_{\mathrm{s}}+\left(h_0-h_{\mathrm{s}}+\frac{h_0h_{\mathrm{s}}\gamma}{\tau_{\mathrm{s}}}\right)\mathrm{e}^{\frac{h_0\gamma}{\tau_{\mathrm{s}}}} \tag{3.44}$$

$$h_{\alpha\beta}=qh(\gamma),\quad(\alpha\neq\beta) \tag{3.45}$$

式中，$h_{\alpha\alpha}$ 描述的是自硬化的影响，其中滑移系 $\alpha=\beta$，$h_{\alpha\beta}$ 描述的是潜硬化的影响，其中滑移系 $\alpha\neq\beta$，q 表征材料潜硬化与自硬化行为的关系，h_0、h_{s}、τ_{s} 分别为初始硬化模量、饱和硬化模量、饱和切应力，γ 为所有滑移系的累积切应变。

2. 扩展有限元理论

扩展有限元法即采用水平集法对不连续裂纹面进行描述，并在传统有限元的基础上对连续位移形函数进行扩充，将裂纹面与网格单元独立开来，允许裂纹穿过单元内部，而裂纹扩展模拟过程不再考虑裂纹尖端的奇异性，也无须进行网格的重新划分[56]。

水平集是扩展有限元法中用来定位裂纹面所在位置的方法，其几何表示如图 3.19 所示，在所计算区域 Ω_0 内，S 为裂纹面，图中虚线部分 $g_i=0$ 为垂直于裂纹扩展速率的一条线。其中裂纹间断面 S 上的各个节点可以用水平集函数的符号距离函数

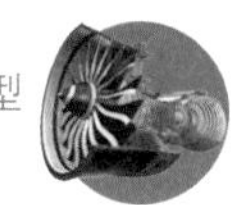

$f(x, t)=0$ 表示，函数的具体形式见式(3.46)，这一符号距离函数定义了所计算空间域内任意一点到裂纹间断面的最短距离，且在裂纹间断面的两边正负符号相反。

$$f(x,t)=\pm \min_{x_S \in S(t)} \| x-x_s \| \tag{3.46}$$

式中，S 为裂纹间断面上所有节点的集合，x_S 为裂纹间断面上的节点，x 为所计算区域 Ω_0 内的任意一点。

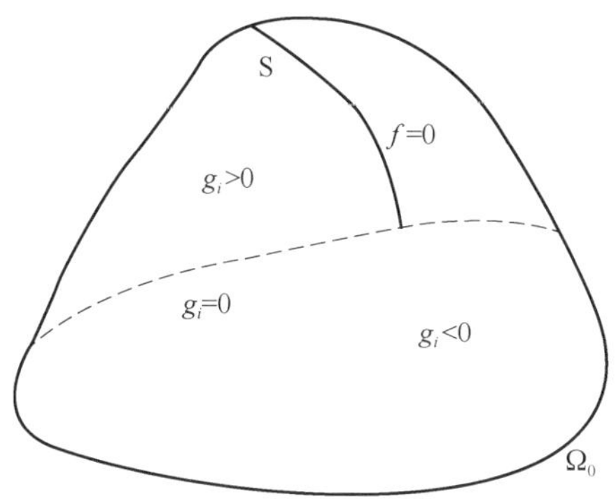

图 3.19　水平集函数定义的裂纹

从上述表示可以得到裂纹间断面上的各个节点。但是只有函数 $f(x, t)=0$ 无法确定裂纹尖端所在的位置，因此需要引入水平集函数 g_i，函数具体形式见式(3.47)。$g_i=0$ 表示经过裂纹尖端且与裂纹扩展速率方向垂直的一条线，描述裂纹尖端所在的位置。

$$g_i=(x-x_i)\frac{v_i}{\| v_i \|} \tag{3.47}$$

因此，对于裂纹间断面的完整描述可以表示为

$$S=\{x\in\Omega_0 \mid f(x,t)=0 \cap g_i>0\} \tag{3.48}$$

扩充形函数是扩展有限元法中用来表述裂纹面位移不连续的方法。根据网格单元与裂纹面的位置关系，可以将其划分为三类：被裂纹贯穿单元、裂纹尖端所在单元以及普通网格单元，如图 3.20 所示。

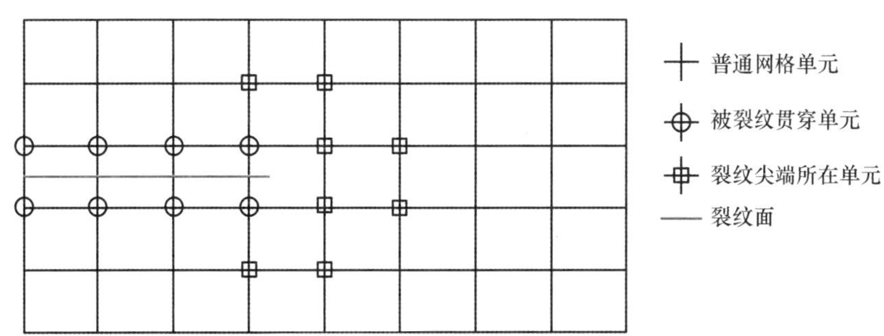

图 3.20　含裂纹的扩展有限元网格单元

对于被裂纹贯穿的单元，其位移不连续通过阶跃函数 $H(x)$ 来加强，$H(x)$ 函数的具体形式如下

$$H(x)=\begin{cases}1, & x\geqslant 0\\ -1, & x<0\end{cases} \tag{3.49}$$

相应地，其扩充形函数可以表示为式(3.50)，称为阶跃扩充形函数

$$\psi_J(x)=N_J(x)\cdot H(f(x)) \tag{3.50}$$

对于裂纹尖端周围的单元，其位移不连续通过 westergaard 函数 $\phi(x)$ 来加强，$\phi(x)$ 函数的具体形式为

$$\phi(x)=\left[\sqrt{r}\sin\frac{\theta}{2},\quad \sqrt{r}\sin\frac{\theta}{2}\sin\theta,\quad \sqrt{r}\cos\frac{\theta}{2},\quad \sqrt{r}\cos\frac{\theta}{2}\sin\theta\right] \tag{3.51}$$

式中，r 和 θ 为裂纹尖端所在位置的极坐标。相应的，其扩充形函数可以表示为式(3.52)，称为裂尖扩充形函数

$$\psi_K(x)=N_K(x)\cdot\phi(x) \tag{3.52}$$

根据以上两个扩充形函数以及传统有限元的连续位移形函数，可以将含裂纹的二维平板位移场表示为

$$u^h(x)=\sum_{I\in S}N_I(x)\cdot u_I+\sum_{J\in S_h}N_J(x)\cdot H(f(x))\cdot a_J(t)+\sum_{K\in S_t}N_K(x)\cdot\phi(x)\cdot b_K(t) \tag{3.53}$$

式(3.53)右侧的第一个求和项为普通网格单元，第二个求和项为被裂纹贯穿的网格单元，第三个和求项为围绕裂纹尖端的网格单元。其中 a_J、b_K 为由于裂纹存在导致网格单元内产生的附加自由度。而对围绕裂纹尖端网格单元的选择不是唯一的，可以选择裂纹尖端所在的网格单元，也可以对其进行外扩，使其包含附近多个单元。

3. 基于晶体塑性的短裂纹扩展有限元模型

短裂纹扩展受微观组织影响较大，为了对短裂纹扩展行为进行准确模拟，从其物理机制层面建立短裂纹扩展判据，将晶体塑性引入扩展有限元法，模拟短裂纹扩展行为，该有限元模型的模拟流程如图 3.21 所示。

首先，以原位疲劳试验为依据，建立短裂纹扩展几何模型，结合圣维南原理，模型仅保留试验件中间宽度最小的考核段部分。对模型进行分区，将裂纹萌生区域的附近划分为晶体塑性材料区域，其余部分划分为各向同性材料区域，依据《中国高温合金手册》赋予材料属性[57]。模型网格单元类型采用 8 节点六面体线性单元(C3D8)，对晶体塑性材料区域进行网格单元细分，建立局部精细网格。

然后，采用多晶材料的代表性体积单元模型拟合晶体塑性材料参数。引入符合材料微观结构统计学信息描述的代表性体积单元模型，由材料单轴拉伸应力应变曲线拟合晶体塑性本构模型中的正交各向异性弹性常数、滑移系硬化参数，使模拟预测

的应力应变曲线与单轴拉伸试验结果准确吻合，反映多晶材料的力学性质，拟合得到的晶体塑性材料属性如表 3.7 所示，其中，C_{11}、C_{12}、C_{44} 为每个晶粒上的正交各向异性材料弹性常数参数，使用上述本构模型参数对材料应力-应变曲线进行预测，与试验结果相比相对误差小于 3%，如图 3.22 所示。

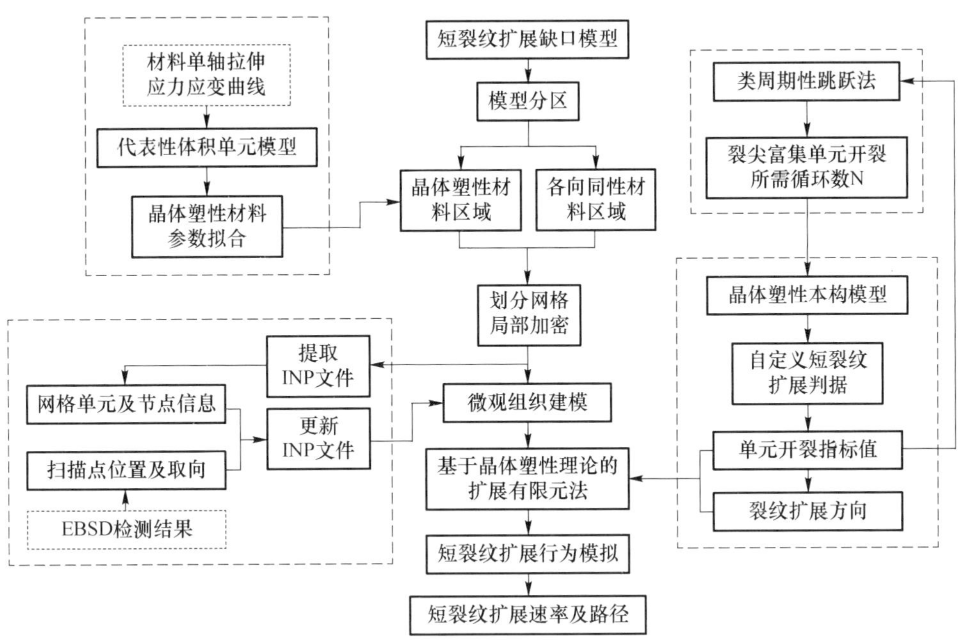

图 3.21 基于晶体塑性的短裂纹扩展有限元模型流程图

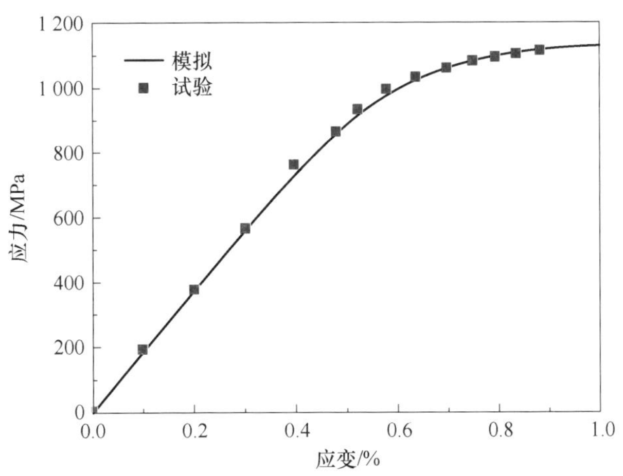

图 3.22 应力-应变模拟结果与试验值对比

表 3.7 FGH96 材料晶体塑性材料参数

C_{11}/GPa	C_{12}/GPa	C_{44}/GPa	$\dot{\gamma}_0$/s^{-1}	n	h_0/MPa	h_s/MPa	τ_s/MPa	q
184.567	111.827	108.570	0.0001	20	900	50	439	1.0

接着，完成短裂纹扩展有限元模型晶体塑性材料区域的微观组织精确建模。导出有限元模型晶体塑性材料区域的网格单元编号、单元内节点编号、各节点的全局坐标，基于试验件电子背散射衍射（EBSD）检测结果，编写 MATLAB 脚本程序对试验件的微观组织进行表征。其中，试验件 EBSD 检测结果可以得到扫描点位置坐标及欧拉角取向信息，将其与模型晶体塑性材料区域网格单元的信息进行对比，按照各扫描点是否属于同一单元完成对扫描点的分组，得到各个单元包含的扫描点及其相应欧拉角取向 φ_1、ϕ、φ_2。并对分组后单元内相近的欧拉角进行合并，确定该单元中扫描点数量最多的取向为单元占优取向。

对比不同单元的晶体取向，将相邻单元中取向差小于 10°的单元进行合并，构成同一晶粒，得到晶粒形貌及相应晶体取向，并将相关信息进行储存，完成粉末高温合金的微观组织表征。

将微观组织精确建模后的模型与试验件 EBSD 结果进行对比，如图 3.23 所示，其中图 3.23(a)中的 λ_m、k_m 分别为模型中晶粒尺寸威布尔分布的比例参数、形状参数，λ_r、k_r 分别为真实材料观测的晶粒尺寸威布尔分布的比例参数、形状参数；图 3.23(b)为晶体取向对比结果。建立的模型如图 3.24 所示，模型误差小于 3%。

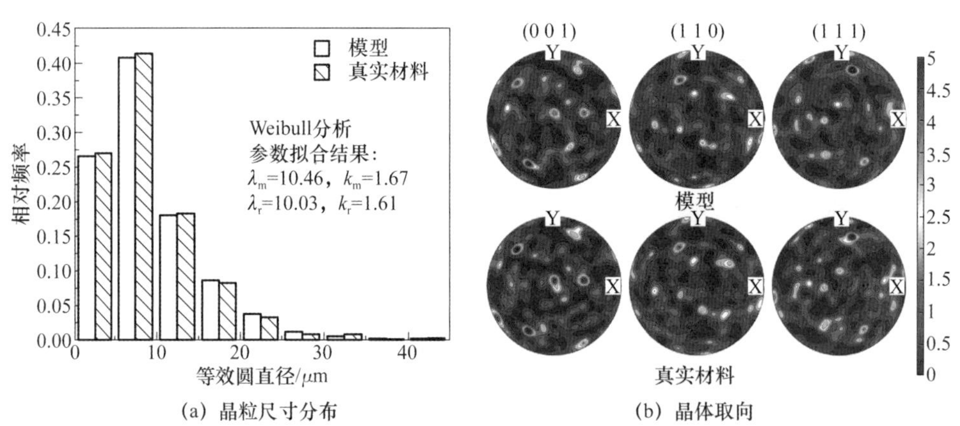

(a) 晶粒尺寸分布 (b) 晶体取向

图 3.23 模型与试验件的微观组织对比

自定义反映短裂纹扩展物理机制的裂纹扩展判据。控制短裂纹扩展的判据采用 ABAQUS 商用有限元软件 UDMGINI 子程序自定义，见式(3.54)。由裂纹尖端前富集单元的单个滑移系累积切应变控制该单元的裂纹扩展，短裂纹扩展方向垂直于单个滑移系最大累积切应变所在的滑移面法向。

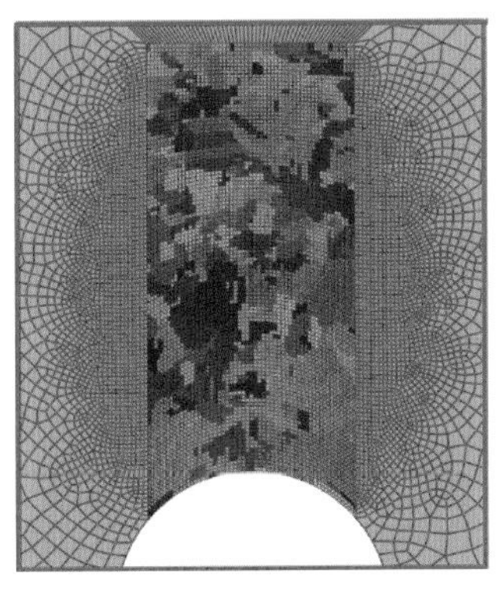

图 3.24　基于晶体塑性的短裂纹扩展有限元模型

$$\max_{1\leqslant\alpha\leqslant N_{\text{total}}} \gamma^{\alpha} > \gamma_{cr} \tag{3.54}$$

式中，γ_{cr} 为单元开裂的单个滑移系临界累积切应变值，N_{total} 为滑移系总数量。

采用短裂纹扩展的高效计算方法——“类周期性跳跃法”模拟材料短裂纹扩展过程，流程如图 3.25 所示。考虑到短裂纹扩展过程中实际涉及的循环数较多(约 10^4 量级)，为节约计算成本，采用“类周期性跳跃法”进行短裂纹扩展模拟，即裂纹尖端前单元开裂仅通过计算 UMAT 子程序中单个循环下的滑移系累积切应变值(ICSS)实现；并由状态变量将其传递给 UDMGINI 子程序，计算裂尖单元各积分点达到开裂临界值所需的循环数 N_i；结合处理外部文件的 UEXTERNALDB 子程序，计算裂纹尖端前富集单元开裂所需循环数 N，并通过公用区向 UMAT 子程序传递，对其中涉及累积量的 τ^{α}、g^{α} 等相关物理量进行更新，实现对短裂纹扩展行为的高效模拟计算。

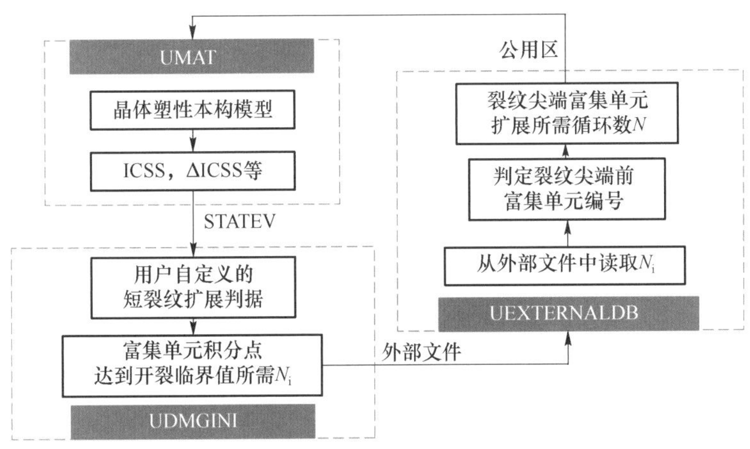

图 3.25　短裂纹扩展高效计算方法

所建立的短裂纹扩展有限元模型边界及载荷条件与 FGH96 材料短裂纹扩展原

位试验的保持一致，模型边界条件为左边铰接，右边循环加载，最大名义应力 $\sigma_{max}=$ 800 MPa，应力比 $R=0.1$，温度 $T=20$ ℃。

晶体塑性模型短裂纹扩展模拟结束后，在可视化模块中获得短裂纹扩展路径，进一步采用割线法计算短裂纹扩展速率。

将其与试验、常用传统短裂纹扩展模型（N-R 型、Tanaka 模型、Shyam 模型）[54,58,59]结果进行对比，如图 3.26 所示。其中，图 3.26(a)～(c)分别为第 3.2 节所述 1 号～3 号的试验件短裂纹扩展模拟结果。

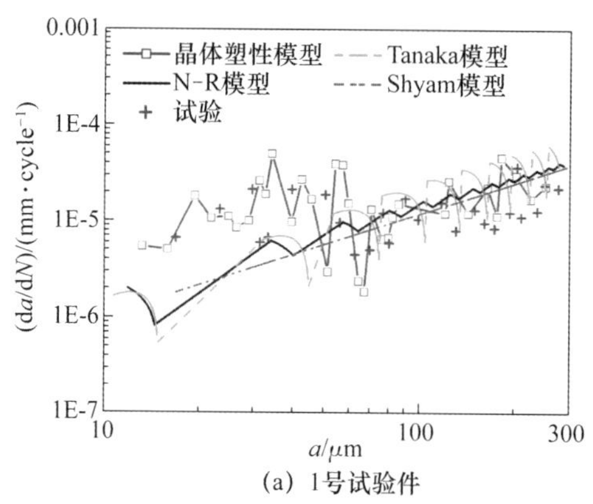

(a) 1号试验件

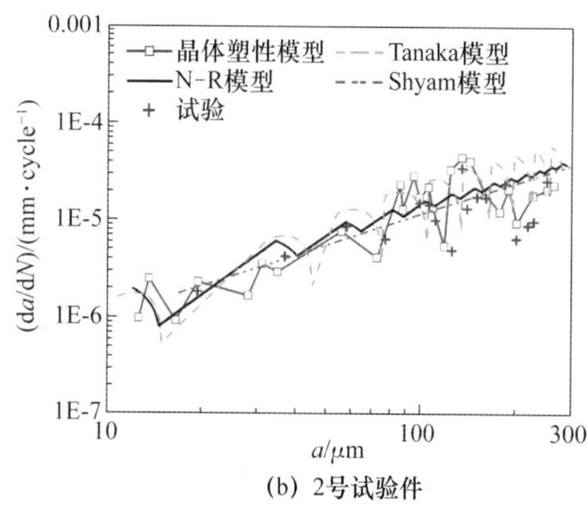

(b) 2号试验件

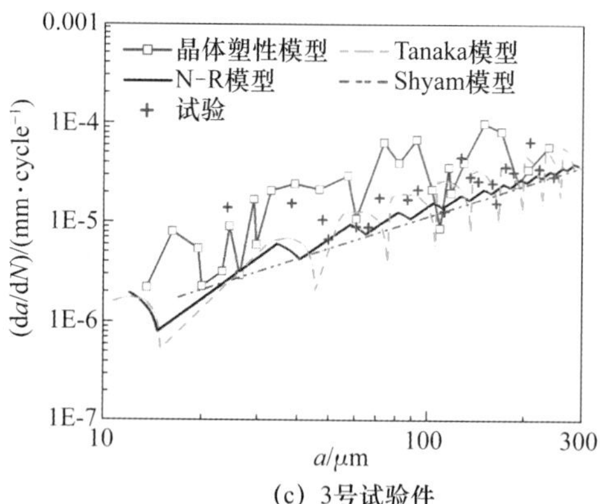

(c) 3号试验件

图 3.26　晶体塑性模型与不同传统模型的短裂纹扩展速率对比

为了进一步量化方法误差，对短裂纹扩展速率进行处理，反映短裂纹扩展速率波动特征的上下边界由式(3.54)拟合得到。由此计算部分裂纹长度所对应的速率中值及幅值，以描述短裂纹扩展速率及其波动性，如图 3.27 所示。

$$\frac{da}{dN}=M\frac{\sqrt{1-n^2}}{n}K^2 \tag{3.55}$$

$$n=n_c=\cos\left[\frac{\pi}{2}A\left(1-\frac{B}{K}\right)\right] \tag{3.56}$$

$$n=n_s=\frac{n_c}{1+2C^2\left(\frac{A}{K}\right)^2}=\frac{\cos\left[\frac{\pi}{2}A\left(1-\frac{B}{K}\right)\right]}{1+2C^2\left(\frac{A}{K}\right)^2} \tag{3.57}$$

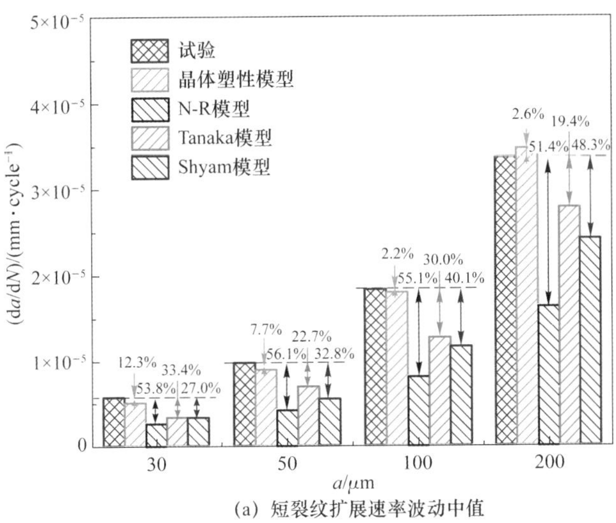

(a) 短裂纹扩展速率波动中值

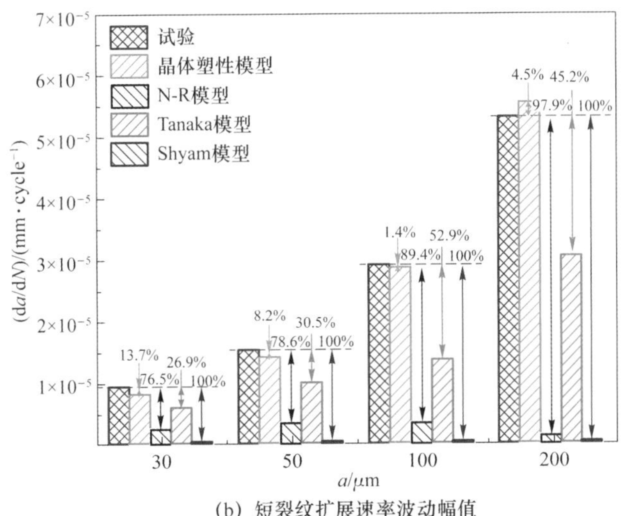

(b) 短裂纹扩展速率波动幅值

图 3.27　短裂纹扩展速率波动中值及幅值对比

可以看到，基于晶体塑性的短裂纹扩展模拟方法，对短裂纹扩展速率及其波动性的预测效果更好；与试验结果相比，短裂纹扩展速率波动中值及幅值的相对误差均分别小于 14%、18%、20%。

依据上述各个模型的短裂纹扩展速率模拟结果，计算 FGH96 合金的疲劳短裂

纹扩展寿命 N_f，其中，所选取的短裂纹终止长度 a_{cr} 为 15 倍晶粒尺寸，得到疲劳短裂纹扩展寿命预测结果如表 3.8 所列。相比于传统短裂纹扩展模型，考虑晶粒尺寸、晶体取向、晶界阻碍等影响，基于晶体塑性的短裂纹扩展模拟方法与试验结果的最大误差小于 10%。

表 3.8　短裂纹扩展寿命预测结果及误差

试样编号		1 号试验件	2 号试验件	3 号试验件	最大误差/%
试验	N_f/cycle	21 688	39 926	11 887	
晶体塑性模型	N_f/cycle	22 716	37 381	12 871	8.28
	误差/%	4.74	6.37	8.28	
N-R 模型	N_f/cycle	7 917	7 917	7 917	80.17
	误差/%	63.50	80.17	33.40	
Tanaka 模型	N_f/cycle	17 157	33 533	7 704	35.19
	误差/%	20.89	16.01	35.19	
Shyam 模型	N_f/cycle	25 299	25 299	25 299	112.83
	误差/%	16.65	36.64	112.83	

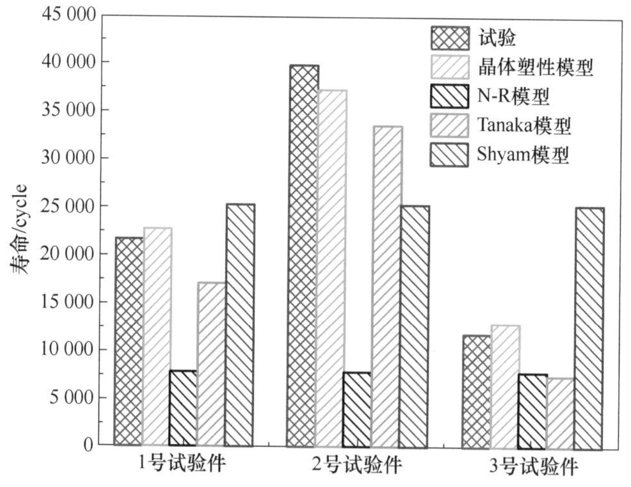

图 3.28　T=20 ℃，R=0.1 条件下短裂纹扩展寿命对比

针对原位疲劳试验中加载条件为 T=20 ℃、R=0.5 的试验结果，开展粉末高温合金短裂纹扩展行为模拟，载荷条件与试验保持一致，即循环载荷的最大应力 σ_{max}=1 000 MPa、应力比 R=0.5，循环周期为 6 s。考虑材料晶粒尺寸、晶体取向随机性对短裂纹扩展的影响，为验证模型精度，通过随机抽样重复模拟 3 次。

依据模拟得到的短裂纹长度 a 及其扩展所需循环数 N，采用割线法计算短裂纹

扩展速率 da/dN,模拟结果与试验结果的对比如图 3.29 所示。

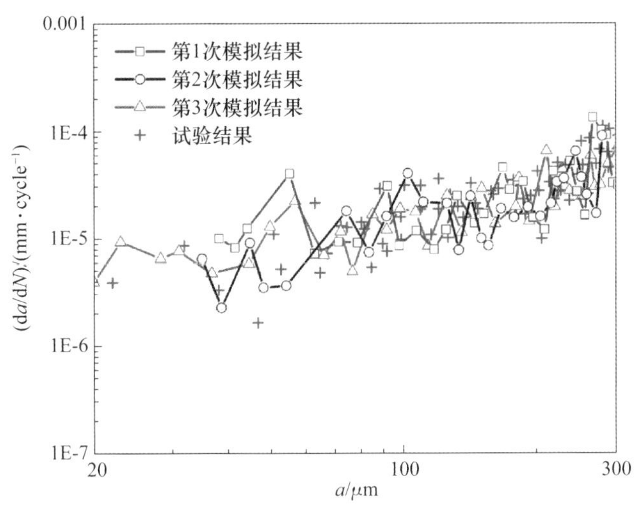

图 3.29　$T=20$ ℃,$R=0.5$ 条件下的短裂纹扩展速率

据此得到 $T=20$ ℃,$R=0.5$ 条件下粉末高温合金 FGH96 晶体塑性模型的疲劳短裂纹扩展寿命预测结果 N_f(见表 3.9,其中,短裂纹寿命预测所选取的终止裂纹长度 a_{cr} 为 15 倍晶粒尺寸)。

表 3.9　常温高应力比条件下的短裂纹扩展寿命 N_f(cycle)

编　号	N_f/cycle			平均误差/%
晶体塑性模型	16 982	17 490	12 543	10.97
试　验	18 383	15 302	11 301	

可以看到,基于晶体塑性的短裂纹扩展模拟方法对短裂纹扩展速率及其波动性、疲劳短裂纹扩展寿命预测结果较为准确,寿命结果与试验值相对误差平均值小于 11%。

晶体塑性短裂纹扩展模拟方法中涉及的扩展判据指标值,即滑移系累积切应变临界值 γ_{cr},由二分法得到,确定短裂纹扩展寿命预测结果误差最小时所对应的判据指标值为滑移系累积切应变临界值。对于 $T=20$ ℃,$R=0.5$ 条件,短裂纹扩展寿命预测结果误差最小时 $\gamma_{cr}=20.9$。

以文献[60](其中,加载条件为 $T=530$ ℃、$R=0.1$)的试验结果为依据,开展粉末高温合金短裂纹扩展行为模拟。数值模拟的载荷条件与试验保持一致,即循环载荷的最大应力 $\sigma_{max}=860$ MPa、应力比 $R=0.1$,循环周期为 6s;模型中间区域晶体塑性材料参数由基于微观组织观测建立的 RVE 模型拟合得到,结果如表 3.10 所列。

表 3.10 FGH96 晶体塑性本构模型的材料参数（T=530 ℃）

C_{11}/GPa	C_{12}/GPa	C_{44}/GPa	$\dot{\gamma}_0$/s^{-1}	n	h_0/MPa	h_s/MPa	τ_s/MPa	q
202.757	133.038	103.673	0.000 1	20	150	20	330	1.0

同样，考虑材料晶粒尺寸、晶体取向随机性对短裂纹扩展的影响，通过随机抽样重复模拟 3 次。依据模拟得到的短裂纹长度 a 及其扩展所需循环数 N，采用割线法计算短裂纹扩展速率 da/dN，模拟结果与试验结果的对比如图 3.30 所示。可以看到，基于晶体塑性的短裂纹扩展模拟方法对于短裂纹扩展速率及其波动性模拟效果较好。

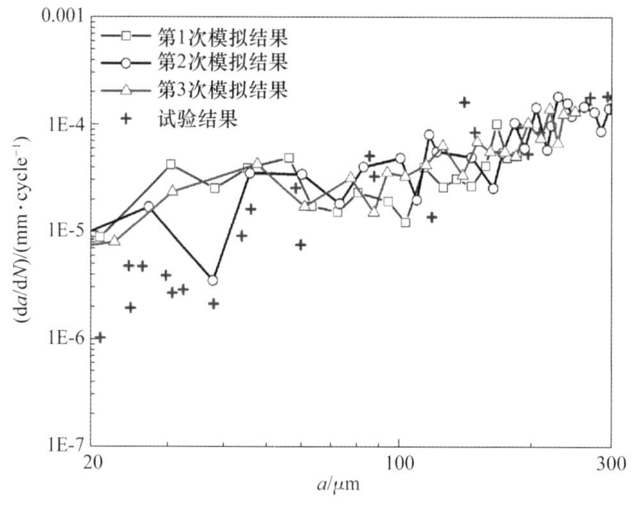

图 3.30 T=530 ℃，R=0.1 条件下的短裂纹扩展速率

依据上述模拟结果，得到 T=530 ℃，R=0.1 条件下的粉末高温合金 FGH96 晶体塑性模型疲劳短裂纹扩展寿命预测值 N_f 分别为 8 127 循环、9 143 循环、7 443 循环，与试验结果相对误差均小于 15%。其中，短裂纹寿命计算所选取的终止裂纹长度 a_{cr} 为 15 倍晶粒尺寸。

在 T=530 ℃，R=0.1 条件下，由二分法得到晶体塑性模拟方法的裂纹扩展判据指标值，短裂纹扩展寿命预测结果误差最小时所对应的滑移系累积切应变临界值 γ_{cr}=34.7。

以文献[60]（其中，加载条件为 T=600 ℃、R=0.2）的试验结果为依据，开展粉末高温合金材料短裂纹扩展行为模拟。数值模拟的载荷条件与试验保持一致，即循环载荷的最大应力 σ_{max}=860 MPa、应力比 R=0.2，循环周期为 6 s；模型中间区域晶体塑性材料的参数由基于微观组织观测建立的 RVE 模型拟合得到，结果如表 3.11 所列。

表 3.11　FGH96 晶体塑性本构模型的材料参数（$T=600$ ℃）

C_{11}/GPa	C_{12}/GPa	C_{44}/GPa	$\dot{\gamma}_0$/s^{-1}	n	h_0/MPa	h_s/MPa	τ_s/MPa	q
224.566	149.204	114.476	0.000 1	20	150	20	310	1.0

考虑材料晶粒尺寸、晶体取向随机性对短裂纹扩展的影响，为验证模型精度，通过随机抽样重复模拟 3 次。依据模拟得到的短裂纹长度 a 及其扩展所需循环数 N，采用割线法计算短裂纹扩展速率 da/dN，模拟结果与试验结果对比如图 3.31 所示。可以看到，基于晶体塑性的短裂纹扩展模拟方法对于短裂纹扩展速率及其波动性模拟效果较好。

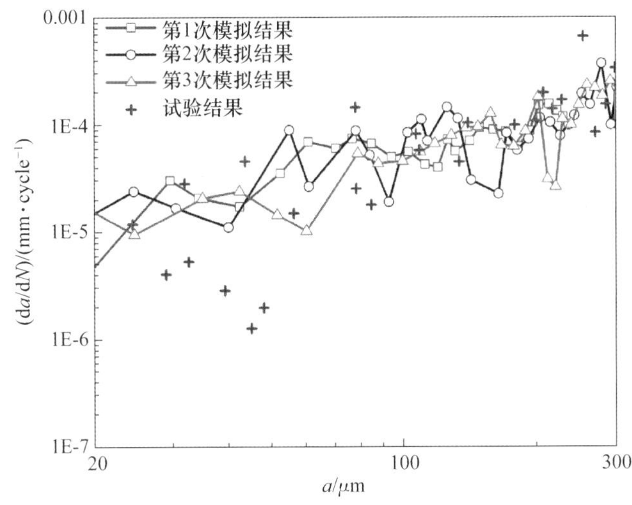

图 3.31　$T=600$ ℃，$R=0.2$ 条件下的短裂纹扩展速率

依据上述模拟结果，得到 $T=600$ ℃，$R=0.2$ 条件下的 FGH96 合金晶体塑性模型疲劳短裂纹扩展寿命预测值 N_f 分别为 9 146 循环、7 513 循环、7 112 循环，与试验结果相对误差均小于 18%。其中，短裂纹寿命计算所选取的终止裂纹长度 a_{cr} 为 15 倍晶粒尺寸。

在 $T=600$ ℃，$R=0.2$ 条件下，由二分法得到晶体塑性模拟方法的裂纹扩展判据指标值，短裂纹扩展寿命预测结果误差最小时所对应的滑移系累积切应变临界值 $\gamma_{cr}=30.1$。

综上所述，基于晶体塑性的短裂纹扩展模拟方法对于不同温度、应力比条件下的粉末高温合金材料短裂纹扩展速率及其波动性、疲劳短裂纹扩展寿命预测均具有较高的模拟精度，即该方法在不同加载条件下均具有良好的适用性。

3.5 本章小结

本章以短裂纹扩展机理及模型为主要内容，首先介绍短裂纹扩展试验方法，以及短裂纹扩展速率波动性特征及其晶界阻碍机制；然后介绍了描述短裂纹扩展微观特征的位错发射模型、位错阻碍模型、位错不可逆模型，考虑应力比及温度影响，建立了修正 Tanaka 模型；最后采用分子动力学模拟及离散位错模型所获得的材料细观特性参数，对典型短裂纹扩展 N-R 模型进行分析及修正，将晶体塑性理论与扩展有限元法相结合，从微观晶体层级建立了反映物理机制的短裂纹扩展模型。

参考文献

[1] DüBER O, KüNKLER B, KRUPP U, et al. Experimental characterization and twodimensional simulation of short-crack propagation in an austenitic-ferritic duplex steel [J]. International Journal of Fatigue, 2006, 28: 1697-1705.

[2] TAYLOR D, KNOTT J. Fatigue crack propagation behaviour of short cracks: the effect of microstructure[J]. Fatigue & Fracture of Engineering Materials & Structures, 1981, 4: 147-155.

[3] ZUREK A, JAMES M, MORRIS W. The effect of grain size on fatigue growth of short cracks [J]. Metallurgical and Materials Transactions A, 1983, 14: 1697-1705.

[4] MAO J, XU Y, HU D, et al. Microstructurally short crack growth simulation combining crystal plasticity with extended finite element method [J]. Engineering Fracture Mechanics, 2022,275:108786.

[5] RICE J R, THOMSON R. Ductile versus brittle behaviour of crystals[J]. Philosophical Magazine, 1974, 29: 73-97.

[6] YU W, GERBERICH W. On the controlling parameters for fatigue-crack threshold at low homologous temperatures[J]. Scripta Metallurgica, 1983, 1(17): 105-110.

[7] SADANANDA K, SHAHINIAN P. Prediction of threshold stress intensity for fatigue crack growth using a dislocation model[J]. International Journal of Fracture, 1977, 13(5): 585-594.

[8] WEERTMAN J. Rate of growth of fatigue cracks calculated from the theory

of infinitesimal dislocations distributed on a plane[J]. International Journal of Fracture Mechanics, 1966, 2(2): 460-467.

[9] WEERTMAN J. Theory of fatigue crack growth based on a BCS crack theory with work hardening[J]. International Journal of Fracture, 1973, 9(2): 125-131.

[10] BILBY B A, COTTRELL A H, Swinden K H. The spread of plastic yield from a notch[N]. Proceedings of the Royal Society A: Mathematical and Physical Sciences, 1963, 272(1350): 304.

[11] STP415. The mechanics of crack tip deformation and extension by fatigue [C]. Fatigue Crack Propagation. ASTM International, 1967.

[12] LARDNER R W. A dislocation model for fatigue crack growth in metals [J]. Philosophical Magazine, 1968, 17(145): 71-82.

[13] YOKOBORI T, YOSHIDA M. Kinetic theory approach to fatigue crack propagation in terms of dislocation dynamics[J]. International Journal of Fracture, 1974, 10(4): 467-470.

[14] YOKOBORI A T, YOKOBORI T, KAMEI A. Generalization of computer simulation of dislocation emission under constant rate of stress application [J]. Journal of Applied Physics, 1975, 46(9): 3720-3724.

[15] DESHPANDE V S, NEEDLEMAN A, GIESSEN E V. A discrete dislocation analysis of near-threshold fatigue crack growth [J]. Acta Materialia, 2001, 49(16): 3189-3203.

[16] LEE T C, ROBERTSON I M, BIRNBAUM H K. An in situ transmission electron microscope deformation study of the slip transfer mechanisms in metals[J]. Metallurgical Transactions A, 1990, 21(9): 2437-2447.

[17] TANAKA K, NAKAI Y, YAMASHITA M. Fatigue growth threshold of small cracks[J]. International Journal of Fracture, 1981, 17(5): 519-533.

[18] TANAKA K, AKINIWA Y, NAKAI Y, et al. Modelling of small fatigue crack growth interacting with grain boundary[J]. Engineering Fracture Mechanics, 1986, 24(6): 803-819.

[19] NAVARRO A, RIOS E R. Short and long fatigue crack growth: A unified model[J]. Philosophical Magazine A, 1988, 57(1): 15-36.

[20] NAVARRO A, RIOS E R. A model for short fatigue crack propagation with an interpretation of the short-long crack transition[J]. Fatigue & Fracture of Engineering Materials & Structures, 1987, 10(2): 169-186.

[21] NAVARRO A, RIOS E R. A microstrunctually-short fatigue crack growth equation[J]. Fatigue & Fracture of Engineering Materials & Structures, 1988, 11(5): 383-396.

[22] JAMES M R, MORRIS W L, ZUREK A K. On the transition from near-threshold to intermediate growth rates in fatigue[J]. Fatigue & Fracture of Engineering Materials & Structures, 1983, 6(3): 293-305.

[23] RIOS E R, MOHAMED H J, MILLER K J. A micro-mechanics analysis for short fatigue crack growth[J]. Fatigue & Fracture of Engineering Materials & Structures, 1985, 8(1): 49-63.

[24] CHOWDHURY P B, SEHITOGLU H, Rateick R G, et al. Modeling fatigue crack growth resistance of nanocrystalline alloys [J]. Acta Materialia, 2013, 61(7): 2531-2547.

[25] CHOWDHURY P B, SEHITOGLU H, RATEICK R G. Predicting fatigue resistance of nano-twinned materials: Part I-Role of cyclic slip irreversibility and Peierls stress[J]. International Journal of Fatigue, 2014, 68: 277-291.

[26] CHOWDHURY P B, SEHITOGLU H, RATEICK R G. Predicting fatigue resistance of nano-twinned materials: Part Ⅱ-Effective threshold stress intensity factor range [J]. International Journal of Fatigue, 2014, 68: 292-301.

[27] FONG C, TROMANS D. Stage I corrosion fatigue crack crystallography in austenitic stainless steel (316L)[J]. Metallurgical Transactions A, 1988, 19 (11): 2765-2773.

[28] FONG C, TROMANS D. High frequency stage I corrosion fatigue of austenitic stainless steel (316L)[J]. Metallurgical Transactions A, 1988, 19 (11): 2753-2764.

[29] WU X, KOUL A K, KRAUSZ A S. A transgranular fatigue crack growth model based on restricted slip reversibility[J]. Metallurgical Transactions A, 1993, 24(6): 1373.

[30] CHOWDHURY P, SEHITOGLU H. Mechanisms of fatigue crack growth-A critical digest of theoretical developments [J]. Fatigue Fracture Engineering Material and Structures, 2016, 39(6): 652-674.

[31] PIPPAN R. Dislocation emission and fatigue crack growth threshold[J]. Acta Metallurgica et Materialia, 1991, 39(3): 255-262.

[32] PIPPAN R. The condition for the cyclic plastic deformation of the crack tip: the influence of dislocation obstacles[J]. International Journal of Fracture, 1992, 58(4): 305-318.

[33] WILKINSON A J, Roberts S G. A dislocation model for the two critical stress intensities required for threshold fatigue crack propagation[J]. Scripta Materialia, 1996, 35(11): 1365-1371.

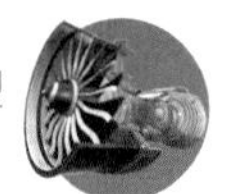

[34] WILKINSON A J, Roberts S G, Hirsch P B. Modelling the threshold conditions for propagation of stage I fatigue cracks[J]. Acta Materialia, 1998, 46(2): 379-390.

[35] 吴圣川，胡雅楠，康国政. 材料疲劳损伤行为的先进光源表征技术[M]. 北京：科学出版社，2018.

[36] BORREGO L P, FERREIRA J A M, COSTA J M. Fatigue crack growth and crack closure in the AlMgSi alloy [J]. Fatigue and Fracture of Engineering Materials and Structures, 2001,24(4): 255-265.

[37] POKORNY P, VOJTEK T, NáHLíK L, et al. Crack closure in near-threshold fatigue crack propagation in railway axle steel EA4T [J]. Engineering Fracture Mechanics, 2017, 185: 2-19.

[38] CHANG T, GUO W L. A model for the through-thick-ness fatigue crack closure[J]. Engineering Fracture Mechanics, 1999, 64(1): 59-65.

[39] 许越. 化学反应动力学[M]. 北京：化学工业出版社，2005.

[40] PLIMPTON S. Fast Parallel Algorithms for Short-Range Molecular Dynamics[J]. Journal of Computational Physics, 1995, 117: 1-19.

[41] BONNY G, CASTIN N, TERENTYEV D. Interatomic potential for studying ageing under irradiation in stainless steels: the FeNiCr model alloy [J]. Modelling and Simulation in Materials Science and Engineering, 2013, 21(8): 1-15.

[42] AIDHY D S, LU C, JIN K, et al. Point defect evolution in Ni, NiFe and NiCr alloys from atomistic simulations and irradiation experiments[J]. Acta Materiallia, 2015, 99: 69-76.

[43] ULLAH M W, AIDHY D S, ZHANG Y, et al. Damage accumulation in ion-irradiated Ni-based concentrated solid-solution alloys [J]. Acta Materiallia, 2016, 109: 17-22.

[44] BÉLAND L K, OSETSKY Y N, STOLLER R E. The effect of alloying nickel with iron on the supersonic ballistic stage of high energy displacement cascades[J]. Acta Materiallia, 2016, 116, 136-142.

[45] SMITH T M, HOOSHMAND M S, ESSER B D, et al. Atomic-scale characterization and modeling of 60° dislocations in a high-entropy alloy[J]. Acta Materiallia, 2016, 110: 352-363.

[46] ZIMMERMAN J A, GAO H, ABRAHAM F F. Generalized stacking fault energies for embedded atom FCC metals, Model [J]. Modelling and Simulation in Materials Science and Engineering, 2000, 8(2): 103-115.

[47] SWYGENHOVEN H V, DERLET P M, FROSETH A G. Stacking fault

energies and slip in nanocrystalline metals[J]. Nature Materials, 2004,3: 399-403.

[48] BECKER C A, TAVAZZA F, LEVINE L E. Implications of the choice of interatomic potential on calculated planar faults and surface properties in nickel[J]. Philosophical Magazine, 2011, 91: 3578-3597.

[49] JOóS B, DUESBERY M S. The peierls stress of dislocations: an analytic formula[N]. hysical Review Letters, 1997, 78: 266-269.

[50] SCHOECK G. The generalized peierls-nabarro model [J]. Philosophical Magazine A, 1994, 69: 1085-1095.

[51] HIRTH J P, LOTHE J. Theory of dislocations[M]. Malabar, Florida, USA: Krieger Publishing Company, 1982.

[52] CHOWDHURY P B, SEHITOGLU H, RATEICK R G, et al. Modeling fatigue crack growth resistance of nanocrystalline alloys [J]. Acta Materiallia, 2013, 61 2531-2547.

[53] WU X, KOUL A K, KRAUSZ A S. A transgranular fatigue crack growth model based on restricted slip reversibility[J]. Metallurgical and Materials Transactions A, 1992, 24: 1373-1380.

[54] NAVARRO A, RIOS E R. A microstructurally-short fatigue crack growth equation[J]. Fatigue & Fracture of Engineering Materials & Structures, 1988, 11: 383-396.

[55] ARMSTRONG R, CODD I, Douthwaite R M, et al. The plastic deformation of polycrystalline aggregates[J]. Philosophical Magazine, 1962, 7: 45-58.

[56] 庄茁，柳占立，成斌斌，等. 扩展有限单元法[M]. 北京：清华大学出版社，2012.

[57] 中国金属学会高温材料分会. 中国高温合金手册[M]. 北京：中国标准出版社，2012.

[58] SHYAM A, CURZIO E L. A model for the formation of fatigue striations and its relationship with small fatigue crack growth in an aluminum alloy [J]. International Journal of Fatigue, 2010, 32: 1843-1852.

[59] TANAKA K, AKINIWA Y, NAKAI Y, et al. Modelling of small fatigue crack growth interacting with grain boundary [J]. Engineering Fracture Mechanics, 1986, 24(6): 803-819.

[60] 刘晓菲. FGH96 粉末高温合金疲劳小裂纹扩展行为及寿命预测研究[D]. 南昌:南昌航空大学，2019.

第 4 章
低周疲劳长裂纹扩展机理及模型

航空发动机涡轮盘服役中承受交变的离心/热载荷作用，且由于结构复杂易在应力集中部位（如偏心孔、盘心）进入塑性区，在交变离心大载荷下易发生低周疲劳失效，这是涡轮盘的主要失效模式。因此，建立高精度低周疲劳载荷作用下的长裂纹扩展模型，准确预测低周疲劳裂纹扩展寿命，是实现涡轮盘损伤容限设计的关键。

本章通过涡轮盘材料长裂纹扩展试验数据及断口观测分析了长裂纹扩展机理，并以涡轮盘偏心孔处低周疲劳为例进行裂纹扩展寿命预测。

4.1 高温合金低周疲劳长裂纹扩展试验方法

本节介绍了不同试验条件下 GH4169 变形高温合金材料低周疲劳长裂纹扩展试验，结合试验数据分析、断口分析与裂纹闭合效应观测，获取了支撑低周疲劳长裂纹扩展模型的数据基础。

4.1.1 试验材料

GH4169 变形高温合金是 Ni-Cr-Fe 基沉淀硬化型变形高温合金，长时使用温度范围－253 ℃～650 ℃。合金在 650 ℃以下强度较高，同时具有良好的抗疲劳、抗辐射、抗氧化、耐腐蚀性能，以及良好的加工性能、焊接性能和长期组织稳定性。采用高强和直接时效工艺处理的优质 GH4169 合金锻件，热变形温度依次降低，锻件的平均晶粒度依次细化，强度则依次升高，常用于加工航空发动机中的转动零件。GH4169 的化学成分如表 4.1 所列。

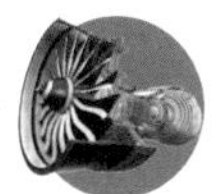

表 4.1　GH4169 合金的化学成分

元　素	C	Cr	Ni	Co	Mo	Al	Ti
质量分数/%	0.02～0.06	17.00～21.00	50.00～55.00	≤1.00	2.80～3.30	0.20～0.80	0.65～1.15
元　素	Fe	Nb	B	Mg	Mn	Si	P
质量分数/%	余	5.00～5.50	≤0.006	≤0.005	≤0.35	≤0.35	≤0.015
元　素	S	Cu	Ca	Bi	Sn	Pb	Ag
质量分数/%	≤0.015	≤0.30	≤0.005	≤0.00003	≤0.005	≤0.0005	≤0.0005
元　素	Se	Te	Tl	[N]	[O]		
质量分数/%	≤0.0003	≤0.00005	≤0.0001	≤0.01	≤0.005		

4.1.2　试验件设计及载荷

采用标准紧凑拉伸型(compact tension,CT)裂纹扩展试验件,CT 件设计参考 GB/T 6398—2000[1],基本尺寸如图 4.1 所示,通过电火花线切割加工(electrical discharge machining, EDM)0.2 mm 的初始缺口。

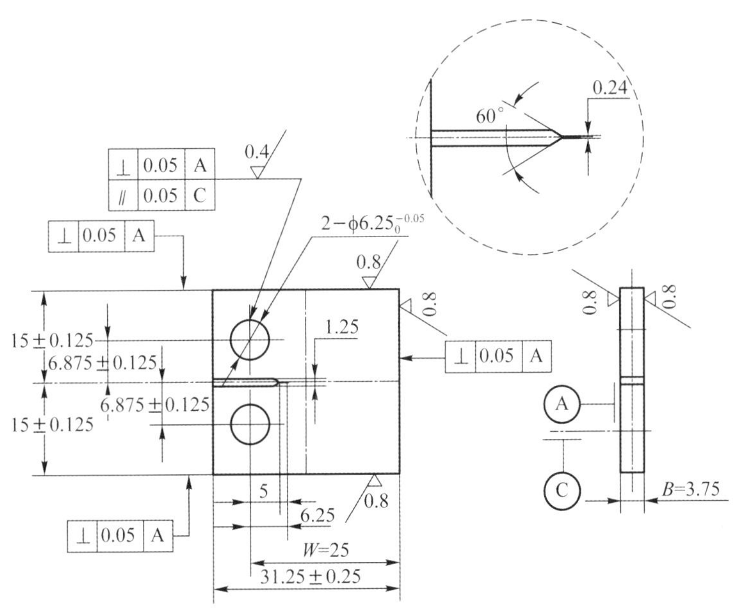

图 4.1　试件几何尺寸(单位:mm)

从涡轮盘锻造毛坯盘中取样,研究涡轮盘不同取样部位的疲劳长裂纹扩展性能差异,取样方案如图 4.2 所示。图中取样位置包括:A 取样位置为盘缘部位,位于涡轮盘径向位置 92.5 mm;B 取样位置为辐板部位,位于涡轮盘径向位置 77.5 mm;

C取样位置为盘心部位，位于涡轮盘径向位置56.5 mm；D取样位置为安装边部位，位于涡轮盘径向位置28.5 mm。

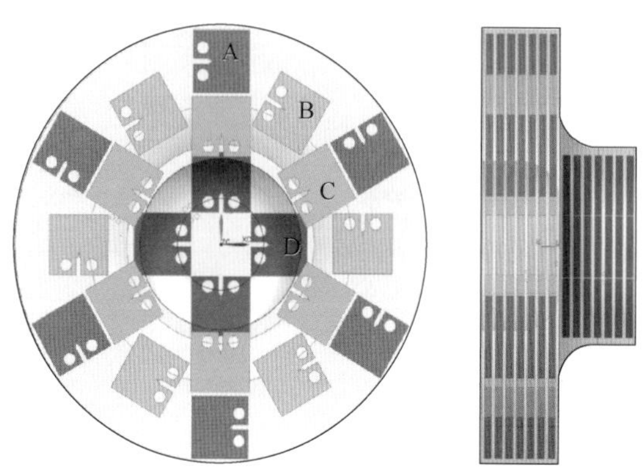

图4.2 试件取样方案

利用电液伺服疲劳机开展低周疲劳长裂纹扩展确定性试验，采用三角波以应力控制进行加载。为有效量化材料的裂纹闭合效应，应力比R_σ分别为0.1、0.5，加载频率$f=10$ Hz，试验温度包括室温(RT)、330 ℃、380 ℃、430 ℃、550 ℃，以覆盖涡轮盘材料典型温度范围，每个条件下开展4个试验。试验过程参照试验标准ASTM E647-13[2]。

4.1.3 试验结果分析

1. 微观组织差异分析

在涡轮盘毛坯盘相同部位取样，制备成满足观测要求的样品，并开展光学显微镜及透射电镜观测，以获取不同取样部位的微观组织。在光学显微镜观测中，制备5 mm×3 mm×3 mm的观测样品进行观测，采用Image-Pro Plus(IPP)软件进行金相图像处理，以等面积圆的直径作为等效晶体尺寸，金相观测及统计结果如图4.3和图4.4所示。从图4.4可以看出，各取样位置的晶体尺寸近似服从Weibull分布。利用双参数Weibull分布拟合晶体尺寸，分布函数为

$$f(d\,|\,\lambda,k)=\begin{cases}\dfrac{k}{\lambda}\left(\dfrac{d}{\lambda}\right)^{k-1}e^{-(d/\lambda)^k}, & d\geqslant 0\\ 0, & d<0\end{cases} \tag{4.1}$$

式中，d为等效晶体尺寸；$k(>0)$为形状参数，无量纲；$\lambda(>0)$为尺度参数，量纲与d统一。位置A、B、C、D处材料晶体尺寸拟合结果如表4.2所列。

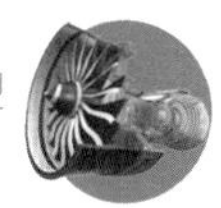

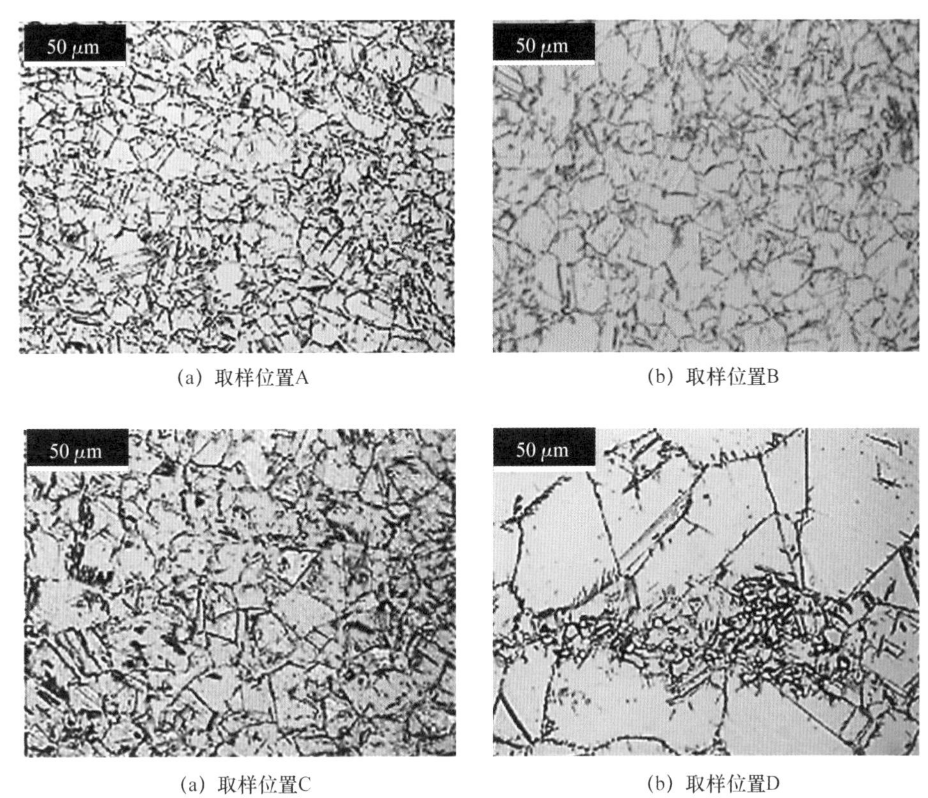

(a) 取样位置A　　(b) 取样位置B

(a) 取样位置C　　(b) 取样位置D

图 4.3　各取样位置材料金相组织观测结果

表 4.2　各取样位置材料 Weibull 分布统计结果

取样位置	平均晶体尺寸 E(D)/μm	k	λ/μm
A	12.63	2.32	14.25
B	15.97	2.53	18.00
C	15.12	2.67	17.01
D	33.96	2.37	38.31

在透射电镜观测中，采用线切割制备厚度为 0.5 mm 的观测样品，经嵌样、打磨（至厚度 50 μm）、抛光（至镜面质量），并经离子减薄在晶内、晶界处的透射电镜观测结果如图 4.5 和图 4.6 所示。可以看出，各取样位置的强化相（γ''相，图中晶体内部黑点）尺寸为 5～10 nm，且在晶内呈均匀分布，表明各取样位置材料的晶内强度基本一致；而晶界处的 δ 相含量尺寸均在 2 μm 以下，且相同视场范围内取样位置 D 处 δ 相数量均大于取样位置 A，这说明取样位置 D 处材料的晶界强度大于取样位置 A，即盘心材料的晶界强度大于盘缘。

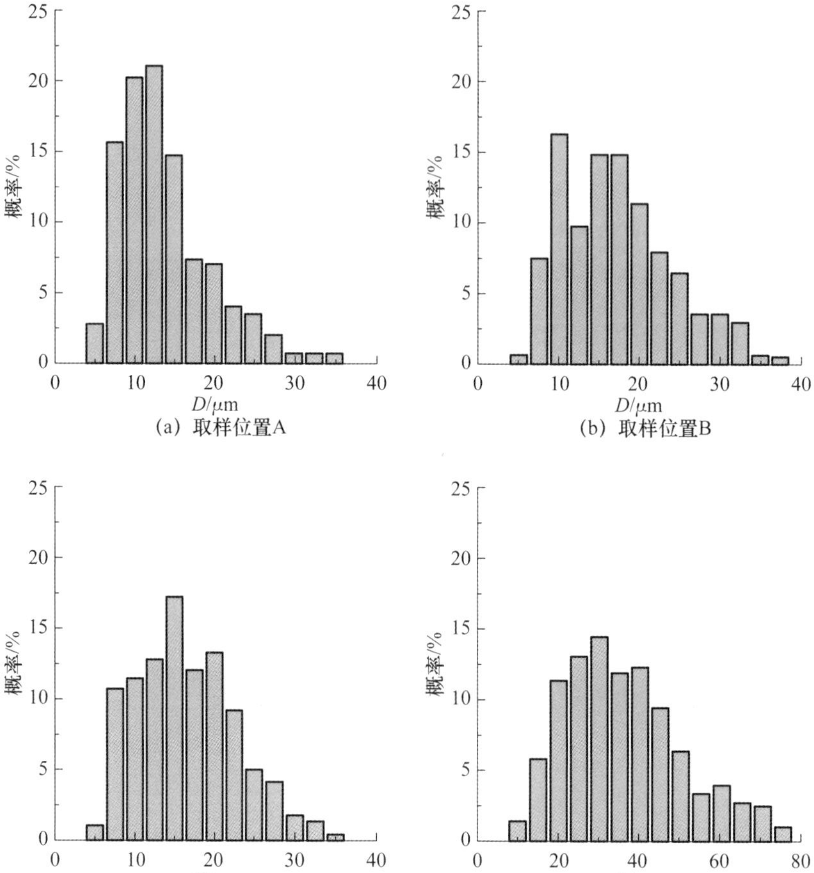

(a) 取样位置A

(b) 取样位置B

(c) 取样位置C

(d) 取样位置D

图 4.4　各取样位置晶体尺寸统计结果

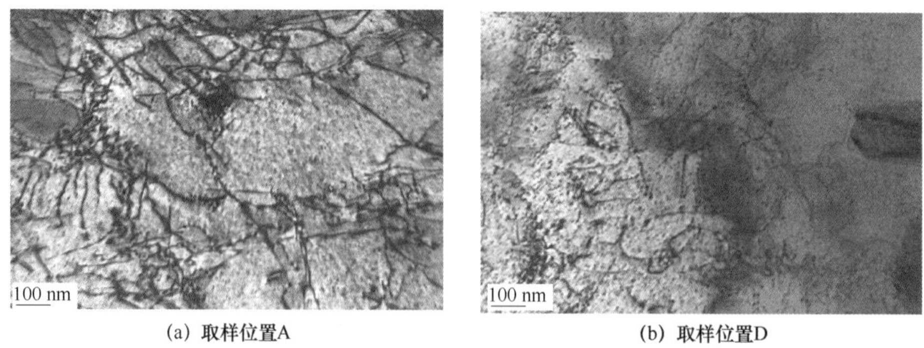

(a) 取样位置A　　(b) 取样位置D

图 4.5　取样位置 A 和 D 处试件在晶内的观测结果

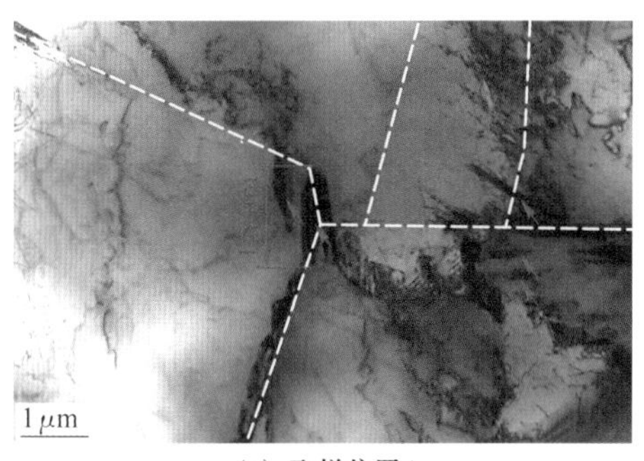

(a) 取样位置A

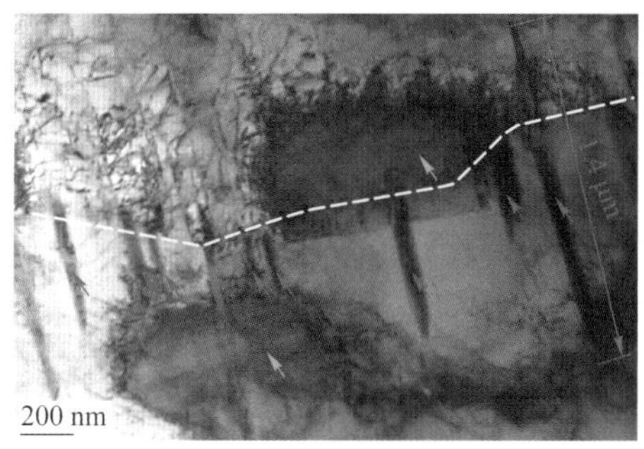

(b) 取样位置D

图 4.6 取样位置 A 和 D 处材料透射电镜在晶界的观测结果

2. 裂纹扩展速率分析

盘锻件材料在 650 ℃的条件屈服强度 $\sigma_{0.2}=930$ MPa[3]，代入式(4.2)计算可得到符合判据的应力强度因子上限值 $K_{max}=100.94\ \text{MPa}\cdot\text{m}^{1/2}$，而本试验中的最大应力强度因子值不超过 $80\ \text{MPa}\cdot\text{m}^{1/2}$，满足小范围屈服判据，可以将 K 作为描述裂纹扩展特性的参量。通过求取裂纹扩展速率($\mathrm{d}a/\mathrm{d}N$)与应力强度因子范围(ΔK)的关系，研究低周裂纹扩展行为。

$$K_{max} \leqslant \sigma_{0.2}\sqrt{\frac{(W-a)\pi}{4}} \tag{4.2}$$

式中，K_{max} 为结构在最大载荷下的应力强度因子值($\text{MPa}\cdot\text{m}^{1/2}$ 或 $\text{MN/m}^{3/2}$)；$\sigma_{0.2}$ 为材料在当前温度下的条件屈服强度(产生 0.2%塑性应变时对应的应力值)；W 为 CT 试件韧带区宽度(单位 m)；a 为裂纹长度(单位 m)，表示加载轴线到裂纹尖端的水平距离。

对于标准 CT 试件，其应力强度因子 K 的计算式为[4]

$$K=\frac{P}{B\sqrt{W}}\cdot\frac{(2+\alpha)}{(1-\alpha)^{3/2}}(0.886+4.64\alpha-13.32\alpha^2+14.72\alpha^3-5.6\alpha^4) \tag{4.3}$$

式中，P 为载荷力大小(单位 N)；B 为 CT 试件厚度(单位 m)；$\alpha=a/W$。对于循环载荷，计算应力强度因子范围 ΔK 时则需将式(4.3)右侧的载荷 P 代换为载荷范围 $\Delta P=P_{max}-P_{min}$。在获取裂纹扩展试验数据后，依照国标 GB/T 6398—2000[5]，采用七点递增多项式法计算裂纹扩展速率。

应力比 $R_\sigma=0.1$ 时不同试验条件下，各取样位置材料裂纹扩展速率 $\mathrm{d}a/\mathrm{d}N$ 与应力强度因子 ΔK 的关系如图 4.7 所示，由于位置 B 和位置 C 处取样位置相近，裂纹扩展速率相近，因此以位置 C 作为代表可以看出，不同温度下，位置 A 处的裂纹扩展速率均为最快，位置 D 处裂纹扩展速率最慢。这说明材料晶粒尺寸越大，其裂纹扩展速率越缓慢。

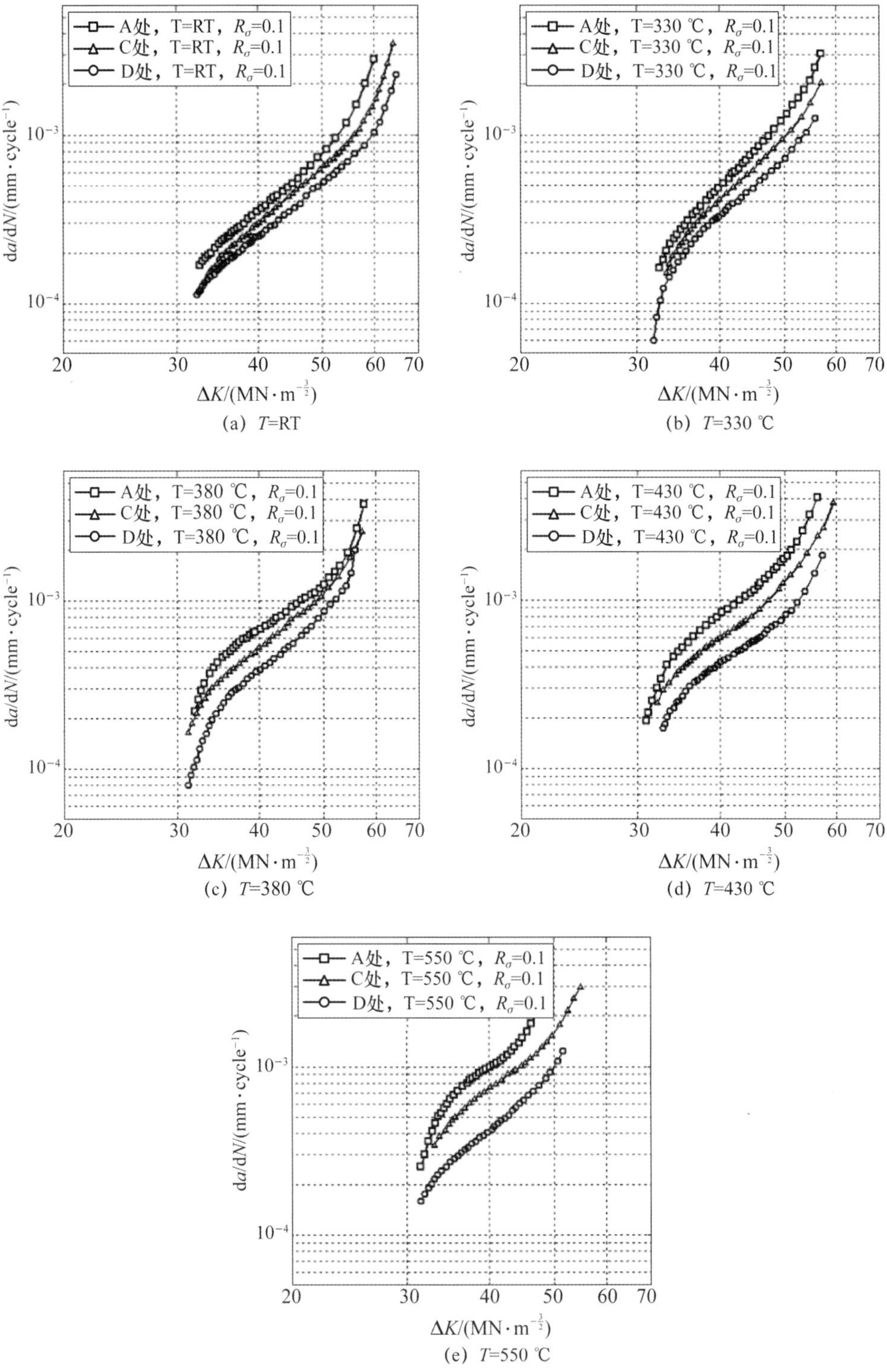
A处，T=RT，R_σ=0.1
C处，T=RT，R_σ=0.1
D处，T=RT，R_σ=0.1
$da/dN/(mm\cdot cycle^{-1})$
$\Delta K/(MN\cdot m^{-\frac{3}{2}})$
(a) T=RT
A处，T=330 ℃，R_σ=0.1
C处，T=330 ℃，R_σ=0.1
D处，T=330 ℃，R_σ=0.1
(b) T=330 ℃
A处，T=380 ℃，R_σ=0.1
C处，T=380 ℃，R_σ=0.1
D处，T=380 ℃，R_σ=0.1
(c) T=380 ℃
A处，T=430 ℃，R_σ=0.1
C处，T=430 ℃，R_σ=0.1
D处，T=430 ℃，R_σ=0.1
(d) T=430 ℃
A处，T=550 ℃，R_σ=0.1
C处，T=550 ℃，R_σ=0.1
D处，T=550 ℃，R_σ=0.1
(e) T=550 ℃

图 4.7　各取样位置材料在不同温度下的裂纹扩展速率($R_\sigma=0.1$)

4.2　低周疲劳长裂纹扩展机理研究

本节开展粗晶和细晶材料在疲劳裂纹扩展初期和中期的断口分析，并结合数字图像相关法(digital image correlation，DIC)研究裂纹扩展闭合效应对裂纹扩展速率的影响。

4.2.1　长裂纹扩展断口分析

针对室温与 550 ℃、$R_\sigma=0.1$ 条件下最小晶体尺寸(A 处)与最大晶体尺寸(D 处)的疲劳裂纹扩展试件开展断口分析，温度范围覆盖全部试验温度。对于同一观测试件，分别在疲劳裂纹扩展初期($a=6.75$ mm，$\Delta K=31.55$ MN·$m^{-\frac{3}{2}}$)和疲劳裂纹扩展中期($a=9.25$ mm，$\Delta K=40.86$ MN·$m^{-\frac{3}{2}}$)进行观测，室温条件观测结果如图 4.8、图 4.9 所示，550 ℃条件观测结果如图 4.10、图 4.11 所示。

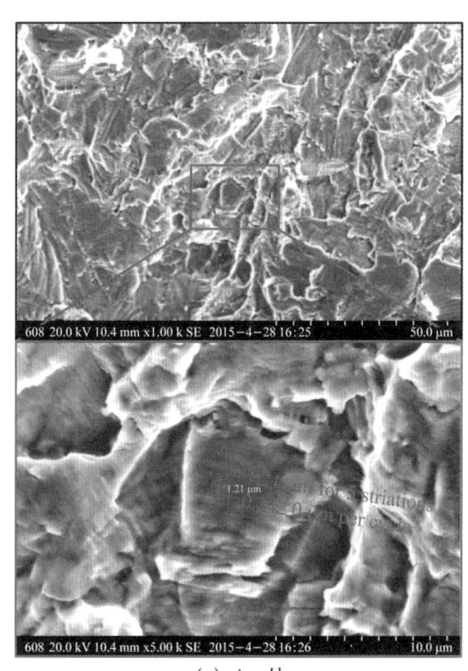

(a) A 处

(b) D 处

图 4.8　RT 条件疲劳裂纹扩展初期($a=6.75$ mm，$\Delta K=31.55$ MN·$m^{-\frac{3}{2}}$)断口分析结果

可以看出，各试验条件下材料低周疲劳长裂纹扩展过程均呈现穿晶扩展模式，以疲劳条带宽度反推疲劳裂纹扩展速率，其数值与基于试验所得 a、N 数据处理得到的裂纹扩展速率的计算结果吻合(见表 4.3)，证明了数据处理结果的准确性。

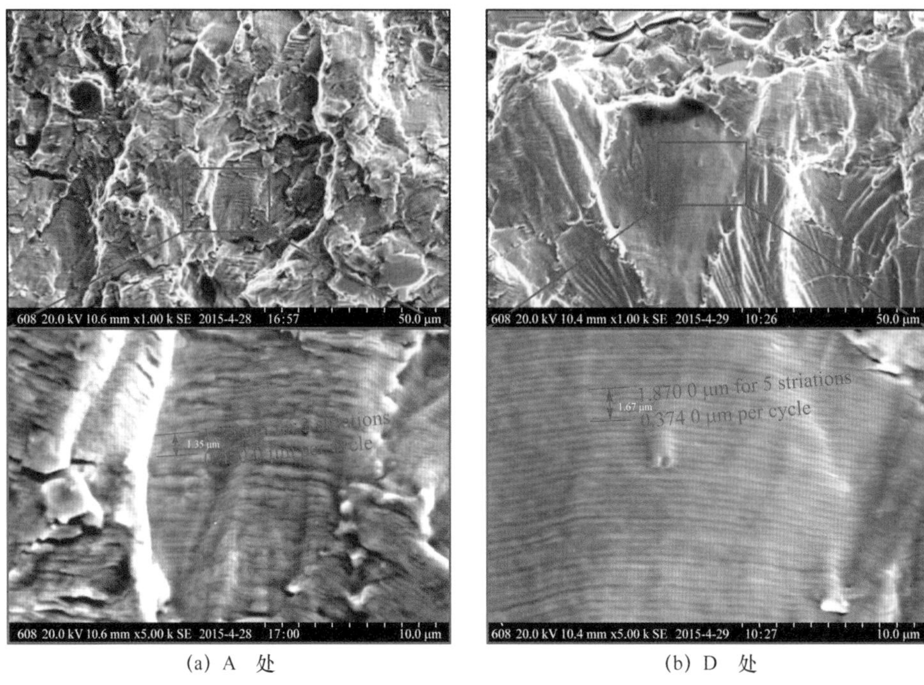

(a) A 处　　　　(b) D 处

图 4.9 RT 条件疲劳裂纹扩展中期($a=9.25$ mm, $\Delta K=40.86$ MN · $m^{-\frac{3}{2}}$)断口分析结果

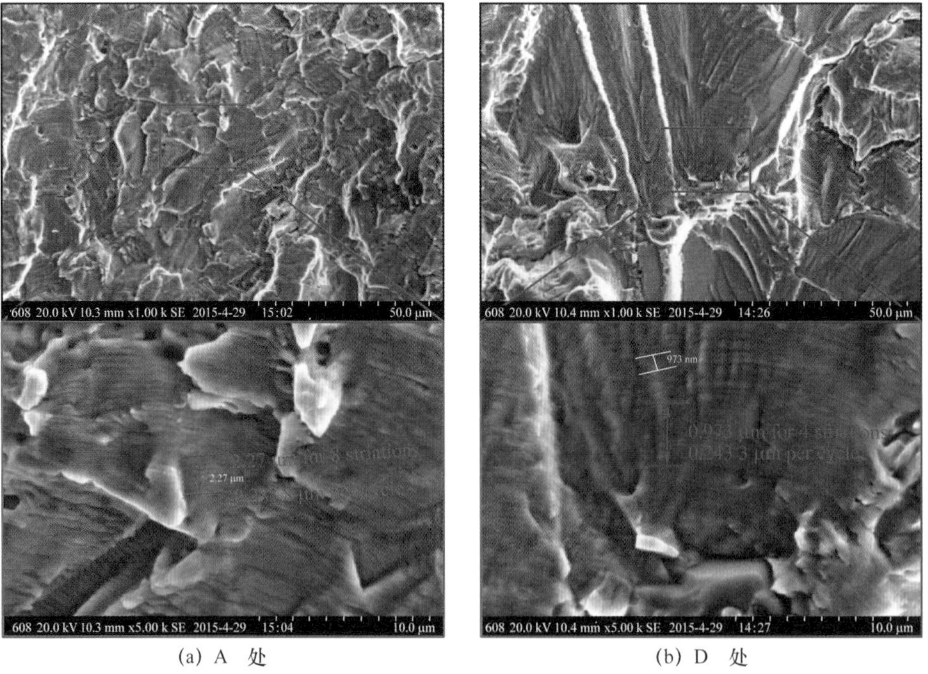

(a) A 处　　　　(b) D 处

图 4.10 550 ℃条件疲劳裂纹扩展初期($a=6.75$ mm, $\Delta K=31.55$ MN · $m^{-\frac{3}{2}}$)断口分析结果

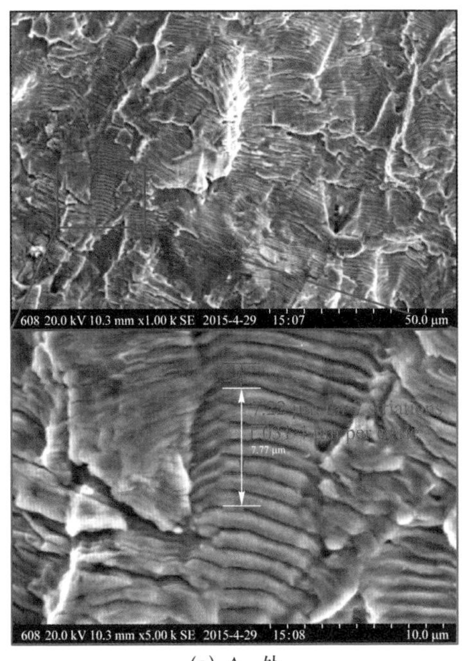

(a) A　处

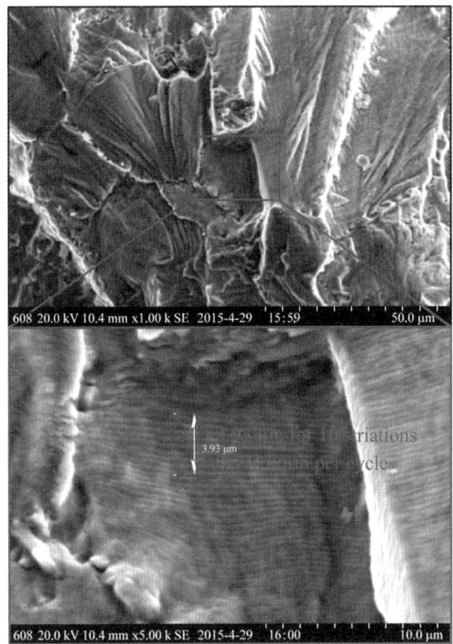

(b) D　处

图 4.11　550 ℃条件疲劳裂纹扩展中期($a=9.25$ mm,$\Delta K=40.86\ \mathrm{MN\cdot m^{-\frac{3}{2}}}$)断口分析结果

表 4.3　数据处理及断口反推疲劳裂纹扩展速率对比

温　度	RT		550 ℃	
取样部位	A 处	D 处	A 处	D 处
数据处理/(mm/循环)	0.45	0.35	1.04	0.44
断口反推/(mm/循环)	0.45	0.37	1.03	0.39

注：$a=9.25$ mm,$\Delta K=40.86\ \mathrm{MN/m^{3/2}}$。

4.2.2　裂纹闭合效应分析

由于裂纹闭合效应将导致相同最大载荷及裂纹长度下，低应力比条件的疲劳裂纹扩展速率低于高应力比条件，因此，通过对比图 4.8 中 $R_\sigma=0.1$ 与 $R_\sigma=0.5$ 条件下的疲劳裂纹扩展数据，可通过二者之间的差异表征裂纹闭合程度。可以看出，相比于细晶材料，粗晶材料在 $R_\sigma=0.1$ 与 $R_\sigma=0.5$ 条件下的疲劳裂纹扩展速率差异更大。

以 Paris 公式[9,10]作为确定性疲劳裂纹扩展模型

$$\frac{\mathrm{d}a}{\mathrm{d}N}=C(\Delta K)^n \tag{4.4}$$

采用寿命分散因子 X_L 作为表征各取样位置差异性的参量

$$\frac{da}{dN}=\frac{1}{X_L}C(\Delta K)^n \tag{4.5}$$

其获取过程如下:①对于某试验条件下的全部试件的疲劳裂纹扩展数据,采用式(2.5)进行整体拟合,确定模型中的拟合参数 C、n;②基于所得参数 C、n,对于某试验条件下的单个试件的疲劳裂纹扩展数据,采用式(2.6)进行拟合,确定模型中的寿命分散因子 X_L。

基于4.1节所得裂纹扩展速率试验结果,分别按 $R_\sigma=0.1$、$R_\sigma=0.5$ 条件绘制 X_L 随取样位置的变化规律,如图4.12所示。可以看出,在 $R_\sigma=0.1$ 时,各温度条件下疲劳裂纹扩展速率与晶体尺寸呈负相关,即晶体尺寸越小,疲劳裂纹扩展速率越快;在 $R_\sigma=0.5$ 时,低温(RT)条件下疲劳裂纹扩展速率与晶体尺寸呈正相关,而高温(430 ℃、550 ℃)条件下疲劳裂纹扩展速率与晶体尺寸呈负相关,且差异性明显低于 $R_\sigma=0.1$ 时。据此推论,疲劳裂纹扩展速率与晶体尺寸的相关性取决于裂纹闭合效应,即:在 $R_\sigma=0.1$ 条件下,闭合效应显著,疲劳裂纹扩展速率与晶体尺寸呈负相关;在 $R_\sigma=0.5$ 条件下,闭合效应不显著,疲劳裂纹扩展速率与晶体尺寸相关性较弱。

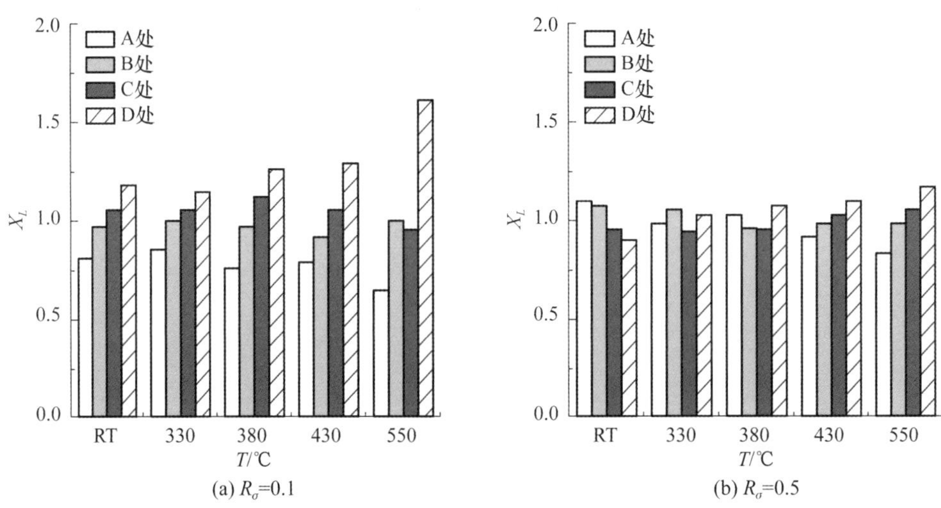

图4.12 各试验条件下 X_L 随取样位置的变化规律

为了验证上述推论,进一步结合DIC技术研究裂纹闭合效应[8]。采用Questar QM—100型长焦显微镜对疲劳长裂纹扩展过程进行观测,并记录循环载荷作用下位置A和位置D处取样件的裂纹张开、闭合过程。长焦显微镜分辨率640×480,视场尺寸为1.00 mm×0.67 mm,单位像素对应实际长度为1.56 μm。采用Eberl等[9]开发的开源Matlab程序进行DIC图像处理,并参考文献[10]进行裂纹闭合效应分析。拍摄过程中,将加载频率降至0.25 Hz,并拍摄记录3个循环的裂纹张开、闭合过程,拍摄频率为30帧每秒,拍摄录像中可提取360帧图片,用作裂纹闭合效应分析。拍摄结果如图4.13所示,分别在裂纹尖端附近选取5处分析位置(线段 $L_1\sim L_5$),图中红色为加载状态下各线段位置,黄色为卸载状态下各线段位置,裂纹闭合效应可通过

裂纹张开距离(crack opening distance,COD)予以量化。

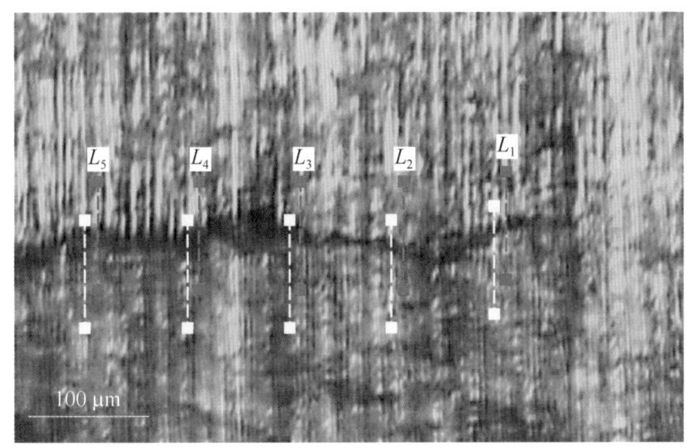

图 4.13　裂纹闭合效应的 COD 测量位置示意图

采用 DIC 方法定量描述裂纹附近材料的位移场,记录裂纹张开、闭合过程,并通过图 4.13 中 $L_1 \sim L_5$ 处的线段长度增量(即 COD)定量描述裂纹闭合程度。图 4.14 所示为 550 ℃下 A 处和 D 处试件在 $a=9.25$ mm 时 L_1 处,载荷 P 与 COD 随时间(拍摄帧数)的变化关系。为了便于展示,图中载荷 P 与 COD 均以各自最大值进行归一化处理。可以看出,在三角波形式的载荷 P 作用下,COD 在最小载荷附近一定范围内稳定在零值附近,对应裂纹闭合状态。零值段两端对应载荷即为裂纹张开时所需的载荷,记为 P_{op}。

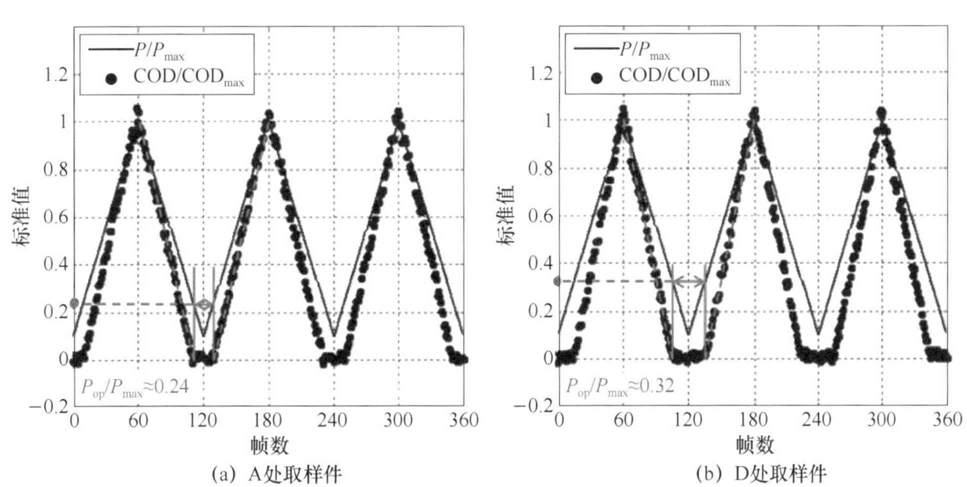

图 4.14　载荷与 COD 在 L_1 处随时间的变化规律

对于细晶材料(A 处),P_{op}/P_{max} 约为 0.24,而对于粗晶材料(D 处),P_{op}/P_{max} 约为 0.32。图 4.15 所示为 A 处、D 处取样试验件在 $a=9.25$ mm 时 $L_1 \sim L_5$ 处,COD 随 P 的变化关系。随载荷 P 增加,COD 首先保持为零,对应裂纹闭合;并当载荷 P 达

到某一临界值时，COD 转变为非零状态，对应裂纹张开。在 $L_1 \sim L_5$ 处，粗晶材料(D 处)对应的 P_{op} 均高于细晶材料(A 处)。由 P_{op} 的定义可知，粗晶材料具有更为显著的裂纹闭合效应，即相比于晶粒尺寸较小的材料，晶粒尺寸较大的材料在低应力比条件下的裂纹扩展速率差异更大，对应更为显著的疲劳裂纹扩展速率。

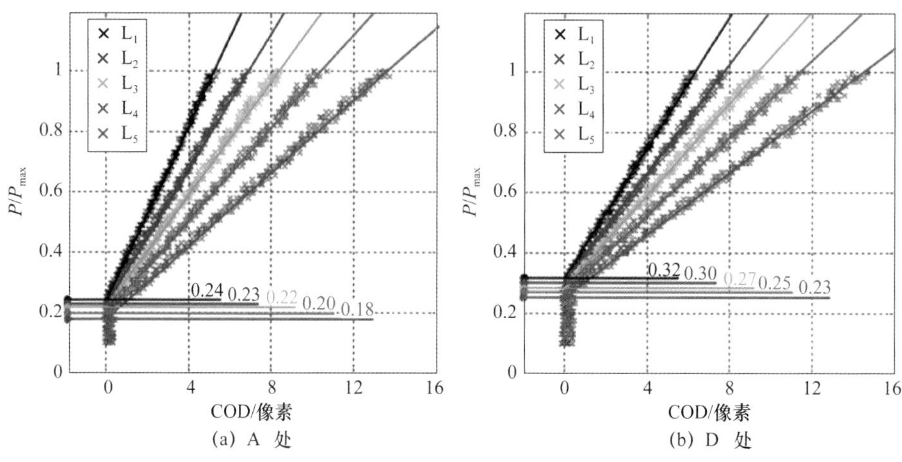

图 4.15 COD 随载荷在 $L_1 \sim L_5$ 处的变化规律

裂纹闭合机制主要包括塑性诱导裂纹闭合和氧化物诱导裂纹闭合。从试验件的断口形貌可以看出疲劳长裂纹扩展第Ⅱ阶段表现为塑性诱导裂纹闭合效应。通过裂纹面上疲劳条带导致的粗糙度予以表征，粗糙度越大说明塑性变形越明显。采用三维光学显微镜，在裂纹表面沿厚度方向的中间部位进行粗糙度测量，沿疲劳裂纹扩展方向的测量范围为 7.25 mm$<a<$10.25 mm(33 MN · $m^{-\frac{3}{2}}<\Delta K<$45 MN · $m^{-\frac{3}{2}}$ 对应疲劳长裂纹扩展第Ⅱ阶段)，相应测量结果如图 4.16 所示。根据测量数据，粗晶材料(D 处)的粗糙度(R_a=7.20 μm)大于细晶材料(A 处)的粗糙度(R_a=5.76 μm)，表明粗晶材料在疲劳裂纹扩展过程中具有更为显著的塑性变形。

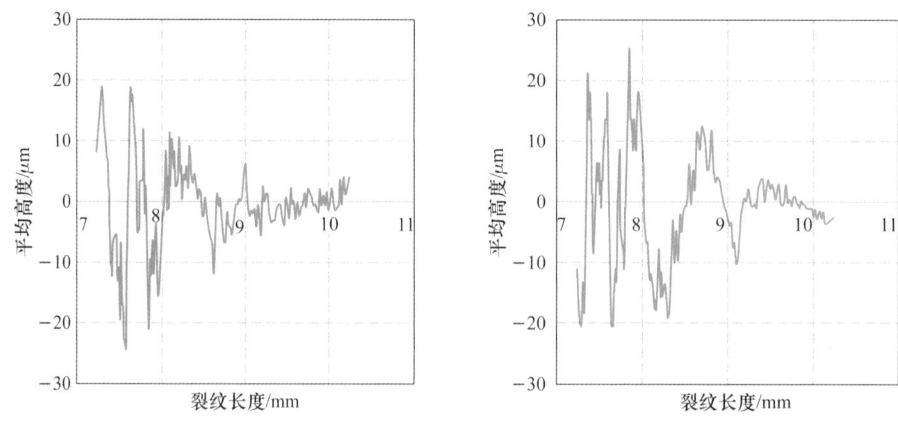

图 4.16 疲劳长裂纹扩展第Ⅱ阶段裂纹表面粗糙度测量结果

造成这一现象从机理上可以解释为：晶界的强度高于晶粒内，因此相对于晶界，裂纹更容易在晶粒内扩展。显微组织失效可以描述为位错的堆积和解理，而塑性变形是聚集位错的宏观反映。相较于粗晶材料，晶界在细晶材料中占据的空间更大。因此粗晶材料的塑性变形抗力较低，更容易发生塑性诱导裂纹闭合。

4.3　低周疲劳长裂纹扩展模型及其应用

镍基高温合金材料的微观组织影响裂纹扩展中裂纹闭合程度，从而影响裂纹扩展性能。低周疲劳长裂纹扩展模型需要能够准确描述占主要部分、呈现线性特征的第Ⅱ阶段，以及呈非线性特征的第Ⅰ阶段和第Ⅲ阶段。

本节首先介绍了两类长裂纹扩展模型及其适用范围，包括线弹性模型及塑性累积模型。在此基础上，以某型发动机涡轮盘为例，开展了偏心孔部位的低周疲劳长裂纹扩展模拟、寿命预测及试验验证。

4.3.1　线弹性模型

线弹性模型假设裂纹尖端的不发生塑性变形，形式简单，常用来描述第Ⅱ阶段裂纹扩展规律。

在 Paris 模型（式(4.4)）的基础上，很多学者曾尝试添加更多的载荷参数（如应力比 R、断裂韧度 K_{IC}），以提高模型对试验结果的描述能力。其中最具代表性的是 Walker 模型[11]（式(4.6)）和 Forman 模型[12]（式(4.7)）。

$$\frac{\mathrm{d}a}{\mathrm{d}N}=C\left(\Delta K\left(1-R\right)^{m}-1\right)^{n},\quad R\geqslant 0 \tag{4.6}$$

$$\frac{\mathrm{d}a}{\mathrm{d}N}=\frac{A\left(\Delta K\right)^{n}}{\left(\left(1-R\right)K_{IC}-\Delta K\right)^{\frac{1}{2}}} \tag{4.7}$$

式中，C、m、n、A 为材料常数。

线弹性模型在提出之后，由于其形式简单、实用方便，被工程设计人员广泛用于裂纹扩展预测。然而，此模型并未考虑材料的微观结构特征，也未考虑具体几何结构及裂纹尖端材料的塑性行为，因此学者们在后续研究中做了诸多改进。本书主要介绍两类裂纹扩展模型。

1. 单因子低周疲劳长裂纹扩展模型

FASTRAN[13,14]模型通过建立有效应力强度因子 ΔK_{eff} 和裂纹扩展速度的关系，表征裂纹闭合效应的影响。模型采用分段线性形式对（ΔK_{eff}，$\mathrm{d}c/\mathrm{d}N$）试验数据进行拟合，同时利用 Dugdale 模型[15]确定疲劳载荷作用下的循环塑性区尺寸，作为物理裂纹长度对 FASTRAN 模型进行修正，表示为

$$\frac{dc}{dN}=C_i\ (\Delta K_{\mathrm{eff}})^{m_i}\Big/\left[1-\left(\frac{K_{\max}^c}{K_{\mathrm{Ie}}}\right)^q\right] \tag{4.8}$$

式中，c 为物理裂纹长度，N 为循环数，C_i、m_i 为各线性段拟合参数，i 为被分割的线性段区间，ΔK_{eff} 为有效应力强度因子变化范围，$K_{\max}^c$ 为物理裂纹长度定义的应力强度因子最大值，K_{Ie} 为断裂韧度中的弹性部分，$q=1.5$ 为经验指数。FASTRAN 模型中的物理裂纹长度 c 可表示为真实裂纹长度 a 与裂纹尖端循环塑性区尺寸 Δr_{p} 之和，即

$$c=a+\Delta r_{\mathrm{p}} \tag{4.9}$$

有效应力强度因子 ΔK_{eff} 计算为

$$\Delta K_{\mathrm{eff}}=(S_{\max}-S_{\mathrm{op}})\sqrt{\pi c}F(\alpha) \tag{4.10}$$

式中，$S_{\max}$ 为最大名义应力，S_{op} 为裂纹张开名义应力，$F(\alpha)$ 为试件几何修正因子，$\alpha=c/W$ 为当量物理裂纹长度，W 为试件宽度。对于 CT 试件，式(4.10)可转化为

$$\Delta K_{\mathrm{eff}}=K_{\max}-K_{\mathrm{op}}=\frac{P_{\max}-P_{\mathrm{op}}}{B\sqrt{W}}G(\alpha) \tag{4.11}$$

式中，$P_{\max}$ 为最大拉伸载荷，P_{op} 为裂纹张开载荷，B、W 分别为 CT 试件厚度、宽度(见图 4.1)，$G(\alpha)$ 为试件几何修正因子，表达式为

$$G(\alpha)=\frac{2+\alpha}{(1-\alpha)^{3/2}}(0.886+4.64\alpha-13.32\alpha^2+14.72\alpha^3-5.6\alpha^4) \tag{4.12}$$

Δr_{p} 可表示为 P_{op}、$P_{\max}$ 以及裂纹尖端塑性区尺寸 r_{p} 的函数，即

$$\Delta r_{\mathrm{p}}=\left(1-\frac{P_{\mathrm{op}}}{P_{\max}}\right)^2\frac{r_{\mathrm{p}}}{4} \tag{4.13}$$

r_{p} 可用 Dugdale 模型表征

$$r_{\mathrm{p}}=\frac{\pi}{8}\left(\frac{K_{\max}^a}{\sigma_{\mathrm{ys}}}\right)^2 \tag{4.14}$$

式中，σ_{ys} 为材料屈服强度。采用双参数断裂准则(two-parameter fracture criterion，TPFC)，式(4.18)中的 K_{Ie} 可表示为

$$K_{\mathrm{Ie}}=\frac{K_{\mathrm{Ic}}}{1-\dfrac{K_{\mathrm{Ic}}\sqrt{\pi a}}{\sigma_{\mathrm{u}}G(\alpha)}} \tag{4.15}$$

式中，σ_{u} 为材料抗拉强度。

联立式(4.8)、式(4.11)和式(4.15)即可建立 FASTRAN 裂纹扩展模型，其中 K_{Ic}、σ_{ys}、σ_{u} 可由基本力学性能试验测得，K_{op} 可由裂纹闭合试验测得。

2. 三因子低周疲劳长裂纹扩展模型

考虑疲劳长裂纹扩展过程中，裂纹扩展规律通常包含三个阶段，其中第Ⅱ阶段呈线性特征，第Ⅰ阶段(门槛值附近)、第Ⅲ阶段(断裂韧度附近)呈非线性特征，建立裂纹扩展模型表示为

$$\frac{da}{dN}=C\left(\frac{1-f_{\mathrm{N}}}{1-R_\sigma}\Delta K\right)^m\frac{\left(1-\dfrac{\Delta K_{\mathrm{th}}}{\Delta K}\right)^p}{\left(1-\dfrac{K_{\max}}{K_{\mathrm{C}}}\right)^q} \tag{4.16}$$

式中，C、m、p、q 为材料参数，f_N 为 Newman 裂纹闭合函数，R_σ 为应力比，K_{max} 为应力强度因子最大值。f_N 可表示为

$$
\begin{aligned}
&f_N = A_0 + A_1 R_\sigma + A_2 R_\sigma^2 + A_3 R_\sigma^3 \\
&A_0 = (0.825 - 0.34\alpha + 0.05\alpha^2)\left[\cos\left(\frac{\pi S_{max}}{2\sigma_0}\right)\right]^{1/\alpha} \\
&A_1 = (0.415 - 0.071\alpha)\frac{S_{max}}{\sigma_0} \\
&A_2 = 1 - A_0 - A_1 - A_3 \\
&A_3 = 2A_0 + A_1 - 1
\end{aligned}
\tag{4.17}
$$

式中，S_{max} 为最大名义应力，由最大载荷及试件名义横截面积确定，本算例中取值 42.67 MPa；σ_0 为流动应力（定义为屈服强度 σ_s 与抗拉强度 σ_b 的平均值）；$\alpha=1$ 对应平面应力状态。按照国际试验标准 ASTM E647-15[16] 及 ASTM E399-12e3[17] 开展裂纹扩展门槛值 ΔK_{th} 及断裂韧度 K_c 的测量试验。各温度条件下，GH4169 材料拉伸及断裂参数如表 4.4 所列。

表 4.4　各温度条件下 GH4169 材料拉伸及断裂参数

T/℃	σ_s/MPa	σ_b/MPa	σ_0/MPa	ΔK_{th}/(MPa·m$^{1/2}$)		K_C/(MPa·m$^{1/2}$)
				$R_\sigma=0.1$	$R_\sigma=0.5$	
650#	—	—	—	8.5	5.7	—
600*	1 030	1 240	1 135	—	—	83
550	1 037	1 247	1 142	7.8	5.4	85
450*	1 050	1 260	1 155	—	—	87
430	1 053	1 267	1 160	7.0	5.1	87
380	1 059	1 283	1 171	6.7	5.0	88
330	1 066	1 300	1 183	6.4	4.8	88
300*	1 070	1 310	1 190	—	—	89
20#	—	—	—	4.3	4.0	—

注：* 标识行为来自参考文献[18]的 σ_s、σ_b、K_c 数据，# 标识行为来自参考文献[19]的 ΔK_{th} 数据，其余为插值所得数据。

4.3.2　塑性累积模型

塑性累积模型主要考虑已断裂材料和未断裂材料的塑性变形行为，并依据其动态演化过程模拟裂纹扩展行为。

Antolovich 等[20] 基于 Manson-Coffin 模型，认为裂纹在宏观塑性应变累积至一定程度时发生扩展，因此其裂纹扩展模型可用塑性应变范围 $\Delta\varepsilon_p$ 表征的指数形式。Majumdar 和 Morrow[21] 在此基础上建立了裂纹扩展模型

$$\frac{\mathrm{d}a}{\mathrm{d}N}=f\left(\sum\Delta\varepsilon_{\mathrm{p}}\right)=f\left(\Delta K,\frac{\varepsilon'_f}{(\sigma_{\mathrm{s}}^{\mathrm{c}})^2},\frac{1}{E},\frac{1}{\sigma'_f},b,c\right)\tag{4.18}$$

McClintock[22]认为当裂纹尖端局部累积塑性应变累积至一定程度时，裂纹将发生扩展，从而建立模型

$$\frac{\mathrm{d}a}{\mathrm{d}N}=\int\Delta\varepsilon_{\mathrm{p}}^{\mathrm{local}}=f\left(\Delta K^4,\frac{1}{E},\frac{1}{\sigma_{\mathrm{s}}^{\mathrm{c}}}\right)\tag{4.19}$$

Tomkins[23]以循环塑性区尺寸 $r_{\mathrm{s}}^{\mathrm{c}}$ 和宏观应变范围 $\Delta\varepsilon_{\mathrm{p}}$ 作为输入，尝试针对裂纹尖端材料的分离建立了裂纹扩展模型

$$\frac{\mathrm{d}a}{\mathrm{d}N}=f(\Delta K,r_{\mathrm{s}}^{\mathrm{c}},\Delta\varepsilon_{\mathrm{p}})\tag{4.20}$$

在用以量化裂纹闭合效应的有效应力强度因子概念[24]基础上，Suresh 和 Ritchie[25]提出氧化层、粘流渗透、相变形、粗糙度诱导的裂纹闭合模型，并依据试验过程中的应力比、氢气/氧气压力以及裂纹张开位移(crack tip opening distance, CTOD)δ 建立的模型，表示为

$$\frac{\mathrm{d}a}{\mathrm{d}N}=f(\Delta K_{\mathrm{eff}},R,P_{\mathrm{H_2}},P_{\mathrm{O_2}},\delta)\tag{4.21}$$

Newman[26]通过有限元模拟获得平面应力与平面应变状态下裂纹尖端塑性区分布；Sehitoglu 等[27]通过有限元模拟了裂纹尖端塑性区内材料的塑性流动过程：平面应力状态下塑性流动沿裂纹扩展方向；平面应变状态下塑性流动沿试件厚度方向。在 Newman 和 Sehitoglu 的有限元模拟中添加了塑性相关的输入参数

$$\frac{\mathrm{d}a}{\mathrm{d}N}=f\left(\Delta K_{\mathrm{eff}},R,\frac{\sigma_{\max}}{\sigma_{\mathrm{s}}},\frac{\sigma_{\mathrm{eff}}}{\sigma_{\mathrm{hydro}}},\frac{H}{E},\frac{\delta}{h_{\mathrm{asperity}}},\rho_{\mathrm{asperity}}\right)\tag{4.22}$$

式中，H 为塑性模量，σ_{eff} 为有效应力，σ_{hydro} 为静水压力，h_{asperity} 为粗糙结构平均高度，ρ_{asperity} 为粗糙结构表面密度。

Garcia[28]和 Sehitoglu[29]假设粗糙结构呈正态分布，基于接触问题模型研究了粗糙度诱导的裂纹闭合，并建立相应的裂纹扩展模型

$$\frac{\mathrm{d}a}{\mathrm{d}N}=f\left(\Delta K_{\mathrm{eff}},R,\frac{\delta}{h_{\mathrm{asperity}}},\rho_{\mathrm{asperity}}\right)\tag{4.23}$$

塑性累积模型将塑性本构关系引入裂纹扩展问题，并考虑了其在循环载荷作用下的累积过程，相比于线弹性模型，与真实过程更加接近；同时，模型建立过程中对闭合效应进行了定量描述，有效提高了模型的预测精度。但塑性累积模型基于迭代步进行裂纹扩展模型，依赖于本构模型，在工程应用时计算量大。

4.3.3 涡轮盘偏心孔低周疲劳裂纹扩展寿命预测

1. 基于有限元的确定性裂纹扩展模拟

基于商用有限元软件 ANSYS 与 FRANC3D 模拟疲劳裂纹扩展。模拟过程以 ANSYS 静强度分析所得结果导入 FRANC3D。在 FRANC3D 中对涡轮盘扇区模型

进行切分，以定义裂纹扩展区域。

取初始 1/4 圆形角裂纹半径 0.5 mm，其裂纹前缘的应力强度因子分布如图 4.17 所示。取裂纹扩展概率模型中各参数为其概率分布的中值，模拟角裂纹扩展过程。每次计算间隔给定循环数增量 10 000，裂纹扩展规律如图 4.18 所示。可以看出，基于 ANSYS 与 FRANC3D 的裂纹扩展有限元模拟方法，能够反映非均匀应力分布下裂纹前缘各点的非等速扩展过程。

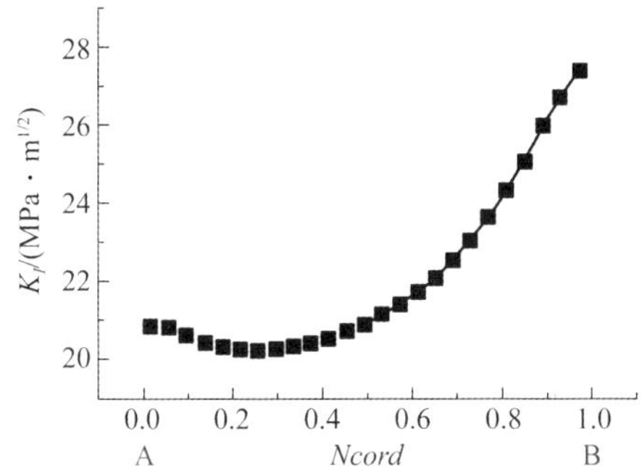

图 4.17　初始裂纹前缘应力强度因子分布

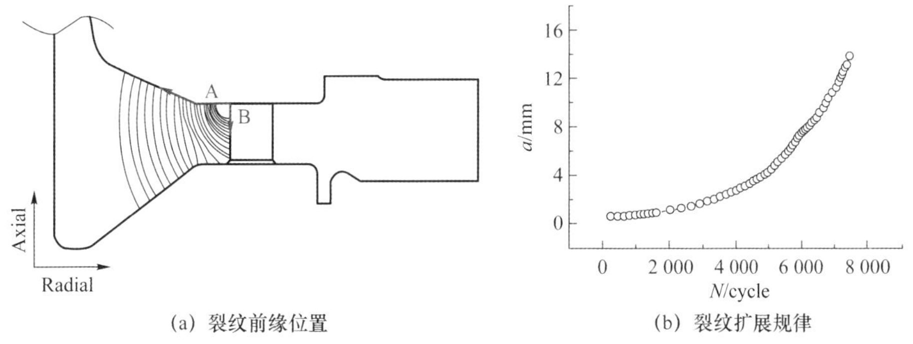

(a) 裂纹前缘位置　　(b) 裂纹扩展规律

图 4.18　裂纹扩展过程中的裂纹前缘位置

2. 整盘裂纹扩展试验验证

为有效量化裂纹扩展分析方法对涡轮盘偏心孔处裂纹扩展规律的预测能力，结合中国航发湖南动力机械研究所（608 所）开展的整盘裂纹扩展试验结果，以给定裂纹扩展增量下裂纹扩展寿命的相对误差为指标，量化模型预测精度。整盘裂纹扩展试验件如图 4.19 所示。在试验过程中，在应力比 $R_\sigma=0.1$、温度 $T=430$ ℃（偏心孔考核部位对应温度）条件下开展低周疲劳试验，试验共分为四个阶段，预制裂纹及载荷历程如表 4.5 所列，其中第 1、第 2 阶段为 105％转速状态，第 3、第 4 阶段为 115％转速状态。疲劳裂纹在第 3 阶段出现，位于图 4.19(a) 中所示 B、E、G、J 四处，均为径向，记为初始裂纹长度 a_0；第 4 阶段经历 1 700 次循环后，涡轮盘由 B 处发生破裂，试验终止；在试验结束后，对涡轮盘残骸进行断口检测。根据疲劳条带计量 E、G、J 三处在涡轮盘破裂时的裂纹长度，记为终止裂纹长度 a_f。

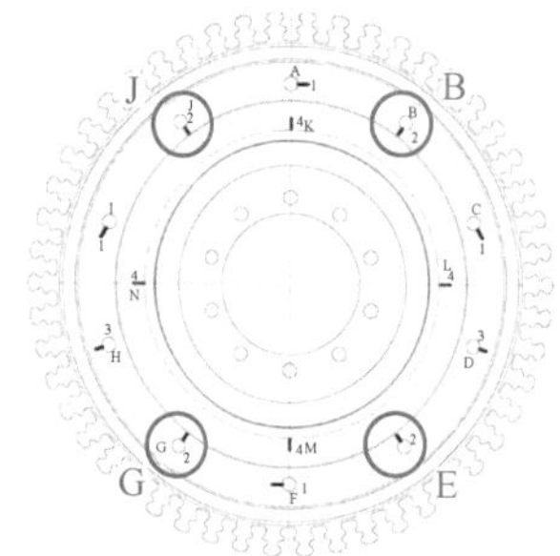

(a) 预制裂纹位置

(b) 试验前涡轮盘

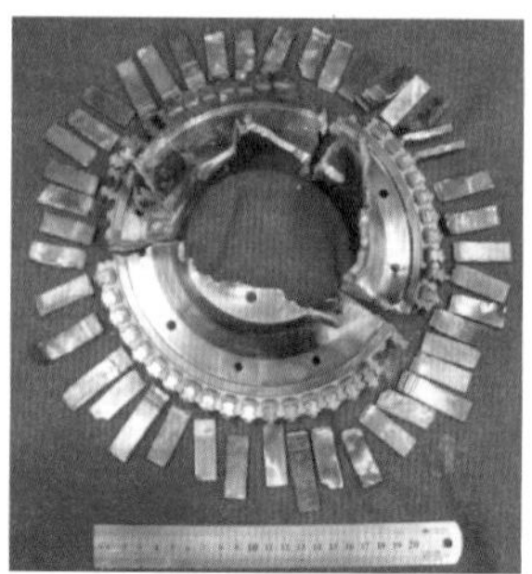
(c) 试验后涡轮盘

图 4.19　涡轮盘预制裂纹及试验前后涡轮盘状态

表 4.5　整盘裂纹扩展试验预制裂纹及载荷历程

阶　段	预制裂纹尺寸/mm	转速峰值/($r \cdot min^{-1}$)	循环数	疲劳裂纹
1	0.5×0.5×0.5	21 946	6 000	无
2	1.5×0.5×1.5	21 946	3 000	无
3	1.5×0.5×1.5	24 140	3 000	出现
4	1.5×0.5×1.5	24 140	1 700	断裂

表 4.6　整盘裂纹扩展试验及预测结果

裂　纹	a_0/mm	a_f/mm	$\bar{N}$/cycle	相对误差/%	$[N_{-3\sigma}, N_{+3\sigma}]$
E	4.41	11.2	1 829	+7.59	[1 420,2 394]
G	4.87	9.58	1 538	−9.53	[1 194,2 013]
J	4.73	10.7	1 741	+2.41	[1 352,2 279]

采用前述方法模拟裂纹扩展过程，模拟误差通过对 E、G、J 三处裂纹由初始裂纹 a_0 至终止裂纹 a_f 所经历的循环数预测中值 $\bar{N}$ 及置信度 99.87%所对应的置信区间 $[N_{-3\sigma}, N_{+3\sigma}]$ 予以量化，结果如表 4.6 所列。可以看出，实际经历循环数 1 700 与循环数预测中值 $\bar{N}$ 之间的相对误差均在±10%，且位于置信区间 $[N_{-3\sigma}, N_{+3\sigma}]$ 之内。因此，可以认为所建立的裂纹扩展分析方法具有较高的精度。

4.4　本章小结

本章主要介绍了镍基高温合金材料低周疲劳长裂纹扩展机理及寿命模型。开展了涡轮盘不同取样部位的低周疲劳长裂纹扩展试验并进行了镍基高温合金试验件的

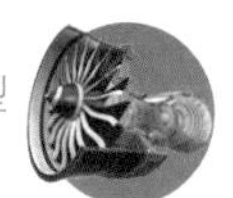

裂纹扩展断口分析。从晶粒尺寸效应的宏观机理出发研究了裂纹闭合影响规律。最后,介绍了典型的低周疲劳长裂纹扩展模型及其工程应用。

参考文献

[1] 国家冶金工业局. 金属材料疲劳裂纹扩展速率试验方法 GB/T 6398—2000[S]. 北京:中国标准出版社,2000.

[2] Standard test method for measurement of fatigue crack growth rates ASTM E647-13[S]. ASTM International, 2013.

[3] 中国航空材料手册委员会. 中国航空材料手册 变形高温合金、铸造高温合金[S]. 北京:中国标准出版社, 2002, 323-359.

[4] SRAWLEY J E. Wide range stress intensity factor expressions for ASTM E 399 standard fracture toughness specimens[J]. International Journal of Fracture, 1976, 12(3):475-476.

[5] 国家质量技术监督局. 金属材料疲劳裂纹扩展速率试验方法 GB/T 6398—2000[S]. 北京:中国标准出版社, 2000.

[6] PARIS P C, ERDOGAN F. A critical analysis of crack propagation laws[J]. Journal of Fluids Engineering, 1963, 85: 528-533.

[7] PARIS P C, GOMEZ M P, ANDERSON W E. A rational analytic theory of fatigue[J]. The Trend in Engineering, 1961, 13: 9-14.

[8] NOWELL D, MATOS P F P. Application of digital image correlation to the investigation of crack closure following overloads[J]. Procedia Engineering, 2010, 2: 1035-1043.

[9] EBERL C, THOMPSON R, GIANOLA R. Digital image correlation and tracking with Matlab [EB/OL]. (2010-11-19)[2024-02-27]https://www.mathworks.com/matlabcentral/fileexchange/12413-digital-image-correlation-and-tracking.

[10] MATOS P F P, NOWELL D. Experimental and numerical investigation of thickness effects in plasticity-induced fatigue crack closure[J]. International Journal of Fatigue, 2009, 31: 1795-1804.

[11] STP462. The effect of stress ratio during crack propagation and fatigue for 2024-T3 and 7075-T6 aluminum[S]. ASTM International, 1970.

[12] FORMAN R G, KEARNEY V, ENGLE R. Numerical analysis of crack propagation in cyclic-loaded structures[J]. Journal of Fluids Engineering, 1967, 89: 459-463.

[13] YAMADA Y, LACY T, NEWMAN J, et al. Effects of crack closure on fatigue crack-growth predictions for 2024-T351 aluminum alloy panels under spectrum loading[J]. International Journal of Fatigue, 2007, 29(8): 1503-1509.

[14] NEWMAN J C, RUSCHAU J J. The stress-level effect on fatigue-crack growth under constant-amplitude loading[J]. International Journal of Fatigue, 2007, 29(9): 1608-1615.

[15] DUGDALE D S. Yielding of steel sheets containing slits[J]. Journal of the Mechanics and Physics of Solids, 1960, 8(2): 100-104.

[16] ASTM E647-13. Standard test method for measurement of fatigue crack growth rates[S]. ASTM International, 2016.

[17] ASTM E399-12e3. Standard test method for linear-elastic plane-strain fracture toughness KIc of metallic materials[S]. ASTM International, 2018.

[18] 中国金属学会高温材料分会. 高温合金手册[S]. 北京：中国标准出版社，2012.

[19] 何玉怀，郭伟彬，于慧臣，等. 两种涡轮盘材料疲劳裂纹扩展门槛值实验[C]. 十三届发动机结构强度振动学术会论文集. 2006.

[20] ANTOLOVICH S D, SAXENA A, CHANANI G R. A model for fatigue crack propagation[J]. Engineering Fracture Mechanics, 1975, 7: 649-652.

[21] STP559. Correlation between fatigue crack propagation and low cycle fatigue properties[S]. ASTM International, 1974.

[22] MCCLINTOCK F A. On the plasticity of the growth of fatigue cracks[J]. Fracture of Solids, 1963, 20: 65-102.

[23] TOMKINS B. Fatigue crack propagation-an analysis[J]. Philosophical Magazine, 1968, 18: 1041-1066.

[24] ELBER W. Fatigue crack closure under cyclic tension[J]. Engineering Fracture Mechanics, 1970, 2: 37-45.

[25] SURESH S, RITCHIE R O. Some considerations on the modelling of oxide-induced fatigue crack closure using solutions for a rigid wedge inside a linear elastic crack[J]. Scripta Metallurgica, 1983, 17(4): 575-580.

[26] WALKER E K . Effects of Environment and Complex Load History on FatigueLife, ASTMSTP 462[S]//The Effect of Stress Ratio During Crack Propagation and Fatigue for 2024-T3 and 7075-T6 Aluminum. West Conshohocken, PA: ASTM International, 1970.

[27] SEHITOGLU H, SUN W. Modeling of plane strain fatigue crack closure [J]. Journal of Engineering Materials and Technology, 1991, 113: 31-40.

[28] GARCÍA A M, SEHITOGLU H. Contact of crack surfaces during fatigue: Part 1. Formulation of the model [J]. Metallurgical and Materials Transactions A, 1997, 28: 2263-2275.

[29] SEHITOGLU H, GARCÍA A M. Contact of crack surfaces during fatigue: Part 2. Simulations[J]. Metallurgical and Materials Transactions A, 1997, 28: 2277-2289.

第5章

蠕变–疲劳长裂纹扩展机理及模型

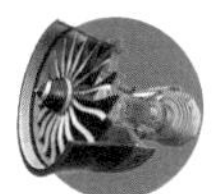

涡轮盘轮缘、辐板部位不仅承受着交变离心/热载荷引起的低周疲劳损伤，还承受着由于高温保载产生的蠕变损伤，两类损伤的交互作用将引发结构发生蠕变-疲劳失效。已有研究表明，镍基高温合金蠕变-疲劳裂纹扩展机理受载荷、材料微观组织等多种因素影响。

本章结合蠕变-疲劳载荷下的裂纹扩展试验及断口分析，研究蠕变-疲劳失效机理，进而建立蠕变-疲劳长裂纹扩展模型，为涡轮盘损伤容限分析提供支撑。

5.1　蠕变-疲劳长裂纹扩展试验方法

本节首先开展涡轮盘取样 CT 试件在不同保载时间下的蠕变-疲劳裂纹扩展试验，研究载荷对裂纹扩展速率的影响规律。

5.1.1　试验材料

FGH96 盘采用棒材-热等静压-包套挤压-锻造的工艺流程制备，试验件沿盘锻件的径向方向取样。试验材料的元素成分同表 2.1 所列。试验材料 650 ℃下的基本力学性能如表 5.1 所列。

表 5.1　FGH96 材料 650 ℃ 下的基本力学性能

屈服强度/MPa	抗拉强度/MPa	延伸率/%
980～1 080	1 400～1 540	14～24

5.1.2　试验设计及载荷

裂纹扩展试验件 CT 件从 FGH96 镍基高温合金盘锻件轮缘部位取样，通过

EDM 加工 0.2 mm 的初始缺口。试验载荷如图 5.1 所示。

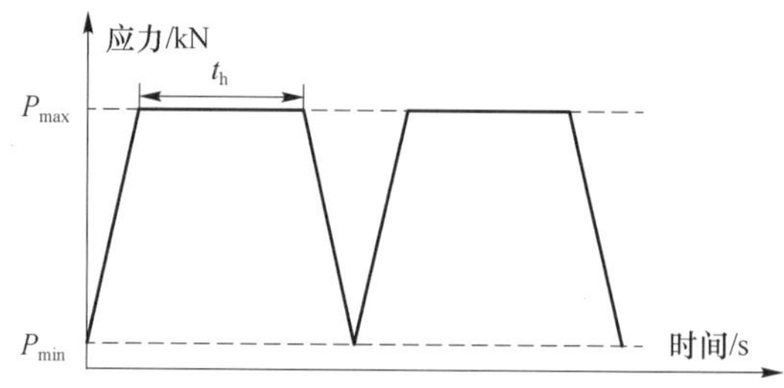

图 5.1 蠕变-疲劳波形图

试验过程中裂纹的监测情况：每间隔 0.2 mm 的裂纹长度增量，暂停蠕变-疲劳载荷并记录该时刻的测量裂纹长度 a_i、循环数 N_i。裂纹扩展试验中的长度增量选取依据、预制裂纹注意事项以及基本试验操作参考国标 GB/T 6398—2000[1] 执行。

5.2 蠕变-疲劳长裂纹扩展机理研究

本节针对镍基高温合金材料，利用定量金相方法统计试件的晶粒平均尺寸、δ 相体积分数，并开展了断口分析。对比研究二者对蠕变-疲劳裂纹扩展的影响规律。

5.2.1 长裂纹扩展断口分析

不同温度和保载时间下试件的断口分析结果如图 5.2～图 5.4 所示。图 5.2 为 650 ℃下试件裂纹源区及扩展区断口图像，裂纹源区在图片下方，扩展方向如白色箭头所示。断口上可观察到一条明显的弧形分界线，该分界线以下区域对应的是预制疲劳裂纹阶段，以上区域是蠕变-疲劳裂纹扩展阶段。矩形框内放大图像显示，预制裂纹区域断口平整，裂纹穿晶扩展，存在向裂纹扩展方向发散的白亮色撕裂棱，为典型的疲劳断口；蠕变-疲劳裂纹扩展区域断口凹凸不平，可以观察到块状的晶粒形貌，并且出现了垂直断口平面的二次裂纹，裂纹在此区域以沿晶扩展为主，二次裂纹是由于晶粒间相互分离产生的。相比于纯疲劳载荷，蠕变-疲劳载荷引入了高温保载时间，断口形式由穿晶转变为沿晶，这表明材料的晶界长时受高温拉伸载荷的作用发生了弱化。该现象可以从微观蠕变机制角度进行解释：晶界作为一种晶体缺陷结构，其晶格空穴的含量要高于基体，在高温持续的拉伸载荷作用下，晶格空穴的含量进一步增大，氧原子倾向于向空穴浓度大的晶界处扩散，造成了晶界的优先氧化，最终导致晶界强度下降，裂纹沿晶扩展。

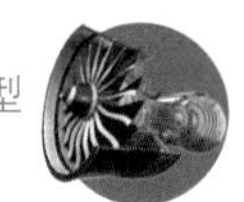

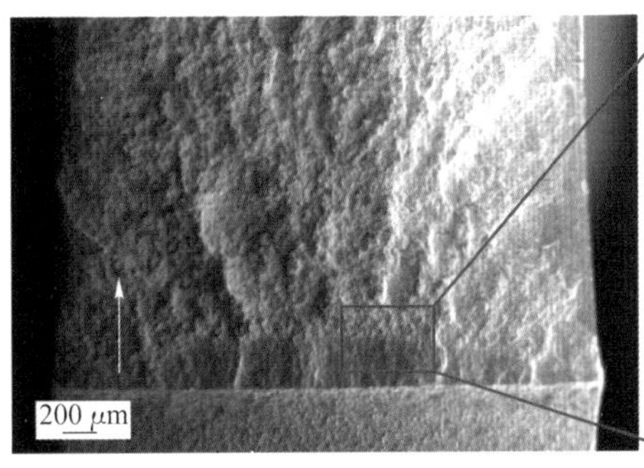

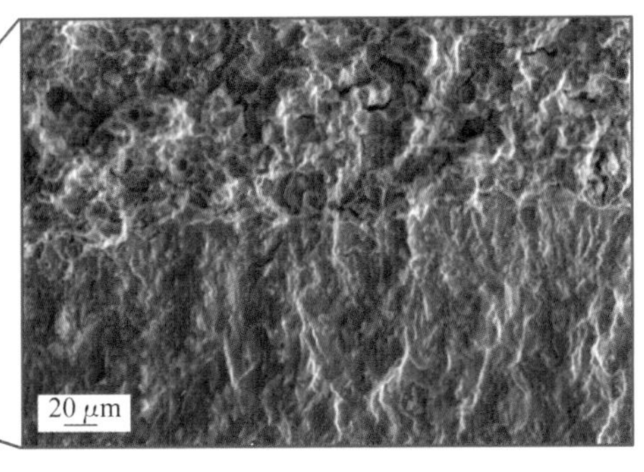

图 5.2　650 ℃、100 s 保载时间下试验件蠕变-疲劳裂纹扩展的断口形貌

在 650 ℃、25 s 保载时间下，蠕变-疲劳裂纹扩展过程中不同应力强度因子的断口形貌，如图 5.3(a)～(c)所示。图 5.3(a)为低应力强度因子下的断口，呈现出沿晶主导的断裂模式，图上并未观察到撕裂棱、疲劳条带等疲劳断口特征；由于保载时间并不长，晶粒间的分离程度不显著，但已存在沿晶二次裂纹。可见在 650 ℃、25 s 保载时间下，晶界已发生较明显的弱化，裂纹扩展方式以沿晶为主。图 5.3(b)为中等应力强度因子下裂纹稳定扩展阶段的断口形貌，该区域凹凸不平且存在二次裂纹的沿晶主导断口，这说明应力强度因子的升高并未改变其断裂模式。图 5.3(c)为裂纹快速扩展阶段的断口形貌，此时裂纹前沿的应力强度因子较大，塑性变形明显，断口出现较多的韧窝。韧窝是材料微孔洞聚集长大的结果，韧窝大小与第二相的尺寸、微区的塑性变形程度有关：第二相尺寸越大、微区塑性变形能力越好，形成的韧窝越大。材料第二相粒子(γ'相、γ''相、MC 相)尺寸相差较大，因此断口的韧窝大小差异明显，部分尺寸较大的韧窝中心还可观察到残留的碳化物。在 650 ℃、100 s 保载时间下，裂纹稳定扩展区断口形貌如图 5.3(d)所示，断口上的晶粒轮廓比图 5.3(a)～(c)更加明显。可见蠕变-疲劳载荷的保载时间越长，晶界的氧化程度越深，导致裂纹扩展速率加快。

在 650 ℃、25 s 保载时间下，试件稳定扩展阶段的断口形貌如图 5.4 所示，大部分区域呈现凹凸不平的沿晶断裂特征，但与前述试件不同的是该试件的断口存在若干较大的平面，如图中红色矩形框内所示。大平面的尺寸约在 50 μm～100 μm，其对应的显微结构是材料中未完全再结晶的粗大晶粒。从图中可以推测，这些大晶粒处的断裂模式并非沿晶断裂，而是沿着晶粒内部特定的晶体学面发生了快速的断裂，即穿晶的解理断裂。解理平面上还可观察到一定高度的台阶，如图 5.4 中白色箭头所示，该结构为大尺寸晶粒内的孪晶界。可见，在蠕变-疲劳载荷作用下材料晶界虽然发生弱化，但对于粗大晶粒来说，沿晶开裂因要与更多的相邻晶粒发生协调变形，故需克服的阻力更大。当位错塞积引起的应力集中大于晶粒内解理平面(一般为最密排面)的结合力后，粗大晶粒则发生穿晶的解理断裂；当晶内存在孪晶界时，断裂面则会跨过孪晶界，继续沿最密排面发生穿晶解理断裂。

(a) 650 °C、25 s保载时间(ΔK=32.5 MPa · $m^{1/2}$)

(b) 650 °C、25 s保载时间(ΔK= 48.6 MPa · $m^{1/2}$)

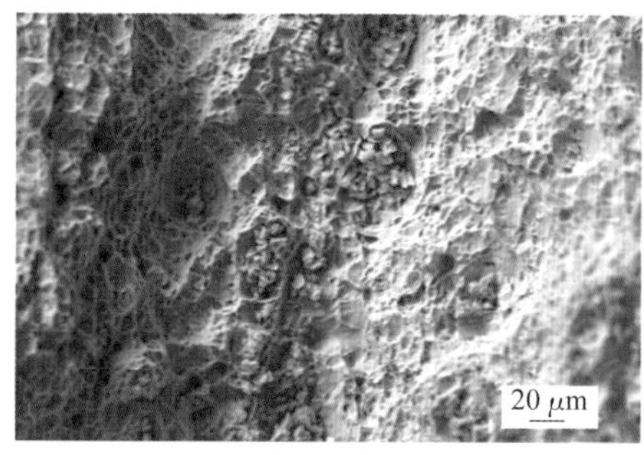

(c) 650 °C、25 s保载时间(ΔK= 64.3 MPa · $m^{1/2}$)

(d) 650 °C、100 s保载时间(ΔK=48.6 MPa · $m^{1/2}$)

图 5.3　蠕变-疲劳裂纹扩展试样在不同应力强度因子下的断口形貌

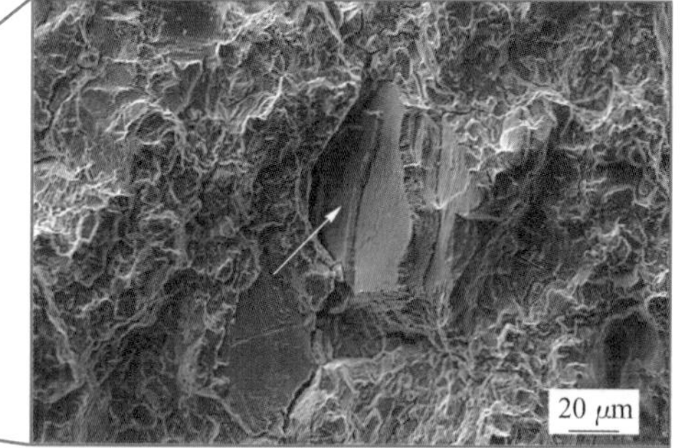

图 5.4　650 ℃、25 s 保载时间，试件稳定扩展阶段断口形貌(ΔK= 48.6 MPa · $m^{1/2}$)

同时，对比了不同温度、不同保载时间下试验件断口形貌，如图 5.5 所示。其中，反映疲劳特征的疲劳条带用多边形标记，反映蠕变特征的韧窝用圆形/椭圆形标记。

在 650 ℃、10 s 保载时间下，断裂面主要呈现穿晶疲劳特征，在初期和中期仅有少量的蠕变韧窝，说明此时蠕变保载阶段对裂纹扩展的影响很小。当保载时间增加到 90 s 时，初期和中期出现大量的沿晶蠕变断裂特征，呈现出沿晶、穿晶混合特征，在后期仍呈现穿晶疲劳失效。当保载时间进一步增加到 300 s 时，初期和中期的沿晶蠕变断裂特征增加，在后期也出现了沿晶断裂的特征。此外，当温度升高至 700 ℃

时，断裂面中沿晶蠕变韧窝占主要部分，反映了该温度下蠕变失效的主导地位。在保载时间为 10 s 和 90 s 的条件下，仅能在后期观察到少量的疲劳断裂特征；当保载时间增加到 300 s 时，整个断口呈现出典型的沿晶蠕变韧窝，此时蠕变损伤是裂纹扩展的主要驱动力。

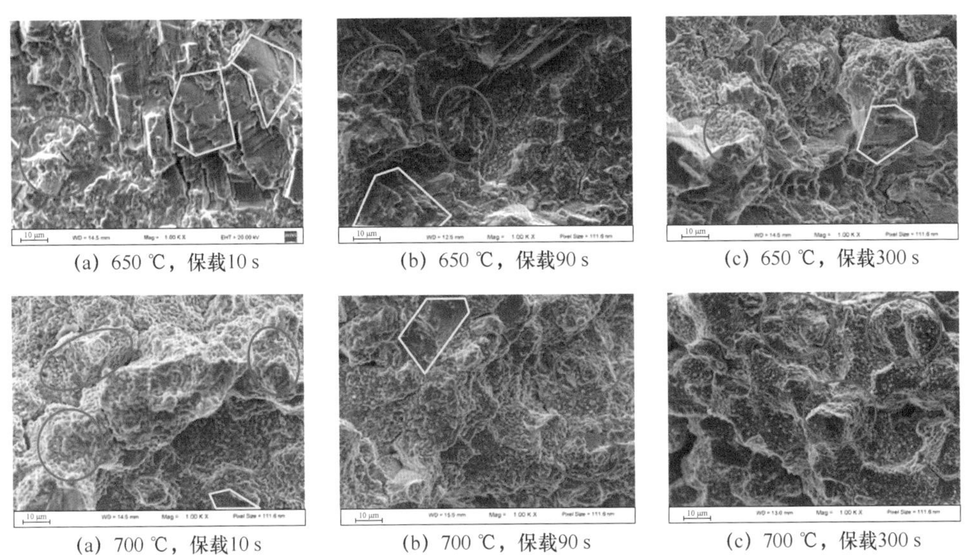

(a) 650 ℃，保载10 s　(b) 650 ℃，保载90 s　(c) 650 ℃，保载300 s

(a) 700 ℃，保载10 s　(b) 700 ℃，保载90 s　(c) 700 ℃，保载300 s

图 5.5　不同温度和保载时间下的断口形貌

5.2.2　试验载荷影响分析

1. 不同保载时间下试验结果分析

不同保载时间下的裂纹扩展速率与应力强度因子范围的双对数关系如图 5.6 所示。蠕变-疲劳裂纹扩展曲线呈现与纯疲劳裂纹扩展相似的三阶段特征，在 40～60 MPa・$m^{1/2}$ 范围内，蠕变-疲劳裂纹稳定扩展，当 ΔK 超过60 MPa・$m^{1/2}$ 以后，裂纹进入快速扩展阶段，在 70～75 MPa・$m^{1/2}$ 内试件失稳断裂。

在同一应力强度因子范围下对比图 5.6 中的裂纹扩展速率可以发现，保载时间 100 s 下裂纹扩展速率显著高于保载时间 25 s，这说明 650 ℃时在保载期内蠕变损伤对裂纹扩展速率的贡献很大；随保载时间增加，蠕变-疲劳裂纹扩展速率增长显著。

2. 不同温度下裂纹扩展速率分析

裂纹扩展速率与应力强度因子范围的关系曲线如图 5.7 所示。可以发现，在 650 ℃条件下，蠕变-疲劳裂纹扩展速率相对于纯疲劳裂纹扩展有小幅增加。然而，在 700 ℃条件下，蠕变-疲劳裂纹扩展速率相对于纯疲劳裂纹扩展却有明显的增加。为进一步量化，对比了其他条件下的裂纹扩展速率与纯疲劳时的倍数关系，如图 5.7(b)所示。可以看出，t_h＝90 s 时裂纹扩展速率增幅约为 t_h＝10 s 时的 22.1 倍，而 t_h＝300 s

时裂纹扩展速率增幅约为 t_h=90 s 时的 2.25 倍。相比于保载时间的增加，裂纹扩展速率的增加则表现出明显的非线性，这说明蠕变损伤和疲劳损伤之间存在交互作用，裂纹扩展速率的增幅表现出先增加后减缓的趋势。

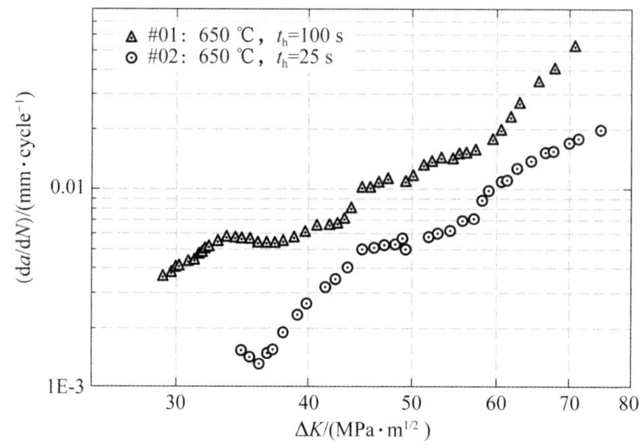

图 5.6 不同保载时间下蠕变-疲劳扩展速率图

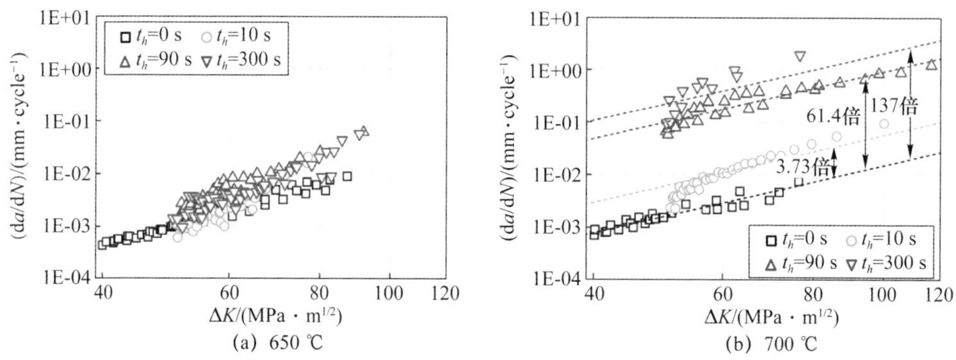

图 5.7 不同温度下 FGH96 裂纹扩展试验结果

5.2.3 微观组织影响分析

1. 晶粒尺寸影响分析

图 5.8 所示是 650 ℃、保载时间 25 s 下试件 a、b 在不同放大倍数下的金相对比图。试件 a 和 b 的平均晶粒尺寸分别为 10.58 μm 和 13.62 μm，δ 相含量均在 5.0% 左右。以这组对比图为例，分析晶粒尺寸对蠕变-疲劳裂纹扩展的影响。试件 a 的晶粒尺寸明显小于试件 b；两个试件的 δ 相均呈短棒状，如图 5.8 中箭头所示，沿晶界以一定角度成簇析出。在裂纹扩展速率方面，试件 a 要快于试件 b，如图 5.9 所示，即在 δ 相含量相当的情况下，晶粒尺寸越小，蠕变-疲劳的裂纹扩展速率越快。

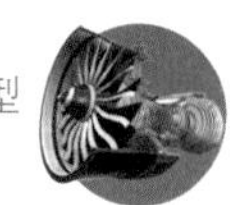

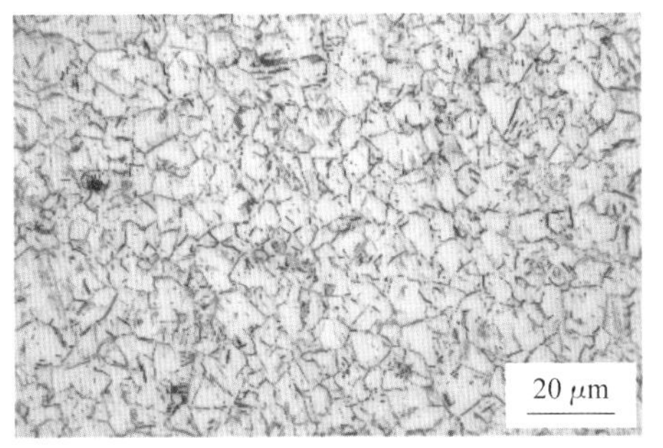

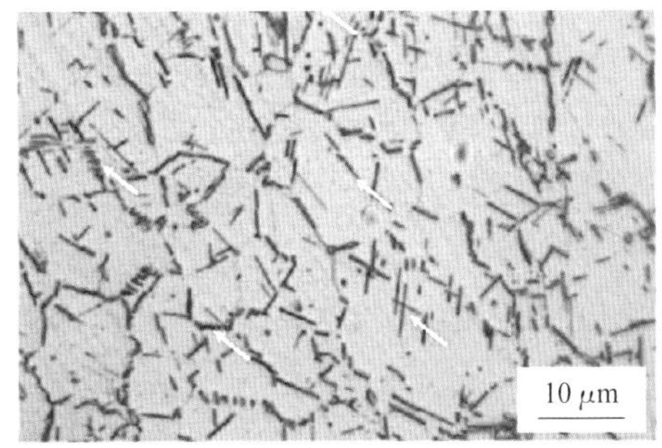

(a) 试件a

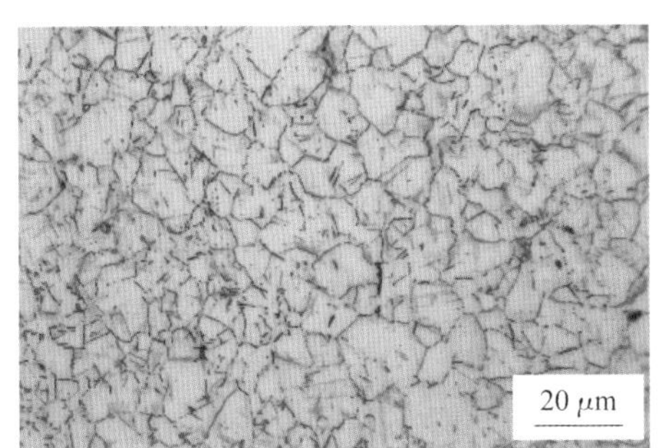

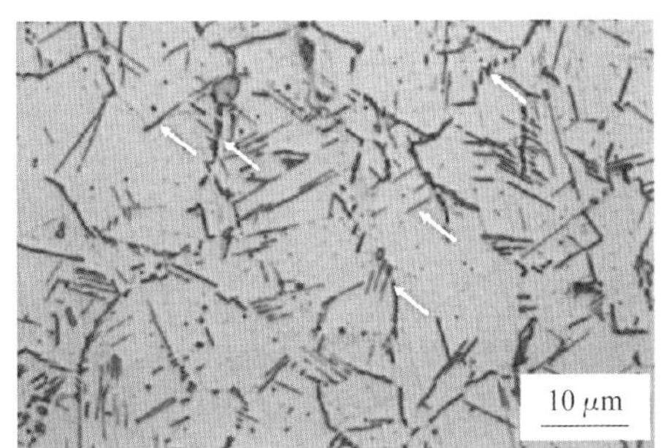

(b) 试件b

图5.8　材料断口金相照片

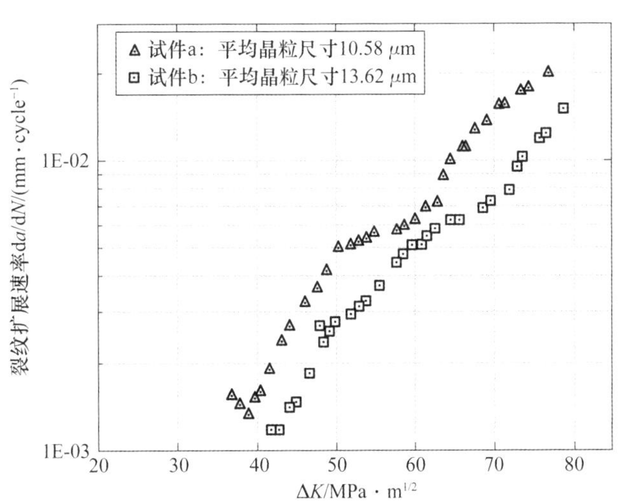

图5.9　不同晶粒尺寸试件蠕变-疲劳裂纹扩展速率图

从前述断口分析可知，该条件下的裂纹扩展模式为沿晶主导，其机理是保载期的氧化现象致使晶界的强度下降，裂纹倾向于沿晶开裂。细晶材料具有更多数量的晶界，在高温载荷下，大量弱化的晶界为沿晶裂纹扩展提供了路径，导致细晶材料具有

更高的蠕变-疲劳裂纹扩展速率。

2. δ相影响分析

图 5.10 是 650 ℃、保载时间 25 s 下试件 c、d 在不同放大倍数下的金相对比图。试件 c 和 d 的 δ 相含量分别为 3.50%和 2.61%，平均晶粒尺寸均在 12 μm 左右。对比图 5.10(a)可以发现，两试件的晶粒分布不均匀，都存在部分未完全再结晶的粗大晶粒。两者的 δ 相均沿晶界处以细小短棒状析出，如图 5.10(b)中箭头所示。试件 c 的蠕变-疲劳裂纹扩展速率大于试件 d，如图 5.11 所示，即在晶粒尺寸相当的情况下，δ 相含量越高，蠕变-疲劳裂纹扩展速率越快。

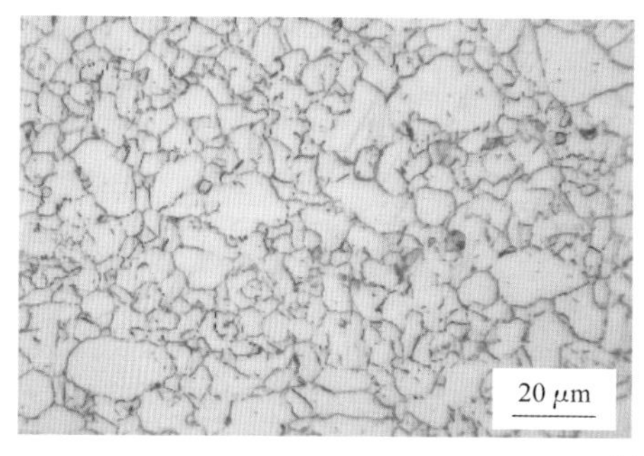

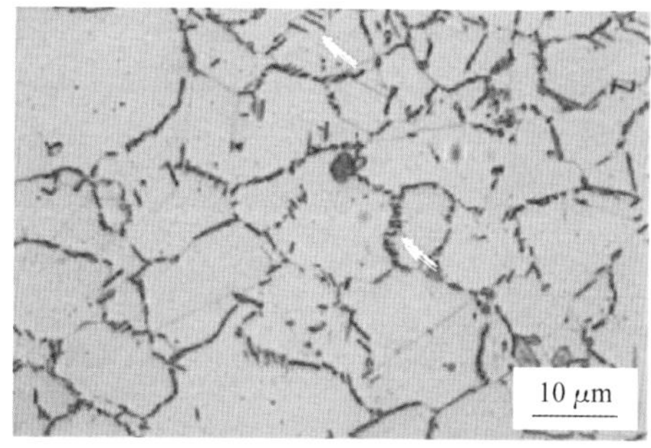

(a) 试件c

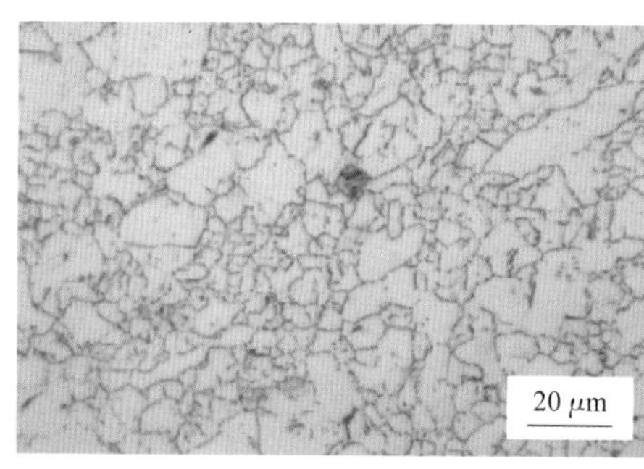

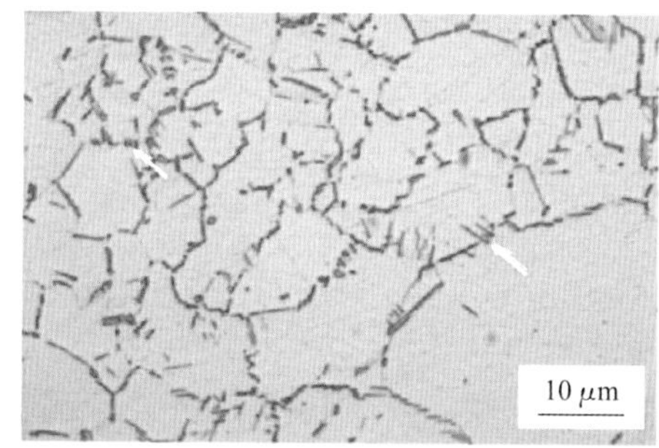

(b) 试件d

图 5.10 材料断口金相照片

由于 δ 相与基体间的界面为非共格相界，其强化效果小于与基体呈共格关系的 γ'、γ''相。δ 相含量越高，晶界处的非共格相界就越多。对于沿晶裂纹扩展主导的蠕变-疲劳情况，相界同样会在保载过程中优先氧化，进一步削弱材料对沿晶裂纹扩展的抵抗能力。另外蠕变孔洞更易在弱化的界面处形成，因而析出相 δ 会对蠕变损伤起到促进作用。图 5.12 显示了试件 c 在高放大倍数下的断口 SEM 图片，图上可见明显的沿晶二次裂纹（白色箭头），而晶界边缘呈现锯齿状，锯齿长度方向尺寸与金相下观察到的 δ 相尺寸相当，约为 2 μm，可见 δ 相与基体间的界面在裂纹沿晶扩展的过程中也发生了开裂，弱化相界的数量增多，对抵抗蠕变-疲劳裂纹扩展不利。

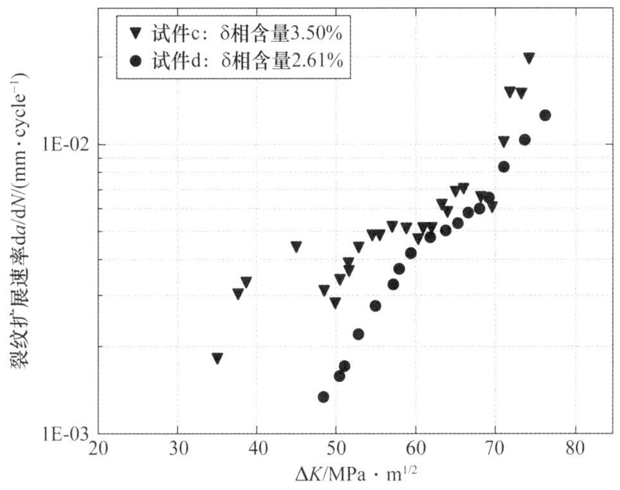

图 5.11　不同 δ 相含量试件蠕变-疲劳裂纹扩展速率图

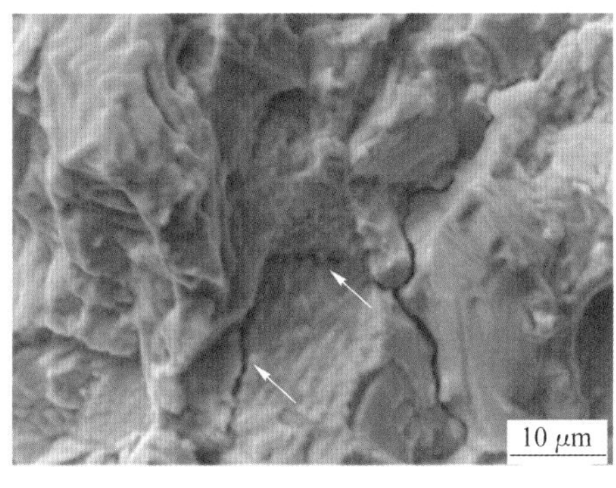

图 5.12　试件 c 断口 SEM 照片(放大倍数 6 000X)

5.3　蠕变-疲劳长裂纹扩展模型及其应用

为了描述蠕变-疲劳载荷下的裂纹扩展行为,国内外研究人员相继提出多种蠕变-疲劳裂纹扩展模型,本节主要介绍唯像模型和损伤力学模型。

5.3.1　唯像模型

1. 模型介绍

蠕变-疲劳裂纹扩展唯像模型可以分为两类,第一类是二项式模型[2,3],即分别对疲劳和蠕变损伤进行量化,并以线性叠加的方式结合,但该类模型未考虑交互作用,具有一定的局限性。第二类是三项式模型,即引入交互项对二项式模型进行补充。本节首先介绍疲劳损伤、蠕变损伤求解方法，然后针对蠕变-疲劳交互损伤介绍三类典型的建模方法。

对于疲劳损伤分量，采用 Paris 模型（公式(4.4)）进行描述，开展 $t_h=0$ s 纯疲劳裂纹扩展数据进行拟合。

对于蠕变损伤分量，采用类似 Paris 模型的指数形式，以最大应力强度因子 K_{max} 进行描述[4]，表示为

$$\left(\frac{da}{dt}\right)_{creep}=A\left(K_{max}\right)^{m} \tag{5.1}$$

式中，t 为时间，A 和 m 为材料常数。式(5.1)中 da/dt 反映蠕变-疲劳裂纹扩展中纯保载阶段的蠕变损伤，其与保载时间的乘积即为单个循环中的蠕变损伤分量。为获取蠕变相关的材料参数，需要针对保载阶段的裂纹扩展情况进行分析。

将蠕变-疲劳载荷所造成的损伤分为 3 个部分，模型如式(5.2)所示，分别量化疲劳损伤、蠕变损伤和蠕变-疲劳交互损伤。

$$\left(\frac{da}{dN}\right)_{creep\text{-}fatigue}=\left(\frac{da}{dN}\right)_{fatigue}+\left(\frac{da}{dN}\right)_{creep}+\left(\frac{da}{dN}\right)_{interaction} \tag{5.2}$$

Byre 等人[4]建立了蠕变-疲劳交互损伤模型，表示为

$$\left(\frac{da}{dN}\right)_{interaction}=A\left(K_{max}\right)^{m}\cdot t_h\left[\frac{1-R^{m+1}}{1-R}\frac{1}{f_0}(m+1)\right] \tag{5.3}$$

式中，f_0 为疲劳加载频率，t_h 为蠕变保载时间，R 为应力比。

Liu 等人[5]提出另一种时变损伤分析表达式，表示为

$$\left(\frac{da}{dN}\right)_{interaction}=A\left(K_{max}\right)^{m}\cdot t_h\beta\exp\left[-\frac{1}{2}\left(\ln\frac{t_h}{t_{inc}}\right)^{2}\right] \tag{5.4}$$

其中，β 是反映交互作用程度的材料参数；t_{inc} 为特征时间，表征蠕变-疲劳交互作用效应最显著的保载时间。

Grover 等人[6]提出蠕变-疲劳裂纹扩展的主导因素取决于裂纹尖端处循环塑性区和蠕变区的相对大小。在保载时间极短或极长时，裂纹扩展分别由纯疲劳或纯蠕变主导。只有当循环塑性区大小和蠕变区大小在数值上相当时，才可认为存在蠕变-疲劳相互作用。Yang 等人[7]利用高斯函数形式构建蠕变-疲劳交互项如式(5.5)所示，以量化加载频率及应力强度因子对蠕变-疲劳裂纹扩展的影响规律。

$$\left(\frac{da}{dN}\right)_{interaction}=D\left(\Delta K\right)^{q}\cdot\exp\left[-p_1\left(\ln f+p_2\Delta K+p_3\right)^{2}\right] \tag{5.5}$$

式中，f 是蠕变-疲劳总循环时间的频率，其中蠕变-疲劳总循环时间包括加载、卸载和保载三个阶段；D、q、p_1、p_2、p_3 均为材料参数，利用蠕变-疲劳交互损伤分量数据进行拟合。

此外还有众多类似的蠕变-疲劳裂纹扩展模型[8-10]，在此不逐一叙述。

2. 数值模拟结果与分析

为验证模型的有效性，以 700 ℃条件下 FGH96 高温合金蠕变-疲劳试验结果为例，进行参数拟合及验证。

(1) 疲劳损伤分量参数拟合

利用 $t_h=0$ s(对应纯疲劳)裂纹扩展数据拟合疲劳损伤分量参数(见式(4.4))，结果如图 5.13 和表 5.2 所示。

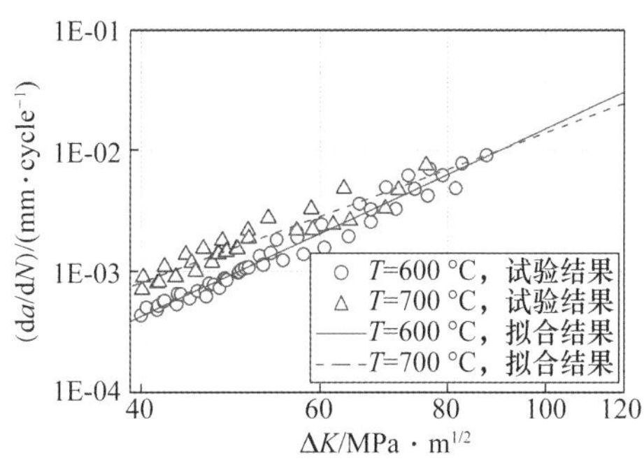

图 5.13　疲劳裂纹扩展拟合结果

表 5.2 疲劳损伤分量参数拟合结果

温度/℃	C	n
600	2.448e-10	3.894
700	8.702e-9	3.102

(2) 蠕变损伤分量参数拟合

采用 $t_h=10$ s、90 s、300 s 的试验数据拟合蠕变损伤分量参数(见式(5.2))，拟合结果如图 5.14 所示，各保载时间下的蠕变裂纹扩展速率在同一条直线上，表明基于保载阶段数据量化蠕变损伤分量的方法是合理的。拟合参数见表 5.4。

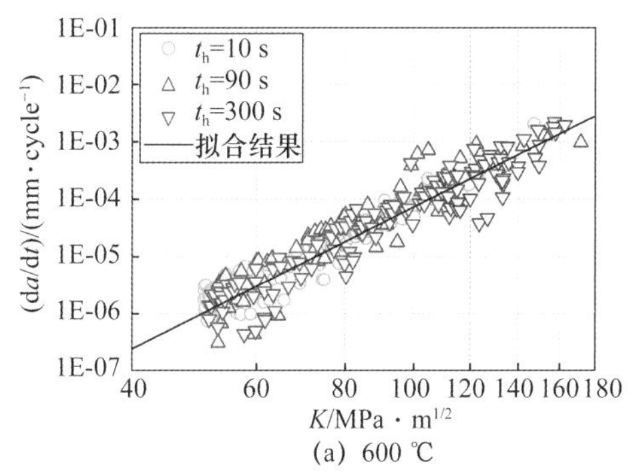

(a) 600 ℃

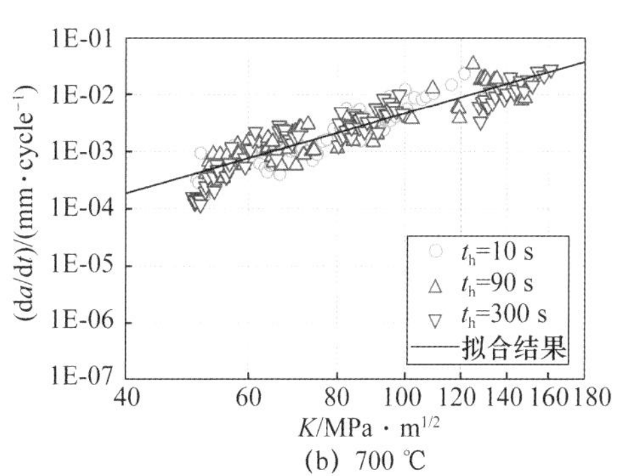

(b) 700 ℃

图 5.14 蠕变裂纹扩展拟合结果

表 5.3 蠕变损伤分量参数拟合结果

温度/℃	A	m
600	2.478e-17	6.236
700	3.936e-10	3.537

(3) 蠕变-疲劳交互损伤参数拟合

① 基于 Byre 提出的模型(见式(5.3))进行参数拟合,疲劳加载频率 $f_0=0.33$ Hz,拟合结果如图 5.15 所示。

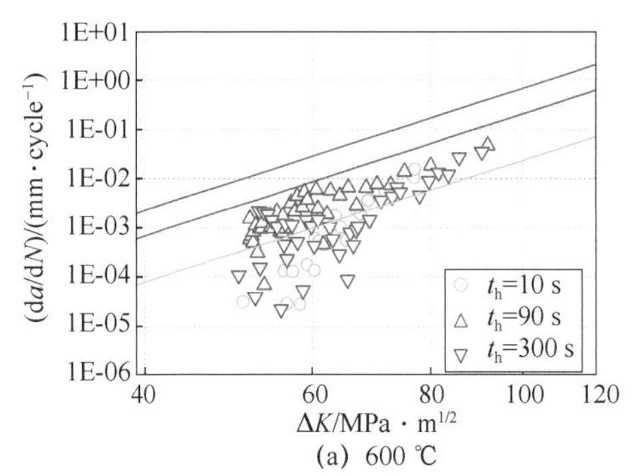

(a) 600 ℃

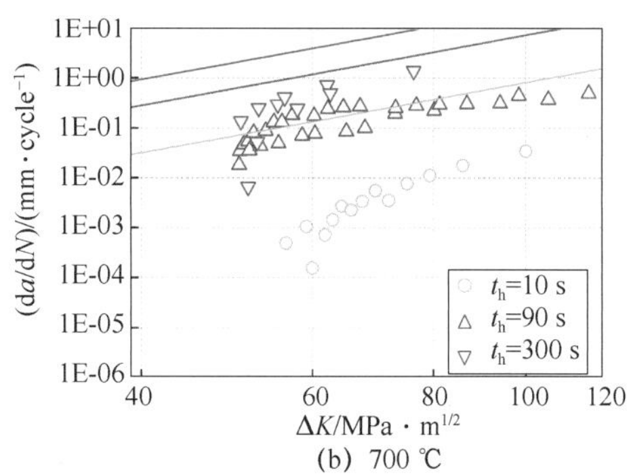

(b) 700 ℃

图 5.15 Byre 模型中蠕变-疲劳交互损伤参数拟合结果

② 基于 Liu 提出的模型(见式(5.4))进行参数拟合,拟合结果如图 5.16 所示,拟合参数如表 5.4 所列。

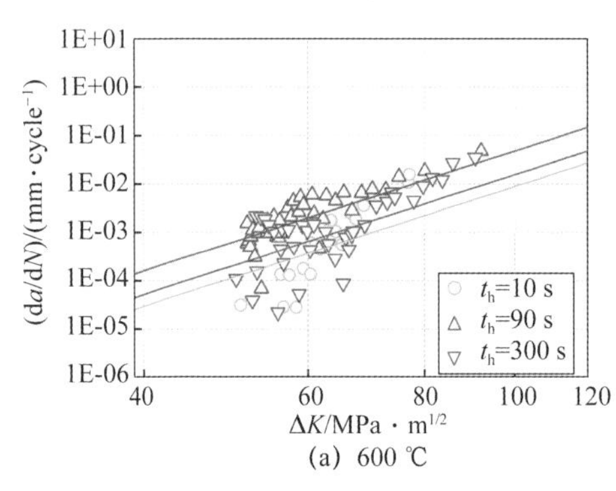

(a) 600 ℃

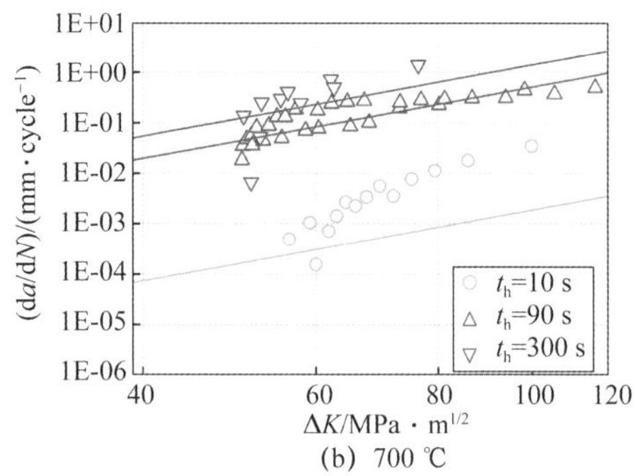

(b) 700 ℃

图 5.16 Liu 模型中蠕变-疲劳交互损伤参数拟合结果

表 5.4 Liu 模型蠕变-疲劳交互损伤参数拟合结果

温度/℃	β	t_{inc}/s
600	12.692	23.98
700	3.936e-10	3.537

③ 基于 Yang 提出的模型((见式 5.5))进行参数拟合,拟合结果如图 5.17 所示,拟合参数如表 5.5 所列。

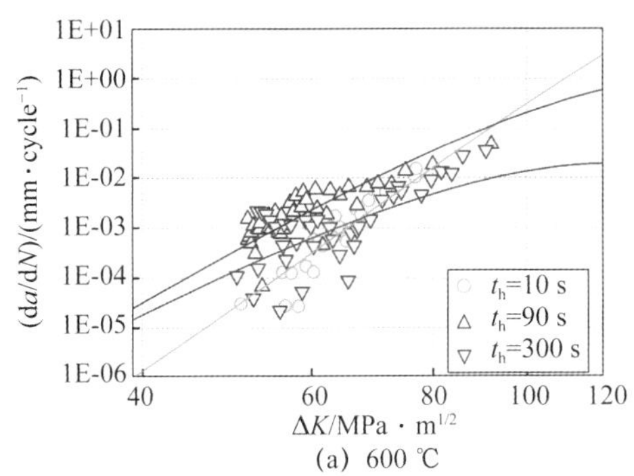

(a) 600 ℃

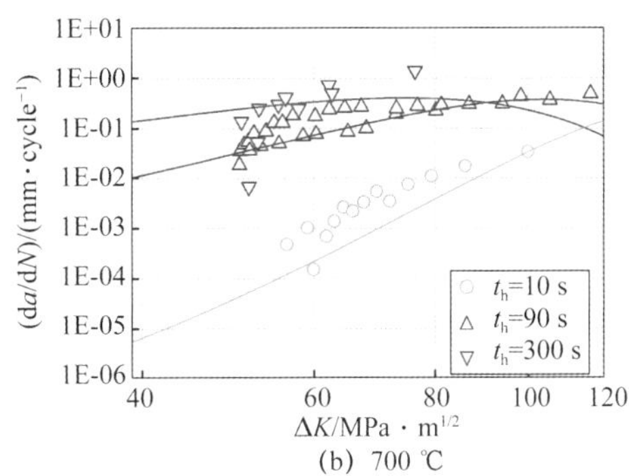

(b) 700 ℃

图 5.17 Yang 模型中蠕变-疲劳交互损伤参数拟合结果

表 5.5 Yang 模型蠕变-疲劳交互损伤参数拟合结果

温度/℃	D	q	p_1	p_2	p_3
600	5.570e-22	10.473	0.664	−0.023	5.687
700	0.927	−0.192	0.522	−0.041	8.830

④ 模型对比分析。

三种模型的效果采用相关系数(R)和均方根误差(root mean square error, RMSE)进行评价,评价结果如图 5.18 所示。可以看出,600 ℃下三种模型均能较好地表征蠕变、疲劳交互损伤;但在 700 ℃下 Byrne 模型的 RMSE 高于其他两个模型,这说明 Byrne 模型的误差偏大。

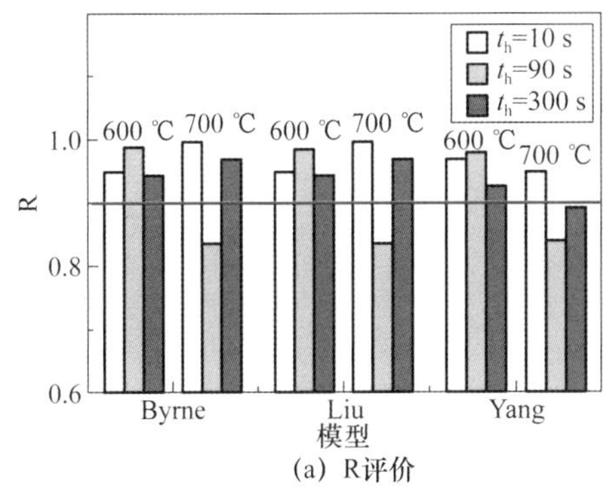

(a) R评价

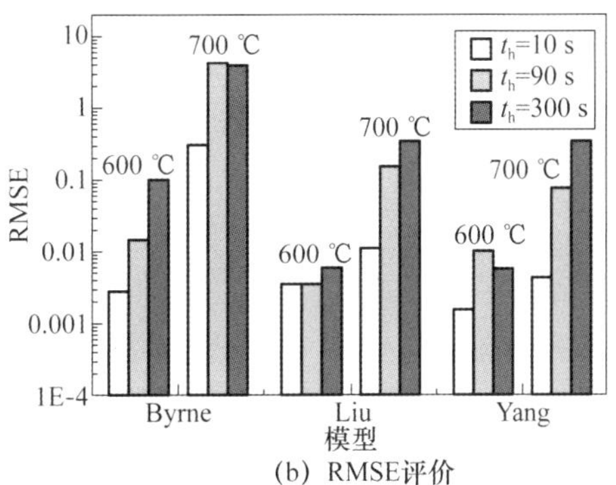

(b) RMSE评价

图 5.18 不同模型拟合结果对比

综合对比图 5.18 中不同模型的误差,可以发现:Byrne 模型的均方根误差整体偏大，最高可达其他两个模型的20倍以上；Yang模型在700 ℃时对于两组条件拟合的相关系数均低于0.9；而Liu模型在相关系数和均方根误差两个指标上均具优势，说明对蠕变-疲劳交互损伤的表征效果最佳。

5.3.2 损伤力学模型

蠕变-疲劳裂纹扩展过程也可看作是损伤在结构中累积、演化的过程，可以通过损伤变量来描述蠕变、疲劳损伤。

根据线性累积损伤理论，可以将给定载荷条件下的疲劳损伤 d_f，以及蠕变损伤变量 d_c 表示为

$$d_f = N/N_f, \quad d_c = t/t_R \tag{5.6}$$

式中，N_f 为当前载荷下的疲劳寿命，N 为计算损伤时经历的疲劳循环数；t_R 为当前载荷下的蠕变寿命，t 为计算损伤时的蠕变时间。当损伤变量为0时表示无损伤状态，当损伤变量累积到1时，则认为发生疲劳、蠕变失效。但因大多数的损伤并非按单位循环或单位时间线性增长，在线性累积损伤理论的基础上，国内外学者研究了最大应力、塑性应变等参量对损伤的影响，提出了多种损伤力学模型。

在蠕变损伤方面，基于大量的单轴蠕变试验数据，建立了蠕变寿命与应力的指数型关系式[8]

$$t_R = k\sigma^{-\alpha} \tag{5.7}$$

式中，t_R 为应力 σ 下蠕变寿命，k 为材料参数，α 为与温度相关的系数。蠕变损伤表示为

$$d_c = \int \frac{1}{k\sigma^{-\alpha}} \mathrm{d}t \tag{5.8}$$

在疲劳损伤方面，Ostergren[9]基于能量耗竭理论提出了如下模型

$$d_f = \frac{1}{a\ (\sigma_{max}\Delta\varepsilon_p)^{-b}} \tag{5.9}$$

式中，$\sigma_{max}\Delta\varepsilon_p$ 被定义为净拉伸迟滞能，σ_{max} 为一个疲劳循环中的最大应力，$\Delta\varepsilon_p$ 为该疲劳循环中的塑性应变范围，a、b 为与材料和温度有关的常数。

上述给出的蠕变、疲劳损伤模型形式简洁，将蠕变-疲劳损伤模型与有限元分析相结合，可实现考虑结构特征及微观组织影响的裂纹扩展分析，通过数值模拟获取在给定循环数下损伤分布规律，将达到损伤上限的单元视为断裂部分，随之确定裂纹尖端。图5.19所示为考虑晶体组织影响的裂纹扩展分析，图5.20所示为不同保载时间下蠕变-疲劳裂纹扩展模拟结果，可以看出，裂纹扩展速率预测结果与试验结果相比误差在18%以内。

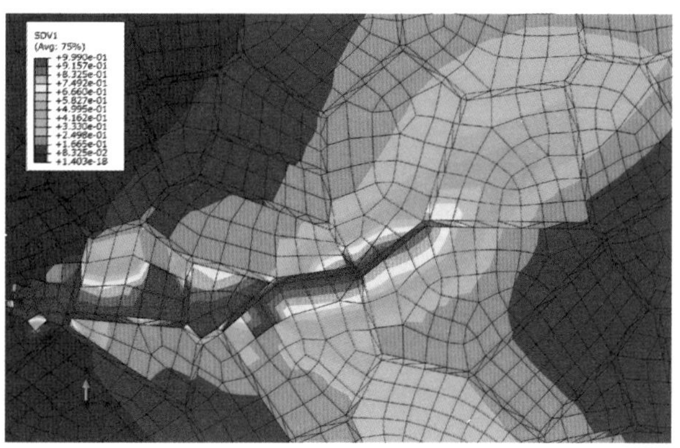

图 5.19　加载过程中的损伤云图

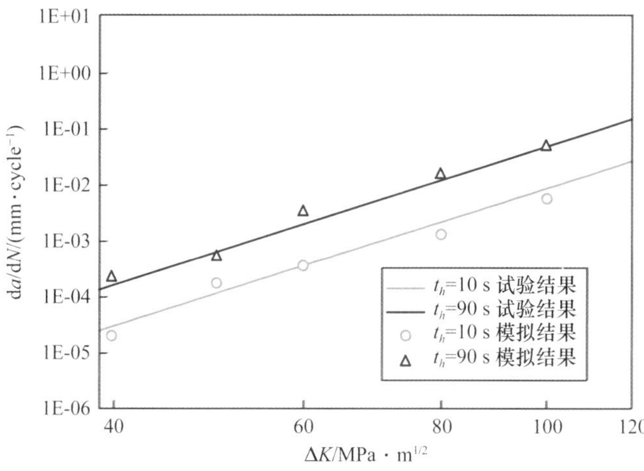

图 5.20　蠕变-疲劳裂纹扩展数值模拟结果与试验对比

5.4　本章小结

本章主要介绍了镍基高温合金材料蠕变-疲劳裂纹扩展机理及寿命模型，首先开展了由涡轮盘取样的蠕变-疲劳长裂纹扩展标准件试验，结合断口分析阐明了不同保载时间下裂纹扩展行为的差异。而后着眼于晶粒尺寸与强化相，定量表征其对蠕变-疲劳裂纹扩展行为的影响规律。最后，介绍典型的蠕变-疲劳裂纹扩展模型，并进行了不同模型的预测精度对比分析。

参考文献

[1] 国家质量技术监督局. 金属材料疲劳裂纹扩展速率试验方法:GB/T 6398—2000[S]. 北京:中国标准出版社, 2000.

[2] SAXENA A, WILLIAMS R S, SHIH T T. A model for representing and predicting the influence of hold time on fatigue crack growth behavior at elevated temperature[J]. ASTM Special Technical Publication, 1981: 86-99.

[3] MAGNUS H, TOMAS M, DAVID G. High temperature fatigue crack growth in Alloy 718-Effect of tensile hold times[J]. Procedia Engineering, 2011, 10: 147-152.

[4] BYRNE J, HALL R, GRABOWSKI J. Elevated temperature fatigue crack growth under dwell conditions in Waspaloy[J]. International Journal of Fatigue, 1997, 19: 359-367.

[5] ZHANG Y, HUANG K, LIU H, et al. A concise and novel binomial model for creep-fatigue crack growth behaviors[J]. International Journal of Fatigue, 2020, 135: 105557.1-12.

[6] GROVER P S, SAXENA A. Modelling the effect of creep-fatigue interaction on crack growth[J]. Fatigue and Fracture of Engineering Materials and Structures, 1999, 22(2): 111-122.

[7] YANG H, BAO R, ZHANG J. An interaction crack growth model for creep-brittle superalloys with high temperature dwell time[J]. Engineering Fracture Mechanics, 2014, 124-125: 112-120.

[8] TAKAHASHI Y, DOGAN B, GANDY D. Systematic evaluation of creep-fatigue life prediction methods for various alloys[J]. Journal of Pressure Vessel Technology, 2013, 135(6): 061204.

[9] OSTERGREN W J. A damage function and associated failure equations for predicting hold time and frequency effects in elevated temperature, low cycle fatigue[J]. Journal of Testing and Evaluation, 1976, 4(5): 327-339.

第6章
高低周复合疲劳长裂纹扩展机理及模型

涡轮盘榫槽结构同时承受叶片离心载荷、热载荷等构成的低周载荷和由叶片横向振动引起的高周载荷，服役时存在高低周复合疲劳损伤。例如，多型在役航空发动机曾出现涡轮榫槽裂纹故障[1-3]，严重威胁飞机的飞行安全。欧洲发动机涡轮结构复合疲劳研究计划(PREMECCY)[4]指出，涡轮榫槽高低周复合疲劳失效占总故障的40%以上。

本章针对高温下高低周复合疲劳长裂纹扩展问题。首先，介绍高低周复合疲劳试验技术，重点解决高低周载荷互不干涉施加、高温裂纹监测等难题；然后，通过开展某型发动机涡轮盘榫槽材料高低周载荷下的裂纹扩展试验，揭示高低周复合疲劳长裂纹扩展机理；最后，提出高周损伤与裂纹闭合的平衡机制，建立高低周复合疲劳长裂纹扩展预测模型，为涡轮盘损伤容限分析提供模型和数据支撑。

6.1 高低周复合疲劳长裂纹扩展试验测试方法

本节针对低周载荷导致的试验件-夹具系统刚性增加、高周载荷难以实现有效激振的技术难题，依次介绍高低周复合疲劳试验系统、试验件设计及载荷。

6.1.1 试验系统

为模拟涡轮榫槽所受离心载荷及振动载荷，高低周复合疲劳试验多采用双轴相互垂直的加载方式，沿平行于试验件长度方向施加低频拉伸载荷，沿垂直于试验件长度方向施加高频弯曲载荷。然而，施加低周载荷后的试验系统通常刚性比较大，而高周载荷为高频小能量载荷难以有效施加；同时，高温高低周复合疲劳试验需解决夹具高温强度有限、复杂加持结构冷却方案设计难度大等问题。

Powell[5]利用疲劳机施加低周载荷，通过激振器施加与低周载荷垂直的高周载荷，最早实现标准件高低周复合疲劳裂纹扩展试验(见图 6.1)。由于高周载荷幅值

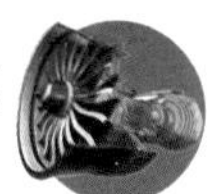

与加载频率取决于试验件及夹具系统刚性，在给定高周载荷幅值下，加载频率难以大范围调节。为保证高低周复合疲劳载荷循环比（每个低周载荷循环上叠加的高周载荷循环数），Powell 采用延长低周保载时间的方式保证所需的高低周载荷循环比。

图 6.1　Powell 的高低周复合疲劳试验

美国空军研究实验室于 2000 年通过尼龙带降低试验件-夹具系统刚性，实现了风扇真实叶片常温下的高低周复合疲劳试验[6]如图 6.2 所示。在该装置中，低周载荷通过尼龙带传递至叶片，高周载荷通过高频小位移驱动器施加。尼龙带作用相当于柔性连接器，保证了高周载荷与低周载荷的同时施加。然而尼龙带方法具有其自身的限制：首先，尼龙带不能在高温下工作，因而无法开展高温疲劳试验；其次，尼龙带强度有限，不能传递大的机械载荷，因此试验低周载荷不能过大，难以模拟大载荷叶片的真实承载。

2006 年欧盟提出了 PREMECCY 计划[7]，旨在研究低周疲劳对高周疲劳强度的影响，发展针对涡轮叶片的先进高低周复合疲劳处理方法，以提高涡轮部件可靠性。该计划认为，结构振动特性受几何形状影响，因此标准试验件不能体现真实叶片的振动特性，需采用模拟涡轮叶片结构特点的模拟件开展高低周复合疲劳试验研究。该计划通过设计柔性夹具（如图 6.3 中装夹系统中上下两端的工字形夹具）实现低周载荷与高周载荷的同时施加。然而，随着低周载荷的增加，柔性夹具的刚性将迅速增大。因此，此方案仅适用于低周载荷较小的高低周复合疲劳试验。

上述高低周复合疲劳加载方案在涡轮榫接上存在各自不同的应用场景，本研究团队开展了一种实用的高温高低周复合疲劳加载方法研究。针对低周载荷作用下涡轮榫接结构刚度显著增加、高周载荷难以实现有效激振的技术难题，提出了高、低周载荷互不干涉加载方法，以保证低周载荷和高周载荷准确、可靠施加，如图 6.4 所示。

具体而言，该方法首先设计了多关节传力机构，降低高周载荷加载方向弯曲刚性（1个数量级），各关节采用滚珠轴承支撑传力，降低高周载荷加载阻力；其次，结合传力结构振动响应分析与关键尺寸优化，提出榫接接触部位振动响应控制理论模型；最后，设计了分半式叶片摩擦夹持装置，有效避免了试验件欠约束夹持导致的载荷偏差。该方法解决了高、低周载荷异轴加载的干涉问题，100 kN 低周载荷作用下，最大叶尖振幅可达 2 mm。

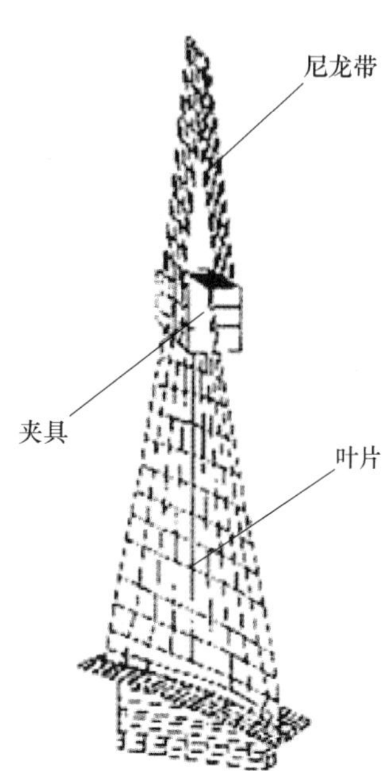

图 6.2　美国空军实验室的复合疲劳试验方案

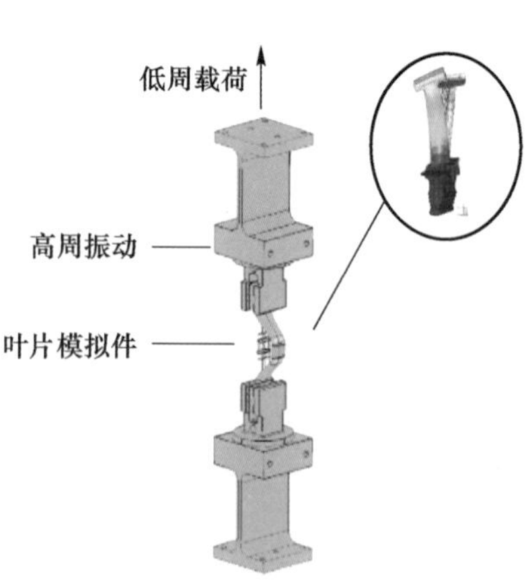

图 6.3　PREMECCY 计划的复合疲劳试验方案[7]

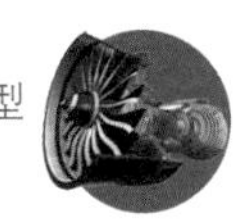

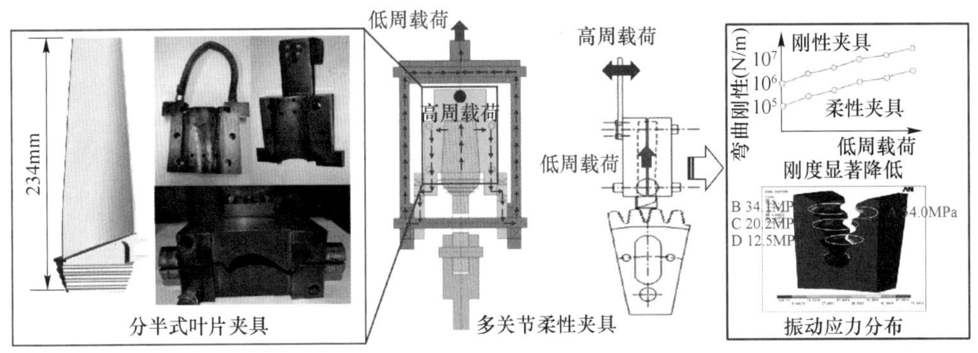

图 6.4　高温高低周复合疲劳加载方法

为进一步提高对小尺寸涡轮榫接结构的加载能力，针对小尺寸榫接结构叶片尺寸小，难夹持、易失稳特点，设计了小尺寸涡轮榫接加载装置，如图 6.5 所示。该装置引入滚轮设计降低高周加载方向的弯曲刚性；设计了具有双楔形面的假叶片构型及配套夹具，解决了小尺寸涡轮叶片难以摩擦夹持的问题；采用独创的圆弧滑轨设计，具有自定心、防失稳的效果，该装置可实现横向弯矩的灵活调节，高周加载误差在±10%以内。通过适应性设计，可兼顾标准件、模拟件、真实构件多层次高低周复合疲劳试验能力。

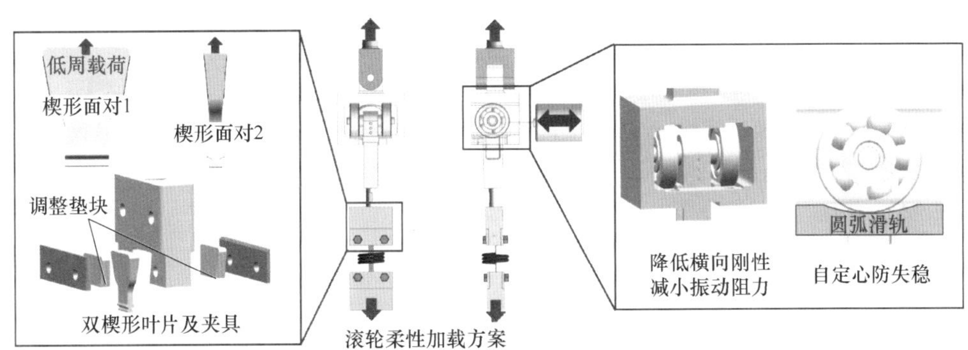

图 6.5　小尺寸涡轮榫接加载装置

在完成加载方案的设计和夹具设计后，搭建高低周复合疲劳试验系统，包括：低周载荷子系统、高周载荷子系统、高温子系统、裂纹监测子系统，如图 6.6 所示。

低周加载子系统包括加载系统及控制电脑。低周载荷通过疲劳机连接夹具施加载荷，集成力传感器实现载荷稳定控制，监控电脑可以观察载荷的实时历程。

高周加载子系统包括位移传感器、信号发生器、功率放大器、激振器。位移传感器监测实时高周振幅，信号发生器产生一定频率的正弦波信号，通过功率放大器放大后传至激振器，激振器通过激振杆与夹具的激振点相连，与位移传感器形成闭环控制，完成高周载荷的施加。

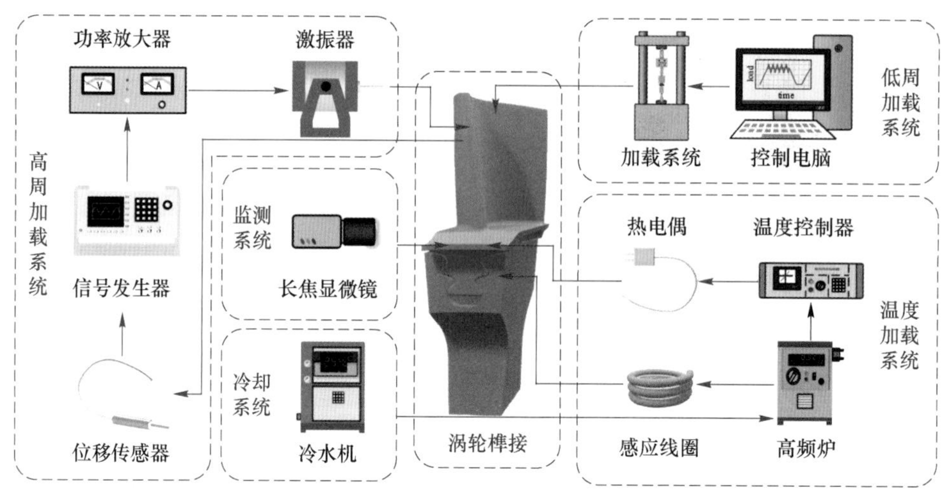

图 6.6　涡轮榫接高低周复合疲劳试验系统

温度加载子系统包括高频炉、感应线圈、热电偶及温度控制器。感应线圈与高频炉相连，利用电磁感应加热原理加热试验件，为使试验件温度场均匀，除高频炉自带测温反馈外，通过添加热电偶，对试验件进行多点测温，保证了试验件温度场的均匀稳定。

裂纹监测子系统采用长焦显微镜实时监测裂纹长度。长焦显微镜由镜头、电移台、数显表组成。镜头安装于电移台，电移台可以进行三方向移动，从而使显微镜追踪裂尖。同时位置数显表与电移台相连，显示电移台的移动距离，从而确定裂纹增量。

6.1.2　试验件设计及载荷

本节介绍两种试验件，平板和方形两类试验件，并给出其应力强度因子的计算式，以研究不同应力状态下的高低周复合疲劳裂纹扩展规律。

1. 平板试验件

平板试验件如图 6.7 所示，承受拉伸载荷时应力强度因子满足[8]

$$K_{\mathrm{I}}=F\sigma\sqrt{\pi a} \tag{6.1}$$

式中，a 为裂纹长度(mm)；σ 为远离裂纹处的均匀拉伸应力(MPa)。几何形状因子 F 由经验公式给出，表示为

$$F=1.12-0.231\left(\frac{a}{b}\right)+10.55\left(\frac{a}{b}\right)^2-21.72\left(\frac{a}{b}\right)^3+30.39\left(\frac{a}{b}\right)^4 \tag{6.2}$$

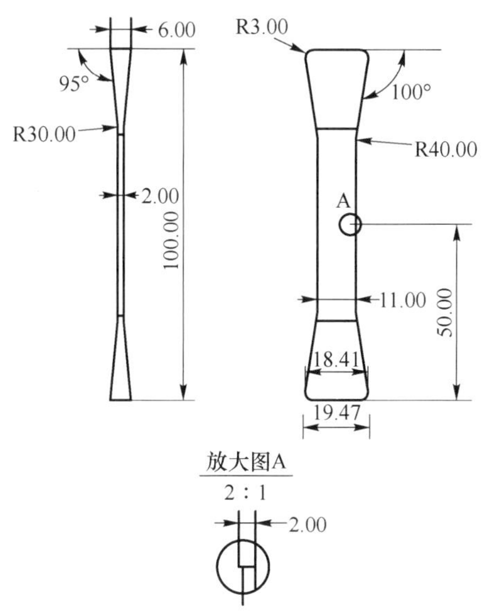

图 6.7　平板高低周复合疲劳试验件(单位:mm)

2. 方形试验件

方形试验件(见图 6.8)在试验段预制 45°×45°角裂纹[9,10]，角裂纹结构同时承受拉伸与弯曲载荷时，其裂尖应力强度因子满足

$$K_{\text{total}}=(s_t+H_c s_b)\sqrt{\pi\frac{a}{Q}}F_c\left(\frac{a}{c},\frac{a}{t},\frac{c}{b},\phi\right)\tag{6.3}$$

式中，a、b、c、t、ϕ 含义如图 6.9 所示，b 为截面宽度(mm)，t 为截面厚度(mm)，a 为厚度方向裂纹长度(mm)，c 为宽度方向裂纹长度(mm)，角度 ϕ 用于定义角裂纹前缘的具体位置。s_t 为裂纹远处拉伸应力(MPa)；s_b 为裂纹远处剪应力(MPa)。对于方形试验件，当各参数满足

$$0.2\leqslant\frac{a}{c}\leqslant 1,\quad \frac{a}{t}<1,\quad 0\leqslant\phi\leqslant\frac{\pi}{2}\tag{6.4}$$

时，F_c、H_c、Q 可分别由式(6.5)、式(6.14)、式(6.20)确定[11]。

$$F_c=\left[M_1+M_2\left(\frac{a}{t}\right)^2+M_3\left(\frac{a}{t}\right)^4\right]g_1 g_2 f_\phi f_w\tag{6.5}$$

式中，M_1、M_2、M_3、g_1、g_2、f_ϕ、f_w 参数分别通过式(6.6)～式(6.12)确定。

$$M_1=1.08-0.03\left(\frac{a}{c}\right)\tag{6.6}$$

$$M_2=-0.44+\frac{1.06}{0.3+\frac{a}{c}}\tag{6.7}$$

$$M_3=-0.5+0.25\left(\frac{a}{c}\right)+14.8\left(1-\frac{a}{c}\right)^{15}\tag{6.8}$$

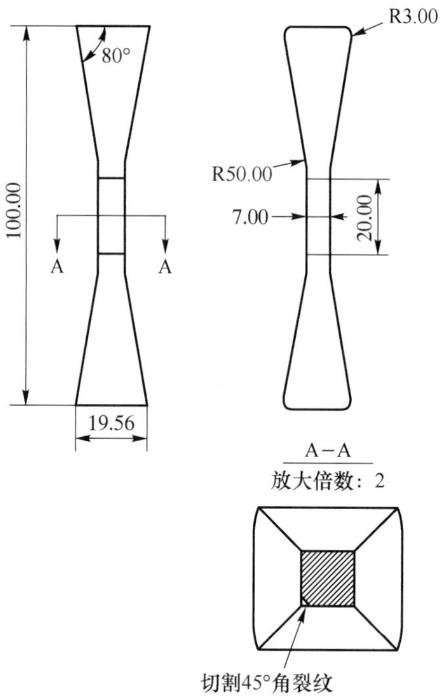

图 6.8　方形截面高低周复合疲劳试验件(单位:mm)

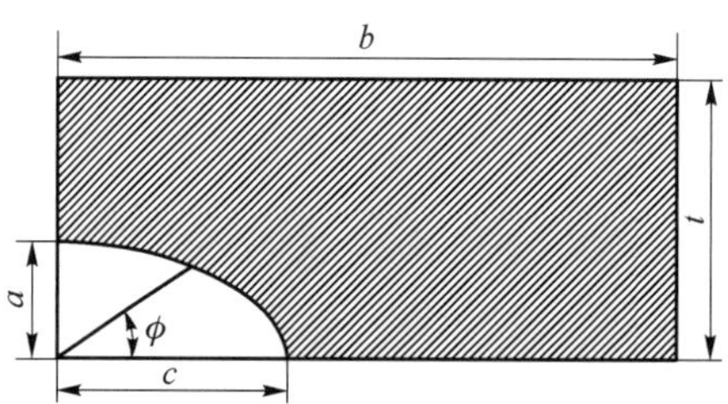

图 6.9　截面角裂纹示意图

$$g_1=1+\left[0.08+0.4\left(\frac{a}{t}\right)^2\right](1-\sin\phi)^3 \tag{6.9}$$

$$g_2=1+\left[0.08+0.15\left(\frac{a}{t}\right)^2\right](1-\cos\phi)^3 \tag{6.10}$$

$$f_\phi=\left[\left(\frac{a}{c}\right)^2\cos^2\phi+\sin^2\phi\right]^{0.25} \tag{6.11}$$

$$f_w=1-0.2\lambda+9.4\lambda^2-19.4\lambda^3+27.1\lambda^4 \tag{6.12}$$

式(6.12)中 λ 由式(6.13)确定。

$$\lambda=\frac{c}{b}\sqrt{\frac{a}{t}} \tag{6.13}$$

$$H_c=H_1+(H_2-H_1)\sin^p\phi \tag{6.14}$$

式(6.14)中，H_1、H_2、p、G_{21}、G_{22}参数分别通过式(6.15)～式(6.19)确定。

$$H_1=1-0.34\frac{a}{t}-0.11\frac{a}{c}\left(\frac{a}{t}\right) \tag{6.15}$$

$$H_2=1+G_{21}\left(\frac{a}{t}\right)+G_{22}\left(\frac{a}{t}\right)^2 \tag{6.16}$$

$$p=0.2+\frac{a}{c}+0.6\frac{a}{t} \tag{6.17}$$

$$G_{21}=-1.22-0.12\frac{a}{c} \tag{6.18}$$

$$G_{22}=0.64-1.05\left(\frac{a}{c}\right)^{0.75}+0.47\left(\frac{a}{c}\right)^{1.5} \tag{6.19}$$

$$Q=1+1.464\left(\frac{a}{c}\right)^{1.65} \tag{6.20}$$

采用上述方法，可以实现两种高低周复合疲劳裂纹扩展试验件的设计。值得注意的是，平板试验件接近于平面应力状态，可作为标准件进行研究，而方形试验件接近于平面应变状态，与真实榫接的应力状态类似，可以作为榫接结构的模拟件开展裂纹扩展的研究。

6.2　高低周复合疲劳长裂纹扩展机理研究

本节利用 6.1 节所建立的试验系统和试验件，开展不同高周振幅、不同循环比的高低周复合疲劳裂纹扩展试验，揭示了不同载荷条件下高低周复合疲劳裂纹扩展规律。进一步地，通过平板试验件与方形试验件的高低周复合疲劳裂纹扩展试验，对比研究应力状态对高低周复合疲劳裂纹扩展的影响规律。

6.2.1　保载时间对裂纹扩展速率的影响分析

高温高低周复合疲劳试验中高低周载荷可分解为低周疲劳载荷、高周疲劳载荷和高温保载。高温高低周复合疲劳裂纹扩展的载荷历程相比较蠕变-疲劳区别在于保载时载荷不再保持恒定，而是存在一个幅值的高周振动，载荷形式相比蠕变-疲劳更为复杂，如图 6.10 所示。

开展 FGH96 材料平板试验件在不同保载时间下裂纹扩展试验。保载时间 10 s、30 s 的裂纹扩展规律如图 6.11、图 6.12 所示，可以看出，各个循环数下裂纹长度差异较小，最小误差小于 10%，裂纹扩展速率基本一致，因此可以认为低于 30 s 时保载时间的改变对裂纹扩展无明显影响。

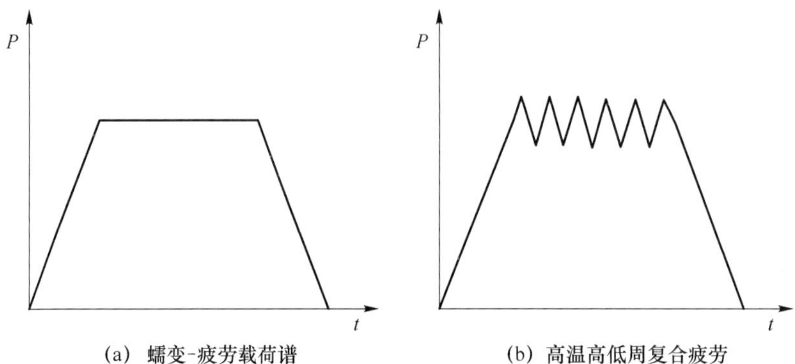

(a) 蠕变-疲劳载荷谱　　(b) 高温高低周复合疲劳

图 6.10　疲劳载荷谱

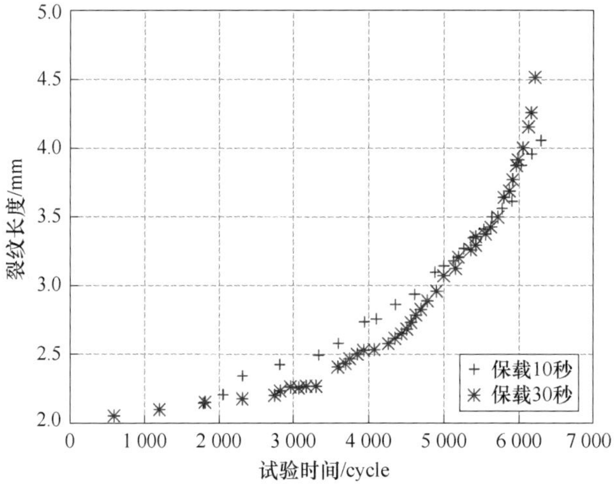

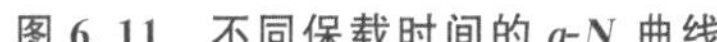
图 6.11　不同保载时间的 *a-N* 曲线

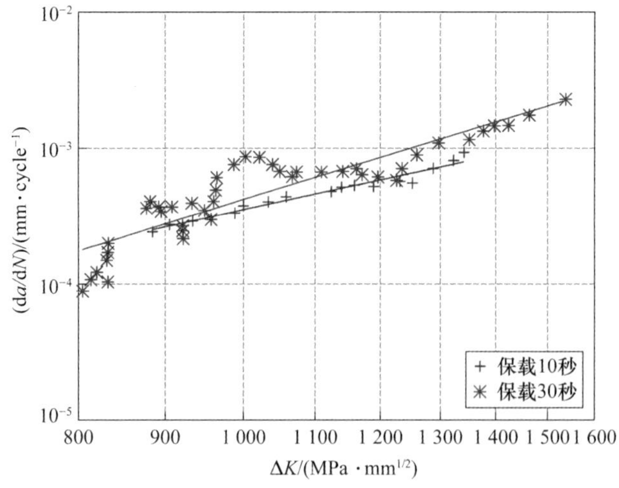

图 6.12　不同保载时间下的裂纹扩展特性曲线

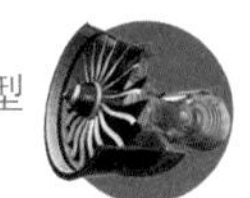

6.2.2　振动幅值对裂纹扩展速率的影响分析

当高周载荷振幅较小时，裂纹扩展主要受低周载荷的影响；当高周载荷振幅较大时，裂纹扩展主要受高周载荷的影响。为分析高低周载荷幅值比对裂纹扩展速率的影响，开展 550 ℃不同振幅比下平板试验件高低周复合疲劳裂纹扩展试验。在低周载荷相同情况下，高周载荷在激振点处振幅分别为 0.6 mm、1.5 mm，高低周复合疲劳裂纹扩展试验结果如图 6.13、图 6.14 所示。

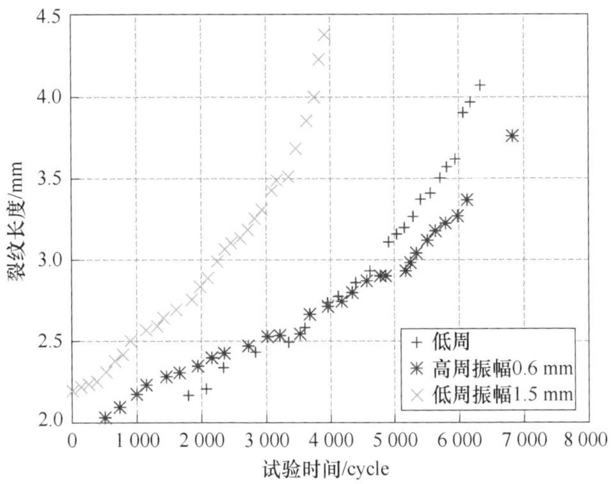

图 6.13　不同振幅比的高低周复合疲劳试验的 *a-N* 曲线

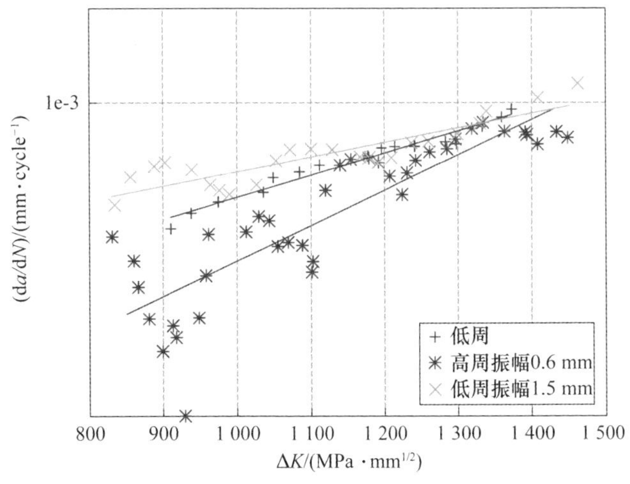

图 6.14　不同振幅比的高低周复合疲劳裂纹扩展行为

从图 6.13 可以看出，当高周振幅较小时，高低周复合疲劳寿命反而比纯低周疲劳寿命长，这是由于高周载荷的叠加，导致低周载荷起始时对应的残余裂尖张开位移增加，进而使低周载荷的张开应力强度因子增大，降低了低周载荷有效应力强度因子，低周载荷对应的裂纹扩展速率减小。而此时，高周载荷由于振幅较小，相应的应力强度因子幅值小于裂纹扩展门槛值，高周载荷下裂纹不扩展。当高周振幅较大时，高低周复合疲劳寿命较纯低周疲劳寿命大大缩短。这是由于此时高周载荷对应的应力强度因子幅值已经大于裂纹扩展门槛值[13-15]，高周载荷下裂纹得以扩展，而且每个低周载荷上叠加成百上千个高周载荷，因此裂纹在高低周载荷的共同作用下迅速扩展。试验中裂纹扩展后期，由于高周载荷作用减弱，不同试验的扩展速率趋于一致，这也与文献[16]结论相符。

6.2.3 循环比对裂纹扩展速率的影响分析

为研究循环比（一个低周载荷和叠加其上的 n 个高周载荷的循环数之比 n:1）对高低周复合疲劳裂纹扩展的影响规律的影响规律，开展高低周循环比分别为 600:1 和 1 800:1的平板试验件裂纹扩展试验。对于高周载荷而言，外载激励频率改变，结构响应亦随之改变，而循环比的对比研究中，高周载荷引起结构响应应保持不变，为此，循环比的增加是通过延长低周保载时间实现的。若试验中低周保载时间为10 s，高周载荷激励频率 60 Hz，则每个低周载荷上叠加了 600 个高周载荷；若低周保载时间为 30 s，高周载荷激励频率仍为 60 Hz，则每个低周载荷上叠加了 1 800 个高周载荷。

不同循环比下的高低周复合疲劳试验结果如图 6.15 和图 6.16 所示。可以看出，循环比的增加使裂纹扩展速率迅速增加。循环比的增加即每个高低周载荷谱中的高周载荷数的增加，6.2.2 节中表明此时的高周载荷（振幅为 1.5 mm）对裂纹扩展有明显贡献，每个高低周载荷谱中高周载荷数的增加必然导致裂纹扩展速率增大。

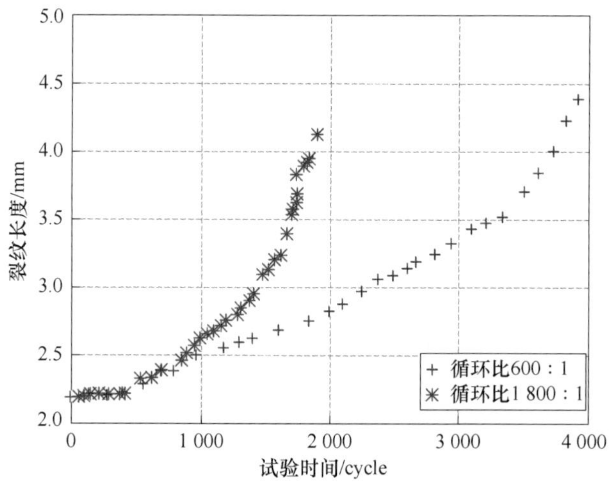

图 6.15 不同循环比的高低周复合疲劳试验 a-N 曲线

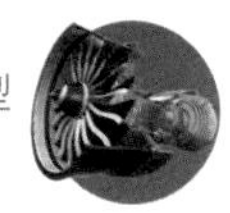

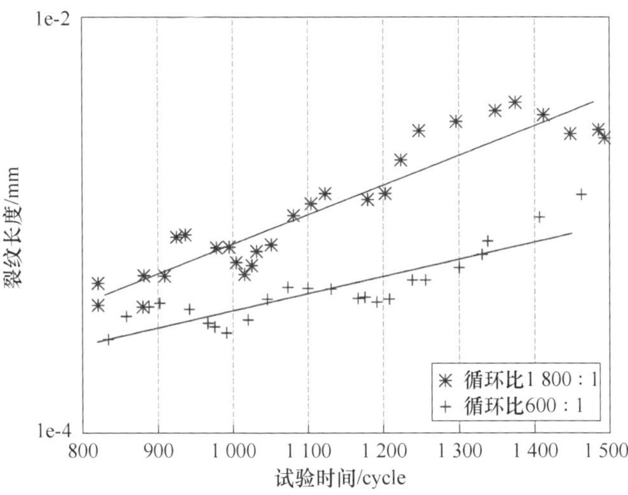

图 6.16　不同循环比的高低周复合疲劳裂纹扩展规律

6.2.4　应力状态对裂纹扩展速率的影响分析

平板试验件为平面应力状态，而涡轮榫接榫槽的裂纹扩展更接近平面应变状态。文献[17]通过试验验证不同应力状态下高低周复合疲劳裂纹扩展规律不同，文献[18]指出由于不同应力状态裂纹闭合水平不同导致裂纹扩展规律不同。为对比不同应力状态下高低周复合疲劳裂纹扩展规律，本节开展带角裂纹的方形试验件（见图 6.8）高低周复合疲劳裂纹扩展试验，试验件裂尖的应力状态接近平面应变状态，与涡轮盘榫槽角裂纹相似。

方形试验件高低周复合疲劳试验的 a-N 曲线如图 6.17 所示，方形试验件与平板试验件高低周复合疲劳裂纹扩展对比如图 6.18 所示。从图 6.18 可以看出，方形试验件的裂纹扩展速率明显快于平板试验件。主要原因是方形试验件与平板试验件的应力状态不同，平面应变状态的方形试验件在相同载荷下裂尖张开位移更小，裂纹闭合水平减弱，导致张开应力强度因子更小，有效应力强度因子更大，因此裂纹扩展速率更快。由此可见，通过平面应力试验件所得到的裂纹扩展规律如果直接应用于涡轮榫接，将导致寿命预测结果偏大，即预测结果偏危险。

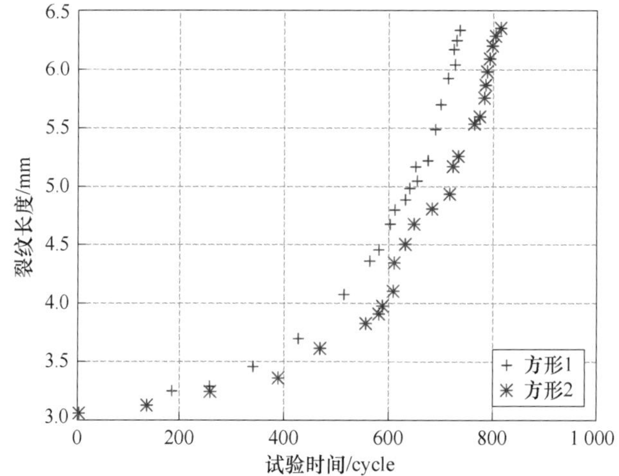

图 6.17 方形试验件高低周复合疲劳试验 *a*-*N* 曲线

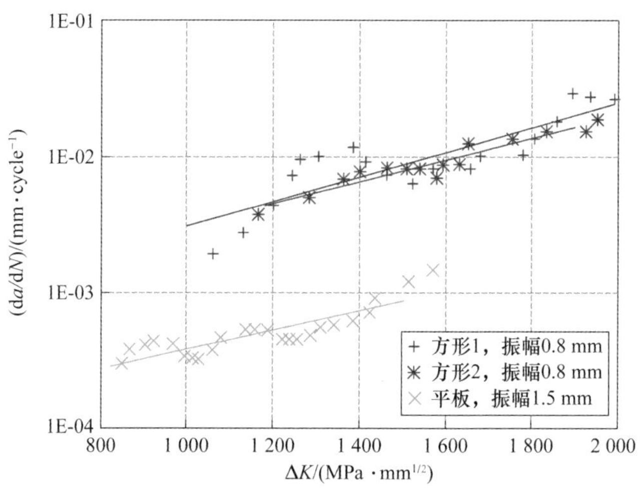

图 6.18 不同试验件形式高低周复合疲劳裂纹扩展

6.3 高低周复合疲劳长裂纹扩展模型及其应用

本节在厘清不同应力比下裂纹扩展规律后，基于裂纹闭合效应，引入小时间尺度概念，建立可描述高低周载荷耦合作用的复合疲劳裂纹扩展分析方法；最后针对某型发动机真实涡轮榫接结构，考虑裂纹扩展中裂纹长度、振动特性、应力状态等多方面耦合，开展高低周复合疲劳裂纹扩展分析。

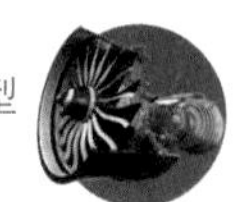

6.3.1　线性叠加的模型

高温高低周复合疲劳裂纹扩展模型基于第 5 章蠕变–疲劳模型进行。在蠕变–疲劳模型的基础上，进一步考虑高周疲劳对疲劳裂纹扩展的影响，假设高周载荷下裂纹扩展速率仍满足 Paris 公式所刻画的规律

$$\left(\frac{da}{dN}\right)_{\mathrm{HCF}}=LC\left(\Delta K_{\mathrm{HCF}}\right)^n \tag{6.21}$$

式中，C、n 均与式(4.4)中参数取值相同，L 为高周与低周的循环比。此时高低周复合疲劳载荷下裂纹扩展公式规律表示为

$$\left(\frac{da}{dN}\right)=C\left(\Delta K_{\mathrm{LCF}}\right)^n+LC\left(\Delta K_{\mathrm{HCF}}\right)^n+A\left(K_{\mathrm{LCF,max}}\right)^m\cdot t_{\mathrm{h}}\left\{1+\beta\exp\left[-\frac{1}{2}\left(\ln\frac{t_{\mathrm{h}}}{t_{\mathrm{inc}}}\right)^2\right]\right\} \tag{6.22}$$

FGH96 材料高低周复合疲劳裂纹扩展模型参数如表 6.1 所列。高低周复合疲劳载荷下裂纹扩展模型预测结果与试验结果如图 6.19 所示，可以看出，试验点与预测曲线吻合较好，表明所建立的高低周复合疲劳裂纹扩展模型可以有效描述裂纹扩展规律。

表 6.1　高低周复合疲劳裂纹扩展模型参数拟合结果

	R	A	m	β	$t_{\mathrm{inc}}/\mathrm{s}$
$T=600$ ℃	0.05	1.502e-19	7.666	2.549	180

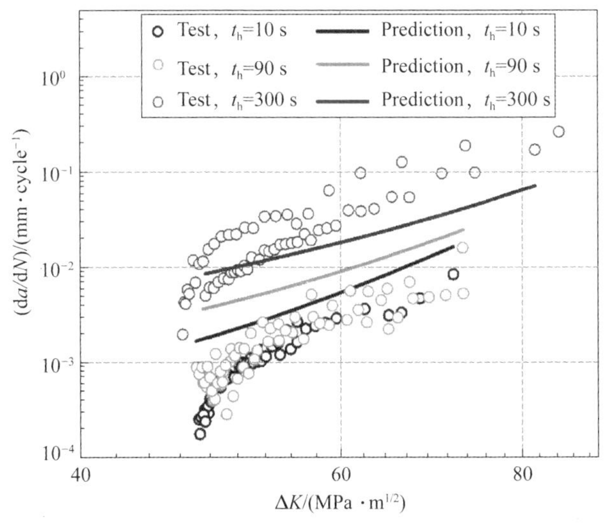

图 6.19　600 ℃高低周复合疲劳预测结果

6.3.2 考虑裂纹闭合的模型

1. 考虑裂纹闭合的裂纹扩展模型

本节旨在结合不同裂纹长度、不同应力比条件下的数值分析结果，确定残余裂尖张开位移。进而研究确定残余裂尖张开位移与张开应力强度因子 K_{op} 的关系，建立有效应力强度因子 K_{eff} 模型，形成适用于不同应力比的裂纹扩展分析方法。

(1) 残余裂尖张开位移

低周疲劳试验件受载时为平面应力状态，加载过程中，裂尖张开位移 δ 满足[23]

$$\delta=\frac{K^2}{E\sigma_s} \tag{6.23}$$

式中，K 为应力强度因子，E 为弹性模量，σ_s 为材料屈服强度。

卸载过程中，裂尖张开位移模型如式(6.24)所示，其变化量 $\Delta\delta$ 仍采用式(6.23)模型，仅用 ΔK 代替 K，用 $2\sigma_s$ 代替 σ_s。

$$\delta_{unloading}=\delta_{max,pre}-\Delta\delta=\delta_{max,pre}-\frac{(K_{max,pre}-K)^2}{2E\sigma_s} \tag{6.24}$$

式中，$\delta_{max,pre}$ 为上一次加载过程中最大载荷对应的裂尖张开位移，$K_{max,pre}$ 为上一次加载过程中最大应力强度因子。

采用式(6.24)模型，考虑裂纹闭合效应，则残余裂尖张开位移 δ_{res} 满足

$$\delta_{res}=\delta_{max,pre}-\Delta\delta=\delta_{max,pre}-\frac{(K_{max,pre}-K_{op})^2}{2E\sigma_s} \tag{6.25}$$

低周疲劳试验过程中，由于单循环裂纹增量较小，近似认为 $K_{max,pre}=K_{max}$，则可确定低周疲劳试验残余裂尖张开位移 δ_{res}。在获取张开应力强度因子 K_{op}、残余裂尖张开位移 δ_{res} 后，绘制二者关系图如图 6.20 所示。从图中可以看出，二者存在相关性，相关系数 $R^2=0.9$。

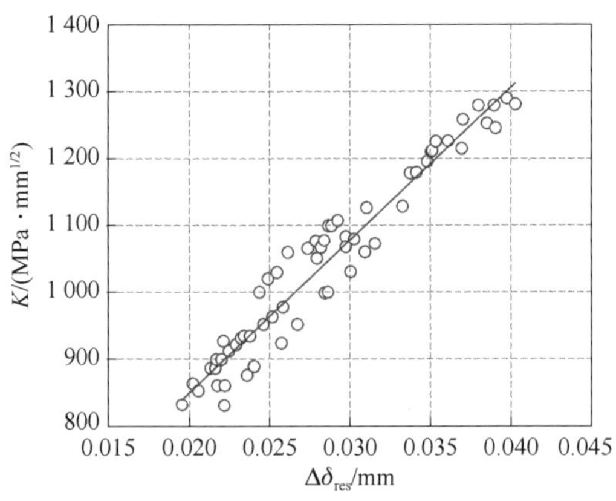

图 6.20 残余裂尖张开位移 δ_{res} 与张开应力强度因子 K_{op} 关系

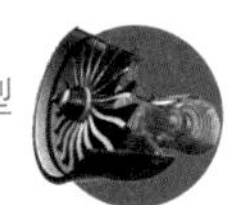

分析不同应力比下的张开应力强度因子与残余裂尖张开位移的关系，不同应力比下二者关系式存在轻微差别。为进一步提高精度，引入应力比对二者关系进行修正。由此确定张开应力强度因子 K_{op} 的模型为

$$K_{op}=(-10\,104R+26\,963)\delta_{res}+459.85R+188.56 \tag{6.26}$$

(2) 裂纹扩展寿命预测

利用裂纹扩展模型进行低周疲劳裂纹扩展寿命预测，具体流程如图 6.21 所示。n 个循环后裂尖存在残余裂尖张开位移 $\delta_{res,n}$，此时结合上一循环的最大应力强度因子 $K_{max,n}$、最小应力强度因子 $K_{min,n}$ 确定本循环的张开应力强度因子 $K_{op,n+1}$，利用有效应力强度因子的 Paris 公式可确定本循环裂纹增量 Δa_{n+1}，则裂纹长度更新为 $a_{n+1}=a_n+\Delta a_{n+1}$，结构达到最大应力强度因子 $K_{max,n+1}$ 后进入卸载阶段，当应力强度因子达到 $K_{op,n+1}$ 时，裂纹"闭合"，此后裂尖张开位移不再变化，达到残余裂尖张开位移 $\delta_{res,n+1}$。此后结构进入下一个循环，重复上述过程。

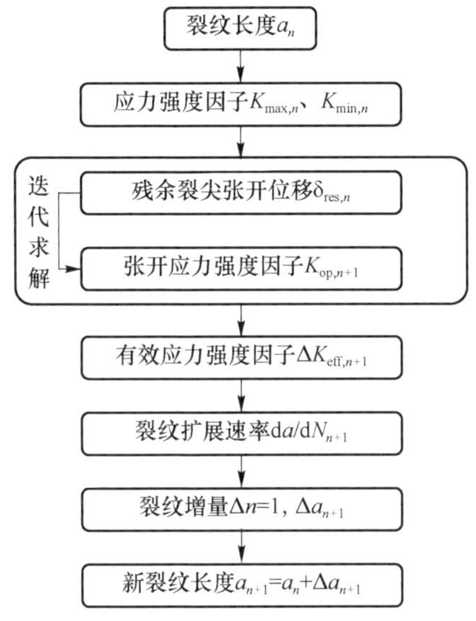

图 6.21　低周疲劳裂纹扩展寿命预测流程

利用图 6.21 流程，编写 MATLAB 程序，对应力比为 0.2、0.4、0.6、0.7 的低周疲劳试验裂纹扩展寿命进行预测，所得结果与试验数据对比如图 6.22 所示，数值模拟结果与试验数据吻合良好，裂纹扩展长度最大相对误差小于 12%，说明所建立的裂纹扩展模型可以精准描述不同载荷条件下的疲劳裂纹扩展行为。

2. 高低周载荷耦合的裂纹扩展数值模拟

传统分析方法往往将高周裂纹扩展与低周裂纹扩展割裂开来，忽视高低周载荷的耦合作用，计算精度有限。因此有必要建立一套考虑高低周载荷耦合作用的高低周复合疲劳裂纹扩展寿命分析方法，以提高模型的预测精度。本节采用小时间尺度模型[22]，从载荷历程角度出发，从时间维度分析结构的加载过程，并分析每个循环内裂尖张开位移、应力强度因子等决定载荷损伤的变量的变化。

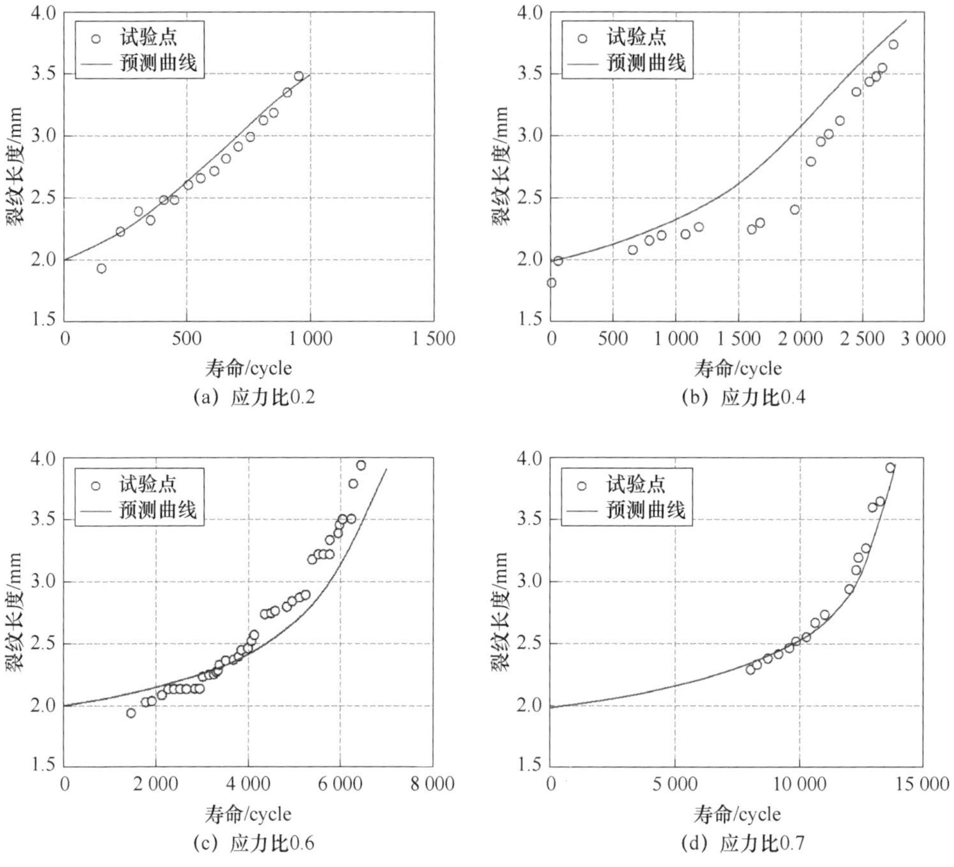

(a) 应力比0.2

(b) 应力比0.4

(c) 应力比0.6

(d) 应力比0.7

图 6.22 低周疲劳裂纹扩展寿命预测与试验数据对比

(1) 高低周裂纹扩展寿命分析流程

当结构在低周载荷峰值时，同时承受高周载荷，应力强度因子、裂尖张开位移为低周载荷与高周载荷共同作用的结果，对应的应力强度因子、裂尖张开位移变量记为 K_{CCF}、δ_{CCF}。而结构在低周载荷加载与卸载过程中，一般认为高周载荷无影响，对应的应力强度因子、裂尖张开位移记为 K_{LCF}、δ_{LCF}。结合高低周载荷加载特点，为方便分析，假设一个循环起始于卸载，终止于加载至最大载荷，如图 6.23 所示。

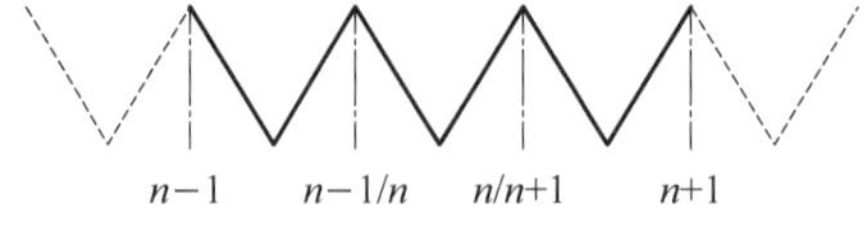

图 6.23 循环计数方法示意图(n 表示循环数)

总结高低周复合疲劳裂纹扩展寿命分析过程，所形成流程图如图 6.24 所示。分析高周载荷、低周载荷同时作用时的裂纹扩展规律，需要首先确定 K_{CCF} 模型。裂纹

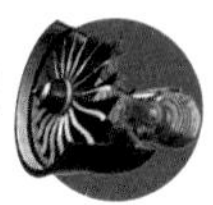

扩展过程中，结构振动特性会产生轻微改变，因此 K_{CCF} 在瞬态分析中确定更为精确，此时 K_{CCF} 是振动应力、拉伸应力、裂纹长度的函数，表示为

$$K_{CCF}=f_{K,CCF}(\sigma_{HCF},\sigma_{LCF},a) \tag{6.27}$$

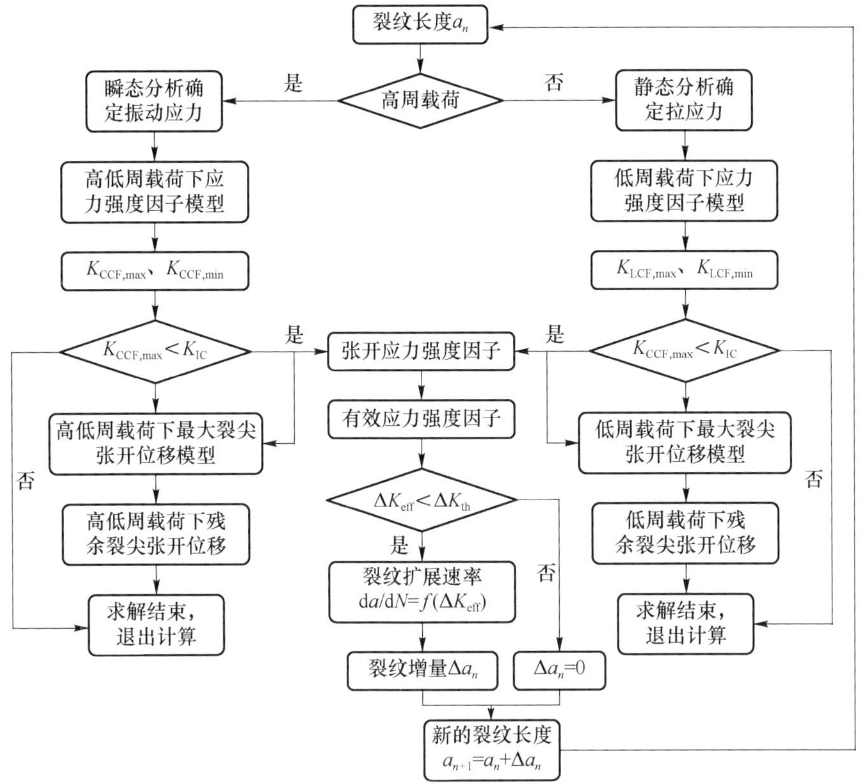

图 6.24　高低周复合疲劳裂纹扩展分析流程

建立 K_{CCF} 模型后，即可确定高周载荷一个循环内最大、最小应力强度因子 $K_{CCF,max}$、$K_{CCF,min}$。$K_{CCF,max}$ 是结构已经历的载荷中的最大应力强度因子，此时载荷最大，而裂纹处于历史最长状态。因此，$K_{CCF,max}$ 对应的最大裂尖张开位移不受载荷加载历程影响[22]，仅由此时 $K_{CCF,max}$ 决定。

建立高低周载荷同时作用时的最大裂尖张开位移模型后，考虑残余裂尖张开位移模型。残余裂尖张开位移将影响此循环的张开应力强度因子，假设卸载过程中，应力强度因子小于张开应力强度因子后，裂尖张开位移不再变化，参考相关文献[22]，此循环的残余裂尖张开位移为

$$\delta_{CCF,res}=\delta_{max,pre}-\frac{1}{2}f_{\delta,HCF}(K_{max,pre}-\max(K_{CCF,min},K_{op,pre})) \tag{6.28}$$

式中，$\delta_{max,pre}$ 为上一循环最大裂尖张开位移，$K_{max,pre}$ 为上一循环最大应力强度因子，$K_{op,pre}$ 为上一循环加载时的张开应力强度因子，$f_{\delta,HCF}$ 表征加载时高周载荷变化对裂

尖张开位移的影响。当 $K_{CCF,min} \leqslant K_{op}$ 时，载荷卸载至 K_{op} 后，由于裂纹闭合效应此后的裂尖张开位移不再变化，因此残余裂尖张开位移取决于 K_{op}；当 $K_{CCF,min} > K_{op}$ 时，卸载过程中，裂纹没有闭合过程，此时残余裂尖张开位移取决于 $K_{CCF,min}$。

材料的张开应力强度因子为

$$K_{op} = \left(-10\,104\frac{K_{CCF,min}}{K_{CCF,max}} + 26\,963\right)\delta_{CCF,res} + 459.85\frac{K_{CCF,min}}{K_{CCF,max}} + 188.56 \tag{6.29}$$

式中，$\delta_{CCF,res}$ 为此循环的残余裂尖张开位移。

根据张开应力强度因子，即可确定此循环的有效应力强度因子，并根据裂纹扩展速率和有效应力强度因子的关系确定此循环的裂纹增量。更新裂纹长度，进入下一循环。在此过程中，如果最大应力强度因子大于断裂韧度，则裂纹已经失稳扩展，停止计算；如果有效应力强度因子小于裂纹扩展门槛值，则裂纹不扩展，裂纹增量为 0[15]。

考虑仅存在低周载荷时的裂纹扩展，通过静态分析即可确定低周应力强度因子 K_{LCF} 模型，并确定本循环的最大、最小应力强度因子 $K_{LCF,max}$ 和 $K_{LCF,min}$。

$$K_{LCF} = f_{K,LCF}(\sigma_{LCF}, a) \tag{6.30}$$

仿照 $\delta_{CCF,res}$，残余裂尖张开位移可通过下式确定

$$\delta_{LCF,res} = \delta_{max,pre} - \frac{1}{2}f_{\delta,LCF}(K_{max,pre} - \max(K_{LCF,min}, K_{op,pre})) \tag{6.31}$$

式中，$f_{\delta,LCF}$ 表征低周载荷变化对裂尖张开位移的影响。

此循环加载时，由于没有高周载荷，$K_{LCF,max}$ 不是结构历史最大载荷，因此，最大裂尖张开位移的确定需考虑载荷历程的影响，表示为

$$\delta_{LCF,max} = \delta_{LCF,res} + \frac{1}{2}f_{\delta,LCF}(K_{LCF,max} - \max(K_{LCF,min}, K_{op})) \tag{6.32}$$

根据 $\delta_{LCF,res}$，即可确定此循环的张开应力强度因子，进而确定此循环的裂纹增量，更新裂纹长度，进入下一循环。与高低周载荷同时存在时相同，如果最大应力强度因子大于断裂韧度，则裂纹已经失稳扩展，停止计算；如果有效应力强度因子小于裂纹扩展门槛值，则裂纹不扩展，裂纹增量为 0。

通过上述分析可以看出，高低周复合疲劳裂纹扩展分析过程整体分为两部分：高低周载荷同时作用时、低周载荷单独作用时。分析过程的主要工作在于确定 $f_{K,CCF}$、$f_{K,LCF}$ 等应力强度因子模型和 $f_{\delta,HCF}$、$f_{\delta,LCF}$ 等裂尖张开位移模型。

(2) 平板试验件的高低周裂纹扩展寿命预测

针对平板试验件，只存在低周载荷时，应力强度因子 K_{LCF} 通过式(6.1)确定。当高低周载荷同时存在时，由于裂纹扩展会在一定程度上影响试验件的振动特性。裂纹长度为 2 mm 时，试验件的一阶固有频率为 641.4 Hz，而裂纹长度为 4.4 mm 时，试验件的一阶固有频率为 584 Hz，降低了 9%。高周应力强度因子分析过程应考虑结构振动特性改变造成的影响，因此，采用振动响应分析确定高周应力强度因子。

平板试验件有限元模型如图 6.25 所示，裂纹尖端采用退化的奇异单元。高低周

复合疲劳试验中平板试验件主要承受载荷包括①低周载荷，平行于试验件的拉力；②高周载荷，垂直于试验件的弯矩；③高温。因此，有限元模型的边界条件有：①模拟低周载荷，试验件一端固定，一端施加拉力 5 500 N；②模拟高周载荷，施加拉力一端同时施加高频位移激励，位移为正弦波形式，频率为 60 Hz；③模拟高温，采用 550 ℃均匀温度场。试验中由于试验件处于高温环境，高温下振动位移难以测量，因此试验位移幅值测量位置为激振点处。由于高周激励频率较低，尚未达到试验件的一阶共振频率，认为此时振型与悬臂梁的一阶振型相同，则试验件端部的位移幅值与激振点处位移幅值呈正比例关系。根据夹具和试验件的尺寸计算，比值为1.625，即当激振点处位移振幅为 1.625 mm 时，试验件端部位移幅值为 1 mm，由此确定有限元模型中试验件的高周位移幅值。

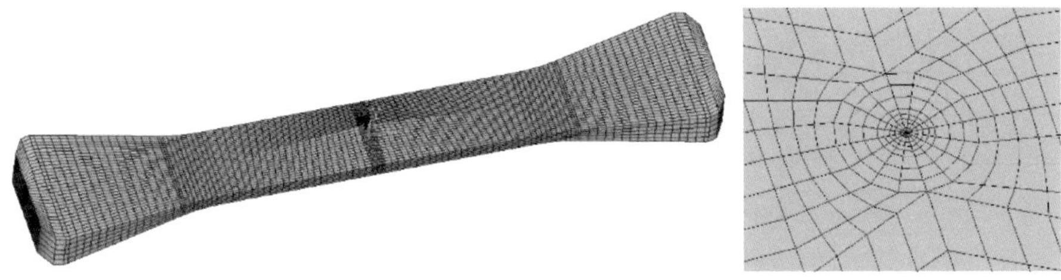

图 6.25　平板试验件有限元模型

根据上述分析，认为 $K_{CCF,min}$ 近似等于 K_{LCF}，而 $\Delta K_{CCF}=K_{CCF,max}-K_{CCF,min}$ 主要由高周载荷决定。当激振点处的高周位移幅值为 0.6 mm 时，不断更新裂纹长度，重复瞬态分析过程，确定 ΔK_{CCF} 与裂纹长度的关系，如图 6.26 所示。拟合 ΔK_{CCF} 模型如式(6.33)所示，相关系数 $R^2=0.93$。

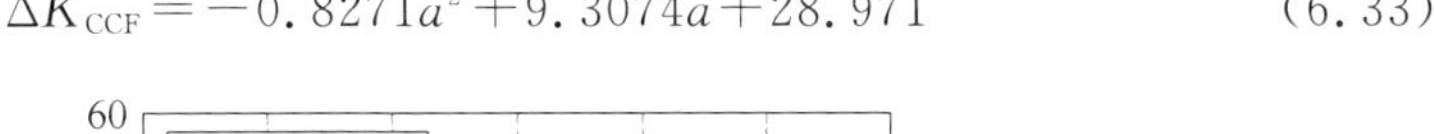

$$\Delta K_{CCF}=-0.8271a^2+9.3074a+28.971 \tag{6.33}$$

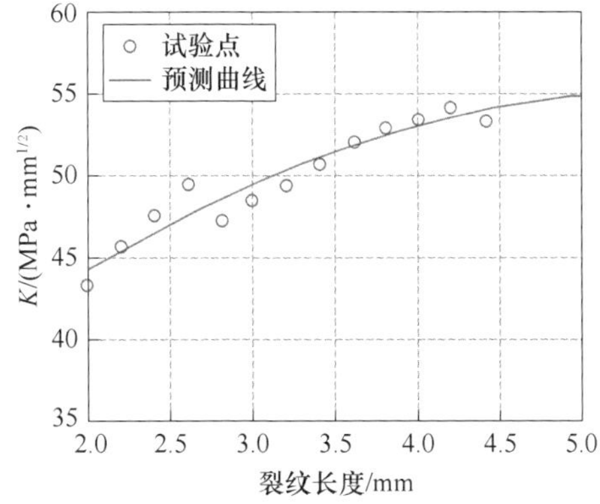

图 6.26　不同裂纹长度时的应力强度因子幅值 ΔK_{CCF}

通过改变高周位移激励幅值，重复上述过程，可获得不同振幅时的应力强度因子幅值，如图 6.27 所示。对式(6.33)进行位移幅值 v 修正，则可以确定不同裂纹长度、不同位移幅值下的应力强度因子幅值模型，如式(6.34)所示。由此即建立了针对此平板试验件的高周载荷与低周载荷同时存在时的裂尖应力强度因子模型，$K_{CCF,max}$、$K_{CCF,min}$分别满足式(6.35)、式(6.36)。

$$\Delta K_{CCF}=(-1.378\,5a^2+15.512\,3a+48.285)v \tag{6.34}$$

$$\begin{aligned} K_{CCF,max} &= K_{LCF}+\Delta K_{CCF} \\ &= \left(1.12-0.23\left(\frac{a}{b}\right)+10.55\left(\frac{a}{b}\right)^2-21.72\left(\frac{a}{b}\right)^3+30.39\left(\frac{a}{b}\right)^4\right)\sigma\sqrt{\pi a}+ \\ &\quad (-1.38a^2+15.51a+48.28)v \end{aligned} \tag{6.35}$$

$$\begin{aligned} K_{CCF,min} &= K_{LCF} \\ &= \left(1.12-0.231\left(\frac{a}{b}\right)+10.55\left(\frac{a}{b}\right)^2-21.72\left(\frac{a}{b}\right)^3+30.39\left(\frac{a}{b}\right)^4\right)\sigma\sqrt{\pi a} \end{aligned} \tag{6.36}$$

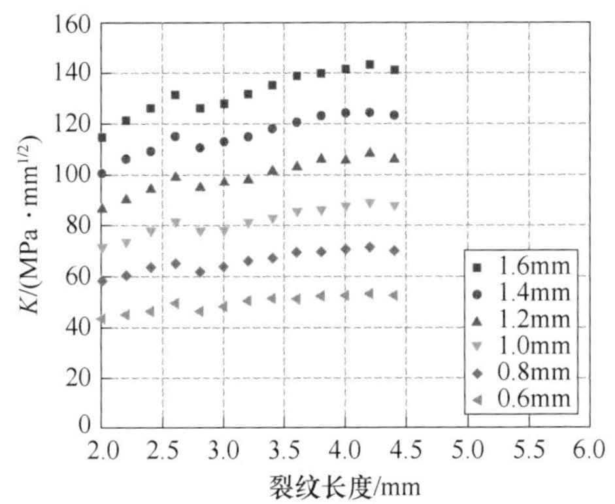

图 6.27　不同振幅时的应力强度因子幅值 ΔK_{CCF}

假设裂纹和载荷均不变时，裂尖张开位移的瞬态分析结果如图 6.28 所示。低周载荷引起的裂尖张开位移的变化仍采用平面应力状态下的公式，重点分析高周载荷引起的裂尖张开位移的变化。通过不断更新裂纹长度，重复上述瞬态分析过程，即可获得高周载荷对应的裂尖张开位移 $\Delta\delta_{CCF,max}$与 ΔK_{CCF}的关系，如图 6.29 所示，拟合确定此时裂尖张开位移模型为

$$\Delta\delta_{CCF,max}=f_{\delta,HCF}(\Delta K_{CCF})=5.802\,7\times10^{-34}(\Delta K_{CCF})^{15.937\,4} \tag{6.37}$$

式中，ΔK_{CCF}的单位为 MPa・mm$^{1/2}$，$\Delta\delta_{CCF,max}$的单位为 mm，相关系数 $R^2=0.96$。

则高低周载荷同时作用时最大裂尖张开位移 $\delta_{CCF,max}$表示为

$$\delta_{CCF,max}=\delta_{LCF,max}+\Delta\delta_{CCF,max}=\frac{{K_{LCF,max}}^2}{E\sigma_s}+5.802\,7\times10^{-34}(\Delta^{K_{CCF}})15.937\,4 \tag{6.38}$$

根据式(6.28)，高低周载荷同时存在时残余裂尖张开位移可通过式(6.39)确定。

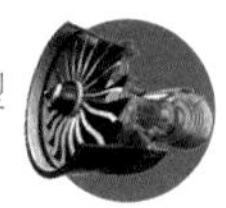

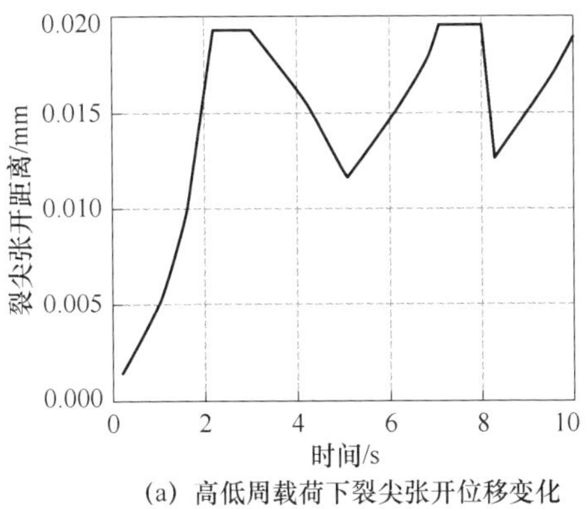

(a) 高低周载荷下裂尖张开位移变化

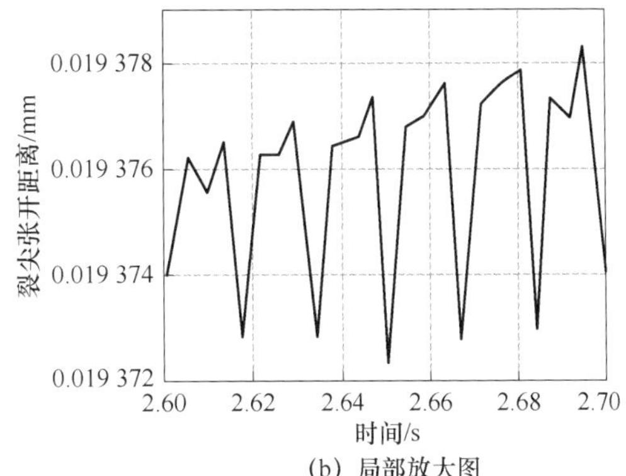

(b) 局部放大图

图 6.28 裂尖张开位移瞬态分析结果

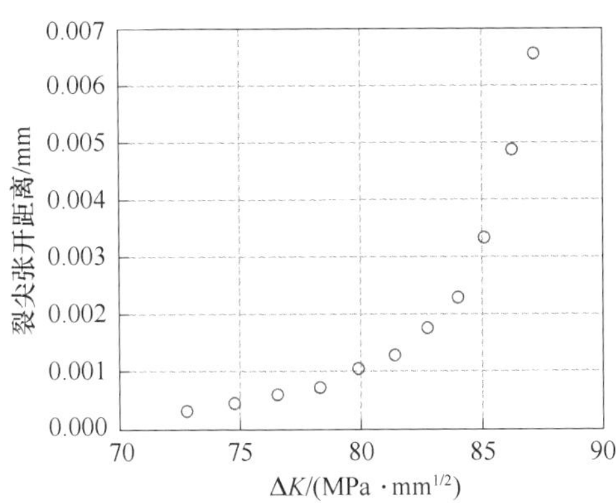

图 6.29 不同 ΔK_{CCF} 时的最大裂尖张开位移

$$
\begin{aligned}
\delta_{\mathrm{CCF,res}} &= \delta_{\mathrm{CCF,max,pre}} - \frac{1}{2} f_{\delta,\mathrm{HCF}}\left(K_{\mathrm{CCF,max,pre}} - \max(K_{\mathrm{CCF,min}}, K_{\mathrm{op,pre}})\right) \\
&= \delta_{\mathrm{CCF,max,pre}} - \frac{1}{2} \times 5.802\,7 \times 10^{-34}\left(K_{\mathrm{CCF,max,pre}} - \max(K_{\mathrm{CCF,min}}, K_{\mathrm{op,pre}})\right)^{15.937\,4}
\end{aligned}
\tag{6.39}
$$

式中，$\delta_{\mathrm{CCF,max,pre}}$ 为上一循环最大裂尖张开位移（单位：mm），通过式（6.38）确定；$K_{\mathrm{CCF,max,pre}}$ 为本循环最大应力强度因子（单位：MPa · mm$^{1/2}$），通过式（6.35）确定；$K_{\mathrm{CCF,min}}$ 为上一循环最小应力强度因子（MPa · mm$^{1/2}$），通过式（6.36）确定；$K_{\mathrm{op,pre}}$ 为上一循环张开应力强度因子（单位：MPa · mm$^{1/2}$），通过式（6.29）确定。

仅存在低周载荷时，低周载荷的变化对裂尖张开位移的影响仍采用平面应力下的公式，因此 $\delta_{\mathrm{LCF,res}}$ 通过式（6.40）确定。此时最大裂尖张开位移受载荷历程影响，仅存在低周载荷时最大裂尖张开位移通过式（6.41）确定。

$$
\delta_{\mathrm{LCF,res}} = \delta_{\mathrm{max,pre}} - \frac{1}{2} \frac{\left(K_{\mathrm{max,pre}} - \max(K_{\mathrm{LCF,min}}, K_{\mathrm{op,pre}})\right)^2}{E\sigma_s} \tag{6.40}
$$

$$\delta_{\mathrm{LCF,max}} = \delta_{\mathrm{LCF,res}} + \frac{1}{2}\frac{(K_{\mathrm{LCF,max}} - \max(K_{\mathrm{LCF,min}}, K_{\mathrm{op}}))^2}{E\sigma_s} \tag{6.41}$$

在确定平板试验件高低周载荷应力强度因子模型、裂尖张开位移模型之后，即可完成平板试验件的高低周复合疲劳裂纹扩展寿命预测，如图 6.30、图 6.31 所示，预测结果在 1.3 倍寿命分散带以内（见图 6.32、图 6.33、图 6.34）。可以看出，数值模拟与试验结果展现了相同的规律，即小振幅时高低周复合疲劳裂纹扩展寿命有明显的延长，甚至大于纯低周疲劳裂纹扩展寿命；大振幅时高低周复合疲劳裂纹扩展寿命则大大缩短，进一步证明高周载荷与低周载荷存在耦合作用，寿命预测过程须考虑这一耦合作用的影响。

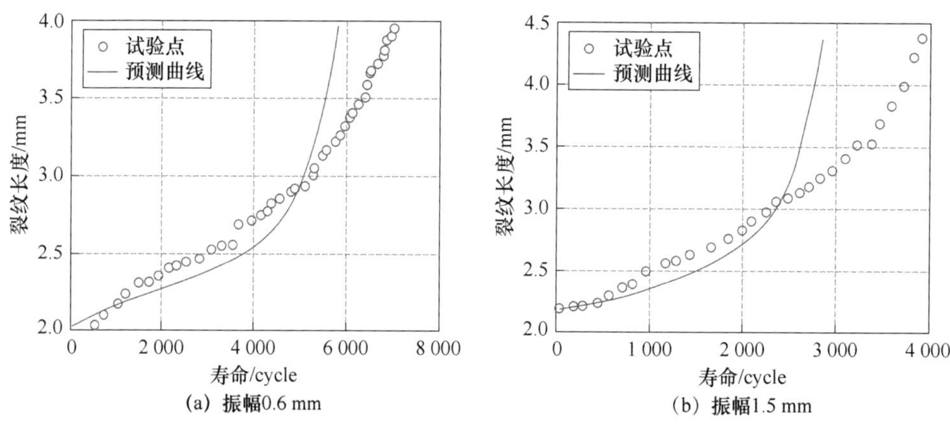

图 6.30　不同高周振幅下的复合疲劳裂纹扩展寿命预测结果

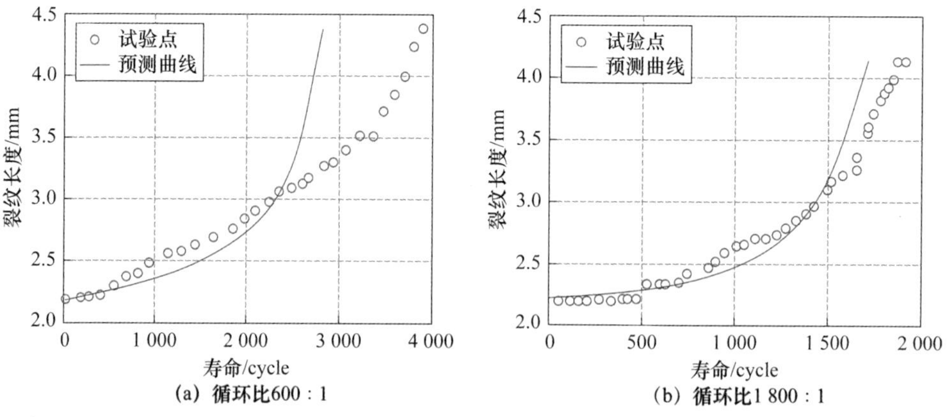

图 6.31　不同循环比下的复合疲劳裂纹扩展寿命预测结果

在高周振幅较大情况下，当高低周载荷循环比增加时，高低周复合疲劳裂纹扩展寿命明显缩短。因为此时高周循环可导致裂纹扩展，当每个载荷谱上叠加的高周循环数越多，则此载荷谱产生的总裂纹增量越大，裂纹扩展寿命越短。而在高周载荷振

幅较小时，高周载荷的叠加起到强化材料的作用，此时高低周复合疲劳裂纹扩展寿命反而比低周疲劳裂纹扩展寿命长[24]。

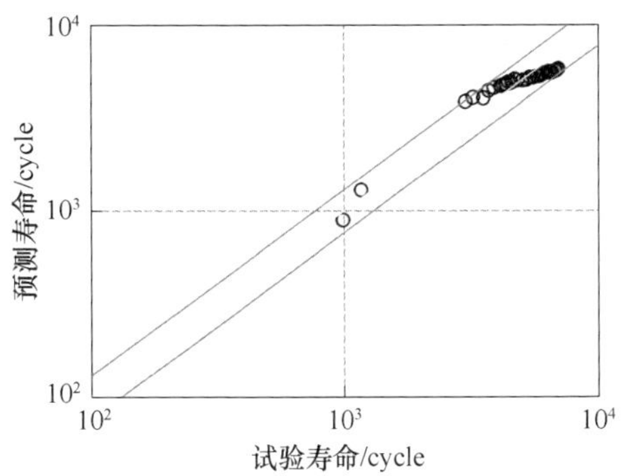

图 6.32　振幅 0.6 mm、保载时间 10 s 下试验寿命与预测寿命对比

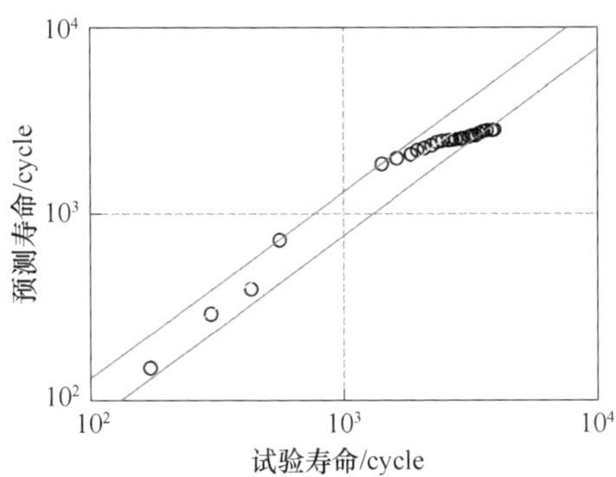

图 6.33　振幅 1.5 mm、保载时间 10 s 下试验寿命与预测寿命对比

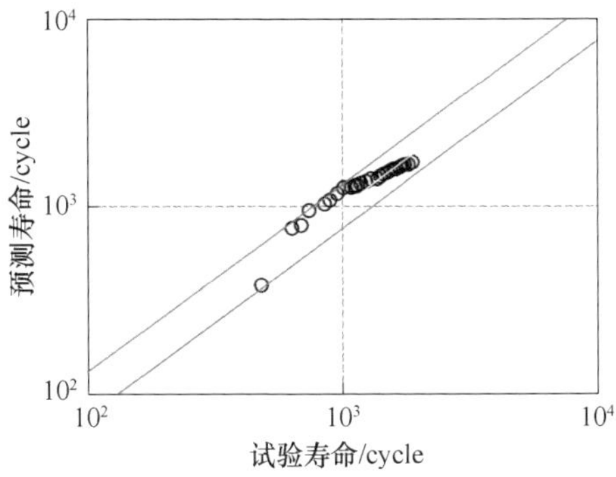

图 6.34　振幅 1.5 mm、保载时间 30 s 下试验寿命与预测寿命对比

6.3.3 榫接结构高低周复合疲劳裂纹扩展寿命预测

本节利用所建立的高低周复合疲劳裂纹扩展寿命分析方法完成涡轮榫接三齿高低周复合疲劳裂纹扩展寿命预测，并对比研究接触状态对裂纹扩展的影响。根据高低周复合疲劳裂纹扩展寿命分析流程，主要开展裂尖应力强度因子模型和裂尖张开位移模型分析。

1. 榫槽三齿应力强度因子模型

根据名义公差下的接触状态，建立某型发动机二级涡轮叶盘的有限元模型，如图 6.35 所示，裂纹尖端采用退化的奇异单元，如图 6.36 所示。

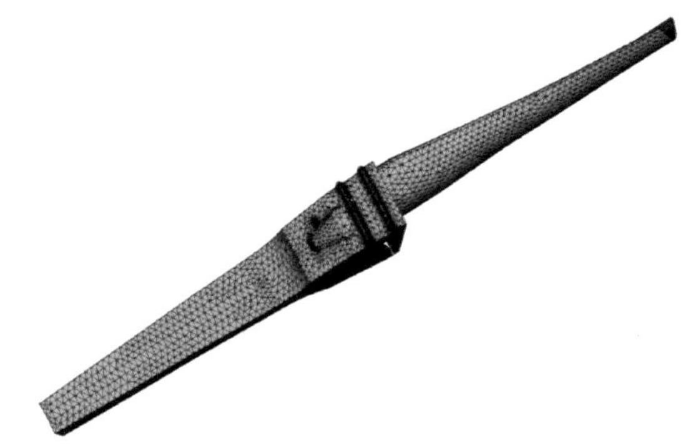

图 6.35 涡轮榫接有限元模型

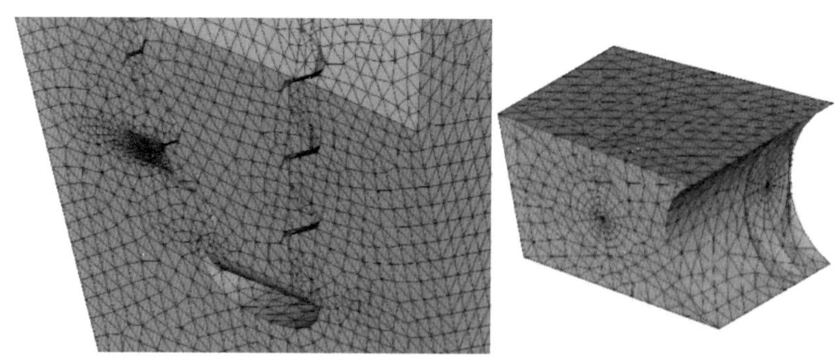

图 6.36 裂尖局部网格放大图

有限元模型的边界条件：①模拟低周载荷，盘心固定，叶尖施加拉力 100 kN；②模拟高周载荷，叶尖施加高频位移激励，频率为 23.8 Hz；③模拟高温，采用 550 ℃均匀温度场。与平板试验件相同，由于高周激励频率较低，认为此时振型与悬臂梁的一阶振型相同，叶尖位移幅值与激振点处位移幅值呈正比例关系，根据夹具和涡轮叶盘的尺寸计算，比值为 1.714，因此激振点处振幅为 6 mm 对应的叶尖振幅为 3.5 mm。

与方形试验件相似，涡轮榫接试验过程中裂纹在进气面上扩展到2 mm左右时停止扩展，其后主要沿榫槽轴向扩展，如图6.37所示。因此后续数值模拟主要考虑榫槽轴向裂纹扩展，无特殊说明此后“裂纹长度”即指此方向裂纹长度。

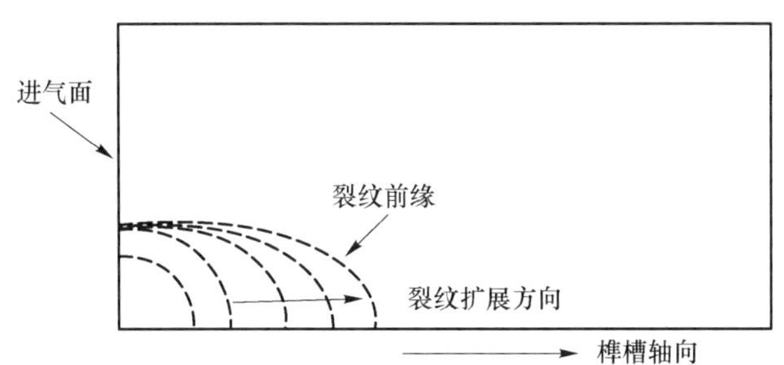

图6.37　裂纹扩展形式

更新裂纹长度对涡轮榫接有限元模型进行瞬态分析，低周载荷作用下裂尖应力强度因子与裂纹长度的关系如图6.38所示。从图中可以看出，当裂纹扩展后期时，应力强度因子增速减慢，这是由于裂纹的扩展改变了榫接的接触状态，此时载荷更多的由其他榫齿承担，三齿承担载荷减小，导致裂尖应力减小，因而应力强度因子增加速率减小。多项式拟合确定低周载荷作用下应力强度因子模型，如式(6.42)所示，相关系数 $R^2=0.9913$。

$$K_{\mathrm{LCF,max}}=-0.1926a^2+31.813a+389.75 \tag{6.42}$$

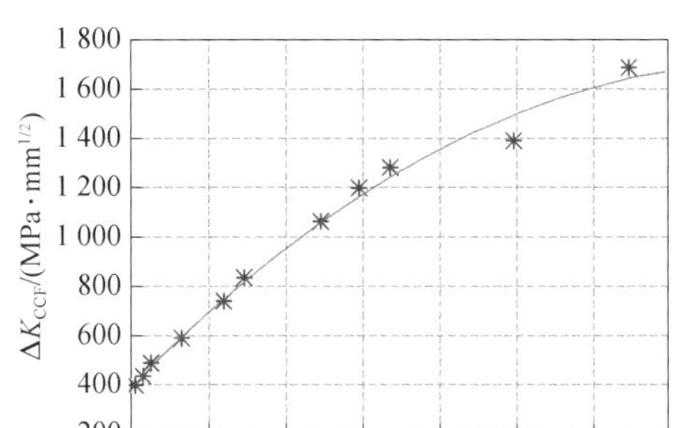

图6.38　低周载荷作用下的最大应力强度因子

在高低周载荷共同作用下，不同裂纹长度下的裂尖应力强度因子如图6.39所示，认为高周载荷作用下裂尖应力强度因子满足

$$\Delta K_{\mathrm{CCF,max}}=K_{\mathrm{CCF,max}}-K_{\mathrm{LCF,max}} \tag{6.43}$$

则高周载荷作用下裂尖应力强度因子如图6.40所示，拟合确定高周载荷应力强度因子模型，如式(6.44)所示，相关系数 $R^2=0.9904$。

$$\Delta K_{\mathrm{CCF,max}}=-0.0565a^2+8.421a+37.946 \tag{6.44}$$

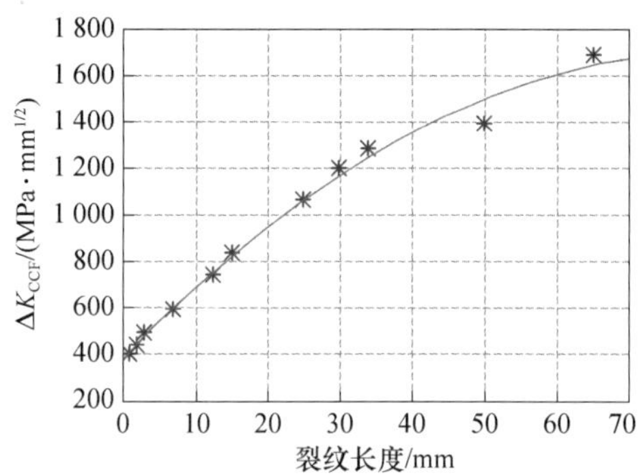

图 6.39　高低周载荷同时作用下的最大应力强度因子

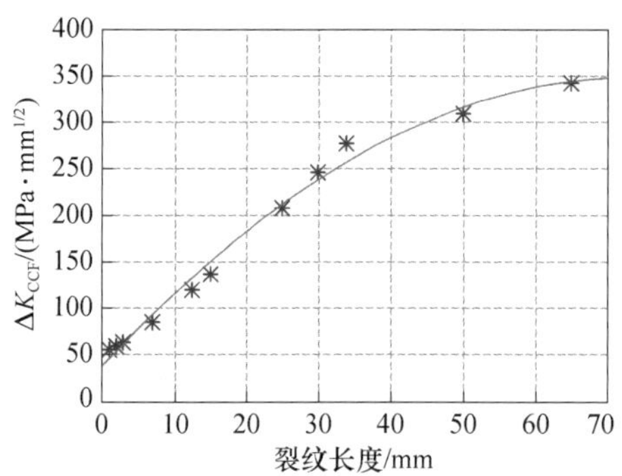

图 6.40　高周载荷对应应力强度因子

2. 榫槽三齿裂尖张开位移模型

仅低周载荷存在时，最大裂尖张开位移如图 6.41 所示，拟合确定低周载荷作用下最大裂尖张开位移模型，如式(6.45)所示，相关系数 $R^2=0.996\,3$。

$$\delta_{LCF,max}=1.886\times10^{-9}K_{LCF,max}^{2.213} \tag{6.45}$$

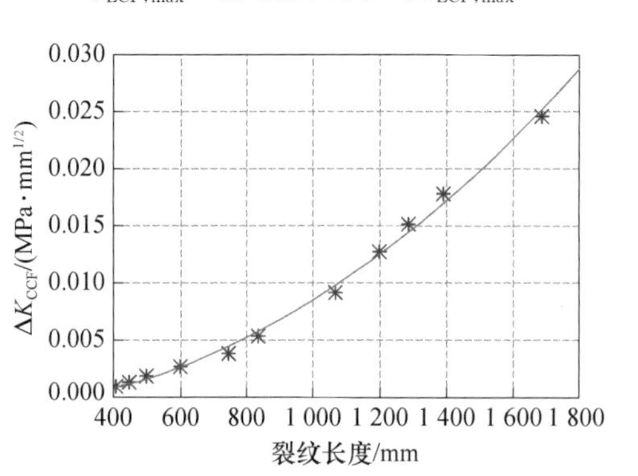

图 6.41　低周载荷对应最大裂尖张开位移

高低周载荷同时存在时，高周载荷存在与否对应的最大裂尖张开位移的改变量认为是高周载荷对应的最大裂尖张开位移，即

$$\Delta\delta_{CCF,max}=\delta_{CCF,max}-\delta_{LCF,max} \tag{6.46}$$

高周载荷对应的应力强度因子与裂尖张开位移关系如图 6.42 所示，拟合确定高周载荷作用下最大裂尖张开位移模型，如式(6.47)所示，相关系数 $R^2=0.9912$。

$$\Delta\delta_{CCF,max}=1.827\times10^{-8}(\Delta K_{CCF,max})^{1.882} \tag{6.47}$$

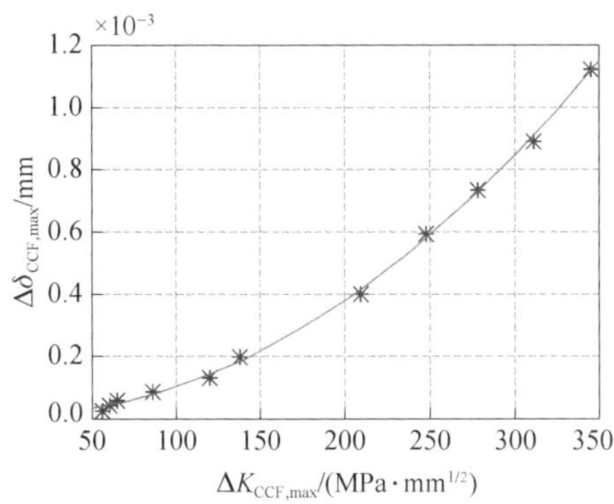

图 6.42　高周载荷对应最大裂尖张开位移

因此，涡轮榫接高低周载荷同时存在时，最大裂尖张开位移满足

$$\begin{aligned}\delta_{CCF,max}&=\delta_{LCF,max}+\Delta\delta_{CCF,max}\\&=1.886\times10^{-9}(K_{LCF,max})^{2.213}+1.827\times10^{-8}(\Delta K_{CCF,max})^{1.882}\end{aligned} \tag{6.48}$$

考虑裂纹闭合效应，低周载荷保载，高周载荷作用时涡轮盘榫槽裂纹的残余裂尖张开位移为

$$\begin{aligned}\delta_{CCF,res}&=\delta_{CCF,max,pre}-\frac{1}{2}f_{\delta,HCF}(K_{CCF,max,pre}-\max(K_{CCF,min},K_{op,pre}))\\&=\delta_{CCF,max,pre}-\frac{1}{2}\times1.827\times10^{-8}(K_{CCF,max,pre}-\max(K_{CCF,min},K_{op,pre}))^{1.882}\end{aligned} \tag{6.49}$$

仅存在低周载荷时，涡轮盘榫槽残余裂尖张开位移为

$$\delta_{LCF,res}=\delta_{max,pre}-\frac{1}{2}\times1.886\times10^{-9}(K_{max,pre}-\max(K_{LCF,min},K_{op,pre}))^{2.213} \tag{6.50}$$

仅存在低周载荷时，加载阶段最大应力强度因子不是加载史中最大值，其最大裂尖张开位移受到载荷历程影响，因此，低周载荷作用下最大裂尖张开位移为

$$\delta_{LCF,max}=\delta_{LCF,res}+\frac{1}{2}\times1.886\times10^{-9}(K_{LCF,max}-\max(K_{LCF,min},K_{op}))^{2.213} \tag{6.51}$$

3. 榫槽三齿寿命预测结果

在建立应力强度因子模型与裂尖张开位移模型之后，结合所建立的高低周复合

疲劳裂纹扩展分析流程，完成名义公差状态下榫槽三齿寿命预测，结果如图 6.43 所示，预测的裂纹扩展行为与试验的趋势一致。与试验结果相比，每一裂纹长度测点所对应的裂纹扩展时间预测结果在 1.3 倍分散带以内，如图 6.44 所示。

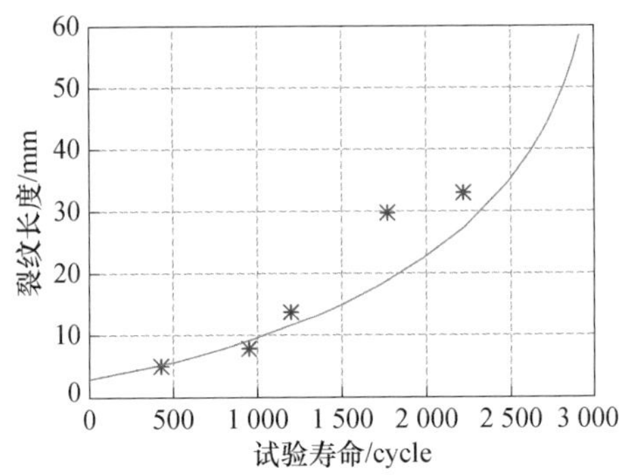

图 6.43　高低周复合疲劳裂纹扩展寿命

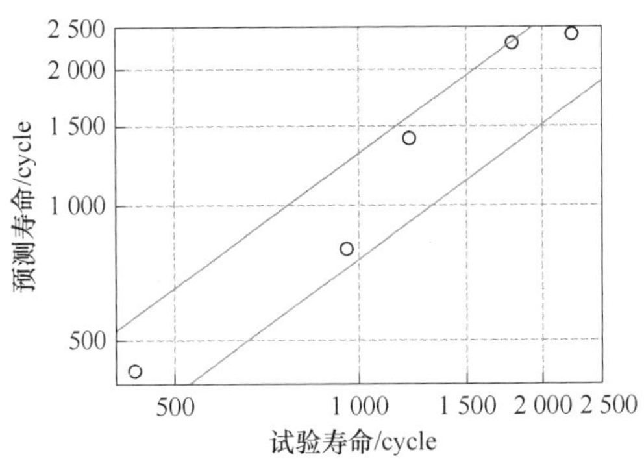

图 6.44　预测寿命与试验寿命的对比

6.4　本章小结

本章以高低周复合疲劳裂纹扩展为主要研究内容，首先介绍了高低周复合疲劳长裂纹扩展试验系统，解决了较大低周载荷时的高、低周载荷相互干涉的难题。然后，开展了从标准件、模拟件到真实构件的高低周复合疲劳裂纹扩展试验，对比研究了高周载荷振幅、高低周载荷循环比、应力状态等对裂纹扩展的影响。最后，介绍了典型的高低周复合疲劳长裂纹扩展模型，并结合疲劳裂纹扩展试验数据进行了应用验证。

参考文献

[1] 姚华兴，闫沙林. 航空发动机涡轮盘榫齿裂纹故障研究[J]. 航空动力学报，1991 (1)：51-53.

[2] 宋兆泓. 航空发动机典型故障分析[M]. 北京：北京航空航天大学出版社，1993：128-186.

[3] 黎阳航空发动机公司，驻黎阳航空发动机公司军代表室. WP13 系列发动机叶片故障问题及解决办法[R]. 航空发动机叶片故障及预防研讨会，北京，2005：25-35.

[4] Commission of the European Communities. PREMECCY-Predictive methods for combined cycle fatigue in gas turbine blades[R]. London：Rolls-Royce plc，2006.

[5] POWELL B，DUGGAN T. Crack growth in Ti-6Al-4V under the conjoint action of high and low cycle fatigue[J]. International Journal of Fatigue，1987，9(4)：195-202.

[6] CHARLES C. Multiaxial testing of gas turbine engine blades[C]. 36th AIAA/ASME/SAE/ASEE Joint Propulsion Conference and Exhibit. Las Vegas，NV，U. S. A：AIAA，2000.

[7] MENDIA L，ESTENSORO F J，MARY C，et al. Effect of combined cycle fatigue on Ti6242 fatigue strength[J]. Procedia Engineering，2011，10(7)：1809-1814.

[8] 中国航空研究院. 应力强度因子手册[S]. 北京：科学出版社，1993.

[9] NEWMAN J，RAJU I，LEWIS J，et al. Stress-intensity factor equations for cracks in three-dimensional finite bodies subjected to tension and bending loads[R]. Nasa Technical Memorandum，1984，85：1-38.

[10] PICKARD A. The application of 3-dimensional finite element methods to fracture mechanics and fatigue life predictions[M]. London：Chameleon Press Ltd，1986.

[11] NEWMAN J，RAJU I. Analyses of surface cracks in finite plates under tension or bending loads[M]，NASA Technical Paper，1979：1578-1630.

[12] 编辑委员会. 中国航空材料手册[M]. 北京：中国标准出版社，2001：79-92.

[13] 赵振华，陈伟，吴铁鹰. 高低周复合载荷下的钛合金疲劳寿命估算[J]. 机械强度，2011，33(4)：629-632.

[14] 刘红彬，黄维娜，陈伟. 合金材料高低周复合疲劳寿命研究[J]. 航空动力学

报，2014，29(1):74-80.

[15] 刘红彬，陈伟. TC11材料高低周疲劳裂纹萌生与扩展特性研究[J]. 燃气涡轮试验与研究，2012(2):49-53.

[16] POWELL B E，DUGGAN T V，JEAL R. The influence of minor cycles on low cycle fatigue crack propagation. International Journal of Fatigue[J]，1982，4(1):4-14.

[17] HALL R F，POWELL B E. The effects of LCF loadings on HCF crack growth[R]. US AFSOR Study Report，1998，042.

[18] VASILIOS Z. Fatigue crack growth rates under variable amplitude load spectra containing tensile underloads [D]. Bedfordshire: Cranfield University，2003.

[19] 王芳，崔维成. 超载基础上的短时间保载所产生的塑性区对疲劳裂纹扩展率的影响[J]. 船舶力学，2014，9:1117-1128.

[20] 陈景杰，黄一，李玉刚. 基于VMCOD确定裂尖反向塑性区尺寸的方法[J]. 华中科技大学学报:自然科学版，2015，1:112-115.

[21] 左平，魏大盛，王延荣. FGH95粉末高温合金裂纹闭合效应及裂纹扩展特性研究[J]. 材料工程，2015，8:56-61.

[22] ZHANG W. Multi-resolution in-situ testing for fatigue crack growth mechanism investigation and model development [J]. Dissertations & Theses-Gradworks，2012.

[23] LU Z，LIU Y. Small time scale fatigue crack growth analysis [J]. International Journal of Fatigue，2010，32(8):1306-1321.

[24] POWELL B E，HAWKYARD M，GRABOWSKI L. The growth of cracks in Ti-6Al-4V plate under combined high and low cycle fatigue [J]. International Journal of Fatigue，1997，19(97):167-176.

第 7 章
结构特征模拟件设计

涡轮盘具有载荷和结构的双重复杂性，失效模式复杂，且多发生在具有显著应力梯度的应力集中部位，如何设计反映不同失效模式的结构特征模拟件是工程设计人员面临的挑战之一。本章在国内外现有结构特征模拟件设计案例基础上，结合研究团队在轮盘结构特征模拟件设计的具体研究实践，对结构特征模拟件的设计原则、设计方法进行归纳总结，为读者提供设计参考。

7.1 特征模拟件设计原则

随着结构强度设计技术的不断发展，在特征模拟件设计方面已形成较为丰富的研究成果[1-10]。20 世纪 80 年代，特征模拟件设计多采用静强度设计思想，其核心设计理念是保证几何相似、危险点载荷、变形量一致；例如，黄致建等[1]基于榫槽两侧变形行为一致的原则设计了榫接结构微动疲劳模拟件。20 世纪 90 年代，随着疲劳断裂理论的不断发展，依据危险点应力/应变状态的寿命预测结果往往过于保守成为共识，据此建立的非局部寿命评估方法逐渐得到应用与验证，促使特征模拟件设计思想转变为“在几何相似基础上，保证一定范围内的应力、应变分布一致”。然而，设计思想中描述的“一定范围”由于缺乏理论依据而未能形成统一定义。例如，陆山[6]等以考核截面 3mm 范围内的第一主应力分布一致设计了压气机榫槽槽底模拟件，而郑小梅[7]等则基于工程裂纹长度 0.8 mm 范围内的应变能分布一致设计了涡轮盘螺栓孔特征模拟件。而后随着损伤容限设计理论的发展完备，进一步考虑将疲劳断裂理论应用于特征模拟件设计，以保证其能够反映包含裂纹萌生、裂纹扩展阶段的完整失效过程。然而，由于对临界裂纹长度的描述未考虑几何边界对应力强度因子的影响，仅在相对安全寿命设计思想的更大范围内保证主应力分布一致。此时并不能保证裂纹扩展寿命一致。例如刘廷毅[8]等以 6 mm 内第一主应力分布一致为原则设计了压气机榫槽槽底模拟件，尝试同时考虑裂纹萌生和裂纹扩展行为。

综上,现有设计原则仍存在以下问题:

① 失效模式多以低周疲劳单一失效模式为主,不能反映结构关键部位呈现的其他以及复合疲劳失效模式;

② 通常采用应力作为影响裂纹萌生寿命的主要损伤控制参量,但对于由应变主导的高温疲劳失效,若采用应力-寿命理论计算疲劳则导致寿命误差较大;

③ 通常采用应力作为影响裂纹扩展寿命的主要损伤控制参量,但由于未考虑真实结构几何边界影响,并不能保证模拟件裂纹扩展寿命与真实结构一致;

④ 在量化结构特征影响方面缺乏理论依据,导致模拟件疲劳寿命与真实构件试验结果相比误差过大;

⑤ 多为针对特定对象的案例,设计方法的通用性偏低。

因此,本章在国内外现有设计思想基础上,聚焦轮盘不同部位的受力特点、结构特征与失效模式的,形成以寿命一致为目标的特征模拟件设计原则。具体描述如下:

① 材料一致性:模拟件取样毛坯制备工艺与真实构件毛坯一致,其考核段与模拟对象在毛坯上的位置一致,并通过取向选择保证其受力方向与模拟部位的主应力方向一致;

② 几何相似性:依据模拟对象局部几何特征提取关键几何尺寸,在保证模拟件与真实构件一致的前提下,进一步设计开槽、开孔等特征结构,通过细节调整实现应力、应变分布一致;

③ 表面状态一致性:依据模拟对象机械加工和表面强化所致残余应力、粗糙度等表面完整性特征,对模拟件制备工艺及表面状态提出相应要求;

④ 损伤控制参量一致性:依据不同失效模式的裂纹萌生寿命模型,以“临界距离内裂纹萌生控制参量一致”“裂纹扩展过程中应力强度因子一致”为准则,优化模拟件几何尺寸。

7.2　特征模拟件设计方法

7.2.1　基于损伤控制参量一致的疲劳裂纹萌生模拟件设计方法

为了克服现有技术在疲劳裂纹萌生模拟件设计中通用性不足问题,本节提供一种基于损伤控制参量一致的疲劳裂纹萌生模拟件设计方法,该方法在低周疲劳、高周疲劳、蠕变-疲劳、高低周复合疲劳、微动疲劳等不同失效模式下具有统一的设计思路,通用性强。实现步骤如图 7.1 所示,具体描述如下:

第一步,依据涡轮盘载荷及环境特点,确定典型失效模式,通常包括低周疲劳、高周疲劳、蠕变-疲劳、高低周复合疲劳、微动疲劳等。

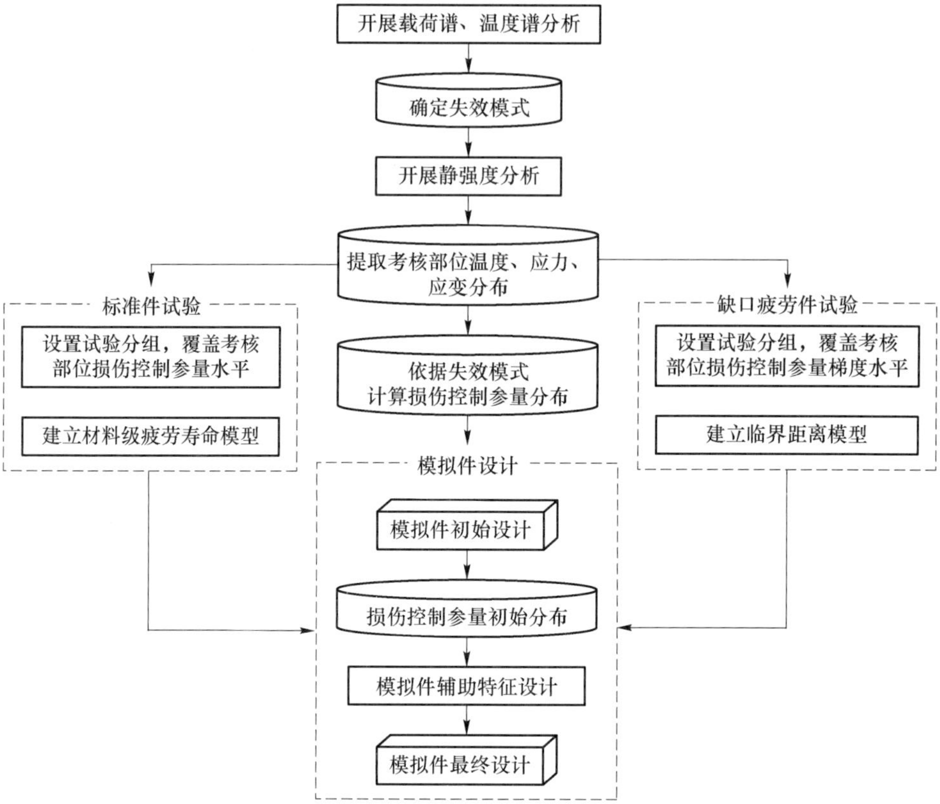

开展载荷谱、温度谱分析

确定失效模式

开展静强度分析

提取考核部位温度、应力、应变分布

标准件试验

设置试验分组，覆盖考核部位损伤控制参量水平

建立材料级疲劳寿命模型

依据失效模式计算损伤控制参量分布

缺口疲劳件试验

设置试验分组，覆盖考核部位损伤控制参量梯度水平

建立临界距离模型

模拟件设计

模拟件初始设计

损伤控制参量初始分布

模拟件辅助特征设计

模拟件最终设计

图 7.1　疲劳裂纹萌生模拟件设计方法实施流程图

第二步，依据标准件疲劳试验结果，通过模型筛选确定损伤控制参量，具体包括：低周疲劳为第一主应变或 SWT(smith-watson-topper)参数，高周疲劳为应力幅，蠕变-疲劳为非弹性应变幅，热机械疲劳为非弹性应变幅和最大应力，高低周复合疲劳为应力幅值和平均值，微动疲劳为 FS(fatemi-socie)参数等。

第三步，依据真实结构有限元计算结果，确定真实结构危险部位及临界平面，并提取临界平面上临界距离范围内的损伤控制参量分布规律。危险部位为损伤控制参量最大值所在的局部位置，临界平面为危险部位处与第一主应力垂直的平面，临界距离为采用临界距离理论中的点法或线法所确定的有效损伤区尺寸。其中，第一主应力定义为

$$\sigma_1=\frac{\sigma_x+\sigma_y}{2}+\sqrt{\left(\frac{\sigma_x+\sigma_y}{2}\right)^2+\tau_{xy}} \tag{7.1}$$

式中，σ_x、σ_y 为二维直角坐标系中的正应力分量，τ_{xy} 为二维直角坐标系中的切应力分量。

临界距离理论认为，含应力梯度结构的疲劳损伤取决于缺口附近一定范围内的应力水平，并将该范围称作有效损伤区。此时，各失效模式下的疲劳寿命模型可表示

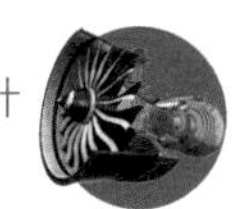

为如下统一形式：

$$w(\sigma,\varepsilon)\big|_{r=L}=f(N_{\mathrm{f}},\theta) \tag{7.2}$$

式中，$w(\sigma,\varepsilon)$为根据应力、应变求得的各失效模式下的损伤控制参量，r 为建立在缺口处、临界平面上指向结构内部的局部坐标轴，L 为有效损伤区尺寸（即临界距离），N_{f} 为结构疲劳寿命，θ 为疲劳寿命模型中的拟合参数。考虑到结构特征模拟件设计可能涉及的失效模式，现将可供选择的疲劳寿命模型举例如下：

（1）低周疲劳

$$\mathrm{SWT}=\sigma_{\max}\frac{\Delta\varepsilon_t}{2}=\frac{(\sigma'_{\mathrm{f}})^2}{E}(2N_{\mathrm{f}})^{2b}+\sigma'_{\mathrm{f}}\varepsilon'_{\mathrm{f}}(2N_{\mathrm{f}})^{b+c} \tag{7.3}$$

式中，SWT 为低周疲劳损伤控制参量，$\sigma_{\max}$ 为最大应力，$\Delta\varepsilon_t=\varepsilon_{t,\max}-\varepsilon_{t,\min}$ 为总应变范围，E 为弹性模量，N_{f} 为疲劳寿命。σ'_{f}、$\varepsilon'_{\mathrm{f}}$、$b$、$c$ 为拟合参数（即 θ）。

（2）高周疲劳

$$\sigma_a=(\sigma'_{\mathrm{f}}-\bar{\sigma})(N_{\mathrm{f}})^b \tag{7.4}$$

式中，$\sigma_a=(\sigma_{\max}-\sigma_{\min})/2$ 为高周疲劳损伤控制参量（应力幅），$\bar{\sigma}=(\sigma_{\max}+\sigma_{\min})/2$ 为平均应力。σ'_{f}、b 为拟合参数（即 θ）。

（3）蠕变-疲劳

$$\mathrm{d}D_F=(1-D)^{\alpha}\left[\frac{\sigma_a}{M_0(1-b\bar{\sigma})(1-D)}\right]^{\beta}\mathrm{d}n \tag{7.5}$$

$$\mathrm{d}D_C=\left(\frac{\sigma_{\max}}{A}\right)^{r}(1-D)^{-k}\mathrm{d}t \tag{7.6}$$

$$\mathrm{d}D=\mathrm{d}D_F+\mathrm{d}D_C \tag{7.7}$$

式中，$\sigma_{\max}$、σ_a 为蠕变-疲劳损伤控制参量，$\mathrm{d}D$、$\mathrm{d}D_{\mathrm{F}}$、$\mathrm{d}D_{\mathrm{C}}$ 分别为总损伤、疲劳损伤、蠕变损伤。β、a、M_0、b、r、A、k 为材料参数。

（4）热机械疲劳

$$\Delta\varepsilon_{in}\sigma_{\max}=(\sigma'_{\mathrm{f}}-\bar{\sigma})(N_{\mathrm{f}})^b \tag{7.8}$$

式中，$\Delta\varepsilon_{in}\sigma_{\max}$为热机械疲劳损伤控制参量，$\Delta\varepsilon_{in}=\varepsilon_{in,\max}-\varepsilon_{in,\min}$ 为非弹性应变范围。σ'_{f}、b 为拟合参数（即 θ）。

（5）高低周复合疲劳

$$\left(\frac{\sigma_a}{1-b\bar{\sigma}}\right)^{-\beta}\left\langle\frac{\sigma_{\mathrm{u}}-\sigma_{\max}}{\sigma_a-\sigma_{\mathrm{f}}(\bar{\sigma})}\right\rangle=\alpha N_{\mathrm{f}} \tag{7.9}$$

式中，$\left(\frac{\sigma_a}{1-b\bar{\sigma}}\right)^{-\beta}\left\langle\frac{\sigma_{\mathrm{u}}-\sigma_{\max}}{\sigma_a-\sigma_{\mathrm{f}}(\bar{\sigma})}\right\rangle$为高低周复合疲劳损伤控制参量，$\sigma'_{\mathrm{f}}$ 为与 $\bar{\sigma}$ 有关的疲劳极限，σ_{u} 为抗拉强度。α、β、b 为拟合参数（即 θ）。

（6）微动疲劳

$$FS=\frac{\Delta\varepsilon}{2}\left(1+a\frac{\sigma_{\max}}{\sigma_{\mathrm{y}}}\right)=\frac{\sigma'_{\mathrm{f}}}{G}(2N_{\mathrm{f}})^b+\gamma'_{\mathrm{f}}(2N_{\mathrm{f}})^c \tag{7.10}$$

式中，FS 为微动疲劳损伤控制参量，$\Delta\varepsilon=\varepsilon_{\max}-\varepsilon_{\min}$ 为应变范围，σ_{y} 为屈服应力，G 为

剪切模量。σ'_f、γ'_f、a、b、c 为拟合参数(即 θ)。

为确定式(7.2)中的拟合参数 θ,开展圆棒、平板等光滑试验件疲劳试验,并采用相应疲劳寿命模型完成参数拟合

$$w(\sigma,\varepsilon)=f(N_f,\theta) \tag{7.11}$$

第四步,为确定式(7.2)中临界距离 L 的表达式,开展覆盖目标结构应力梯度范围的缺口疲劳试验,采用点法或线法确定 L 与 N_f 的关联形式。通常采用幂函数的描述形式

$$L=AN_f^B \tag{7.12}$$

式中,A、B 为材料参数。上述点法采用 L 处的损伤控制参量作为疲劳寿命计算依据,线法采用 L 范围内的损伤控制参量平均值作为疲劳寿命计算依据,L 的定义应在本步骤和第五、六、七步中保持一致。

临界距离法是目前预测应力集中部位疲劳寿命最典型的非局部方法。临界距离理论将缺口附近临界区域内(该区域可为点、线、面或体)中最大主应力场的平均应力视为主导疲劳损伤的特征应力,按照临界区域的不同,进一步分为点法、线法、面法和体法[11-14]。以下以点法为例介绍疲劳寿命计算过程。在已知盘心部位损伤控制参量沿关键路径分布的基础上,采用迭代法计算临界距离[15],计算流程如图 7.2 所示。具体流程如下:

假定初始疲劳寿命为 N_{f1},根据缺口疲劳试验建立的临界距离表达式,计算该疲劳寿命下对应的临界距离;根据关键路径上损伤控制参量的分布情况,确定临界距离处的损伤控制参量取值,代入寿命模型中计算疲劳寿命 N_{f2};将 N_{f1} 与 N_{f2} 对比,若两者的误差符合要求,则确定此时的 N_f 与临界距离取值,否则将 N_{f2} 作为新的疲劳寿命;重复上述过程,直到满足要求为止。

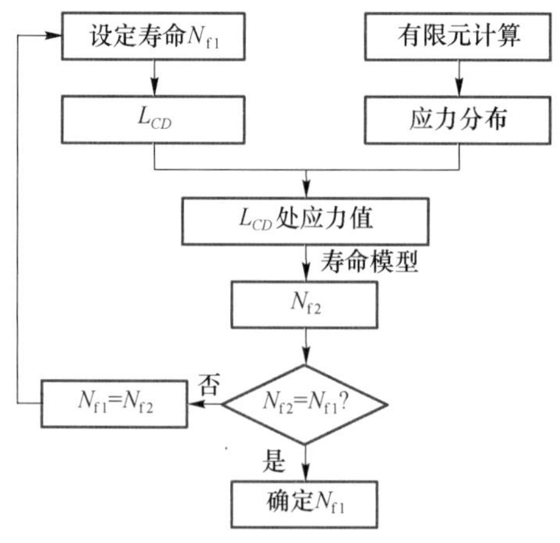

图 7.2 临界距离法预测流程

第五步,提取真实结构上影响危险部位临界平面损伤控制参量分布的关键几何

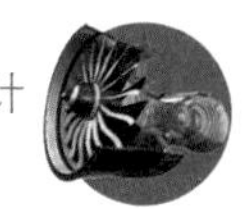

尺寸，在保证其不变的前提下实现模拟件考核部位几何形状的初步设计。

第六步，通过添加开槽、开孔等辅助特征调整危险部位临界平面上的损伤控制参量分布，在临界距离范围内使之与真实结构趋于一致。平行于加载方向的开槽特征用于提高损伤控制参量梯度，垂直于加载方向的开槽特征、开孔特征用于降低损伤控制参量梯度。

第七步，设计模拟件夹持段为螺纹、销钉孔或楔形，在考核载荷、环境下进行强度校核，夹持段相对于考核段应具有足够的强度储备，即采用临界距离理论进行寿命预测，建议夹持段疲劳寿命预测值为考核段的两倍以上，以保证试验件不会在夹持段失效而导致试验失败。

7.2.2　基于损伤控制参量一致的疲劳裂纹扩展模拟件设计方法

为了克服现有技术在疲劳裂纹扩展模拟件设计中通用性不足的问题，本节提供一种基于裂纹扩展路径和应力强度因子一致的疲劳裂纹扩展模拟件设计方法。该方法在低周疲劳、蠕变-疲劳等失效模式下具有统一的设计思路，通用性强，可用于不同失效模式下裂纹扩展模拟件设计。实施步骤如图 7.3 所示，具体描述如下：

第一步，依据真实结构载荷及环境特点，确定典型失效模式，如航空发动机轮盘的低周疲劳、蠕变-疲劳，开展真实结构静强度分析，确定最大第一主应力部位为危险部位，并以垂直于第一主应力的平面作为初始裂纹平面。

第二步，开展材料级断裂韧度试验和裂纹扩展试验，试验件形式为紧凑拉伸、单边缺口、中心裂纹等标准件，试验条件覆盖考核部位的载荷、温度状态，通过调节标准件厚度，确定与结构应力、应变状态一致的断裂韧度，选择给定失效模式下的裂纹扩展模型，即第 4 章、第 5 章、第 6 章所述低周疲劳、蠕变-疲劳、高低周复合疲劳长裂纹扩展模型，通过试验所得裂纹扩展速率（da/dN）与应力强度因子幅值（ΔK）数据拟合确定其参数。

第三步，开展真实结构裂纹扩展有限元模拟，确定裂纹扩展路径上的应力强度因子变化规律，从而得到对裂纹扩展路径上应力强度因子具有主要影响的关键几何尺寸。通常关键几何尺寸包括缺口曲率半径、截面宽度、厚度等。在保证所述关键几何尺寸不变的前提下，选取平板构型模拟件考核部位几何形状的初步设计。

第四步，通过调整沿裂纹扩展方向的模拟件宽度使得应力强度因子的变化规律与真实构件一致。宽度越大，应力强度因子随裂纹长度的下降越慢。开展模拟件裂纹扩展模拟，获取裂纹扩展路径上的应力强度因子变化规律，据此在不改变模拟件关键几何尺寸条件下调整其他几何尺寸，使不同裂纹长度下的应力强度因子、临界裂纹长度与真实结构一致。

第五步，设计模拟件夹持段为螺纹、销钉孔或楔形，在考核载荷、环境下进行强度校核，夹持段相对于考核段具有足够的强度储备。

第六步，设计模拟件缺口处电火花线切割预制裂纹形式，如角裂纹、穿透裂纹等，使之与真实结构的初始裂纹形式一致。

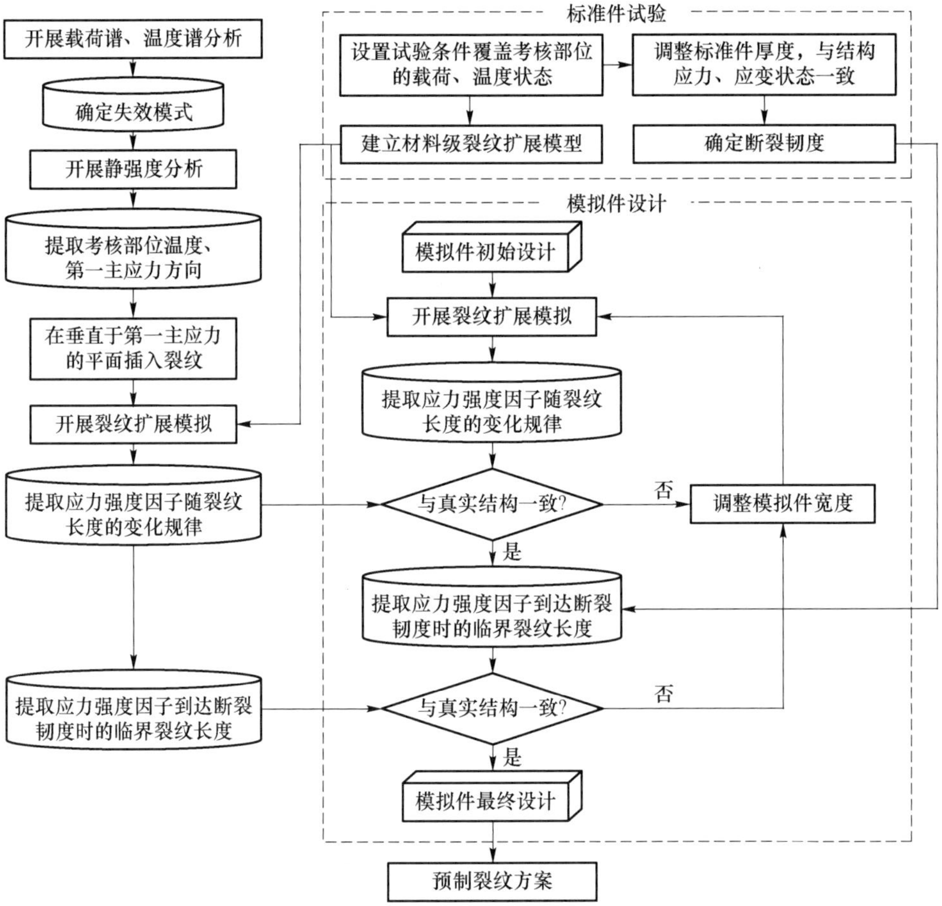

图 7.3　疲劳裂纹扩展模拟件设计方法实施流程图

7.3　涡轮盘特征模拟件设计实例

7.3.1　某型涡轮盘中心孔特征模拟件

设计对象为某型高压涡轮盘盘心部位。材料为 FGH96，平均服役温度为 500 ℃，在设计状态下开展涡轮盘静强度分析，获得盘心部位应力云图，如图 7.4 所示。

可以看出，在盘心部位，第一主应力数值远大于第二主应力和第三主应力，因此可以近似认为该部位处于单向应力状态。轮盘盘心部位常见的失效模式为低周疲劳失效，本节采用 SWT 寿命模型(见式(7.3))描述轮盘盘心部位低周疲劳寿命。

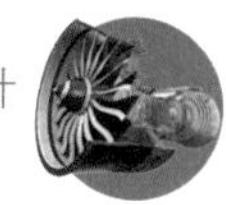

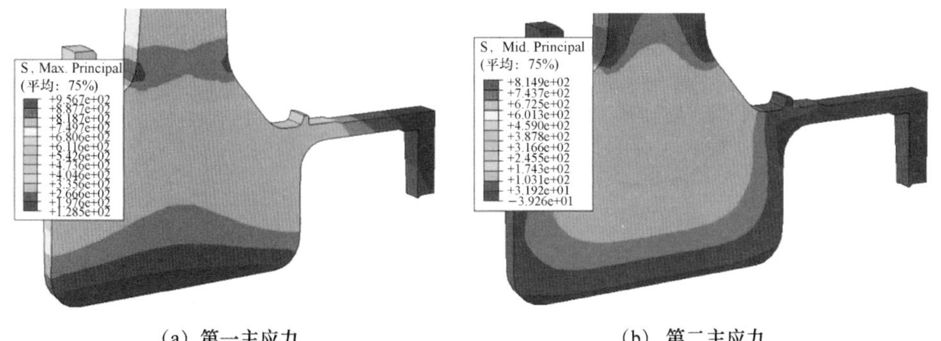

(a) 第一主应力　　　　(b) 第二主应力

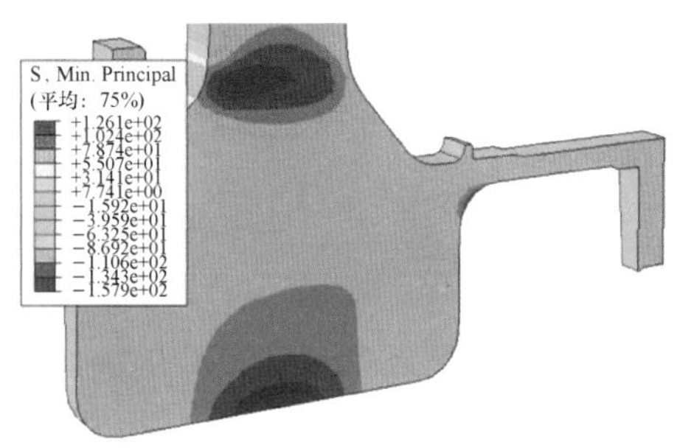

(c) 第三主应力

图 7.4　盘心应力分布图(单位:MPa)

FGH96 材料在 500 ℃下的 SWT 参数取值如表 7.1 所列。

表 7.1　FGH96 材料在 500 ℃下的 SWT 参数

σ'_f/MPa	b	ε'_f	c
1 960.47	−0.27	0.195	−0.78

根据临界距离法预测疲劳寿命的要求,需要首先确定 SWT 损伤控制参量沿关键路径的分布,而关键路径的判断依赖于临界平面。临界平面,即使得 SWT 损伤控制参数的值取到最大值的平面。由于盘心部位应力近似为单向的应力状态,因此临界平面为过最大应力点的子午面,此时关键路径如图 7.5 中的箭头所示。

提取关键路径上应力应变分布,计算 SWT 损伤控制参量的分布,结果如图 7.6 所示。可以看出,盘心部位 SWT 损伤控制参数最大,沿着径向方向 SWT 损伤控制参量逐渐降低。计算得到临界距离为 0.91 mm。

为保证模拟件应力梯度分布与真实结构相似,采用缺口的形式,试验件基本形式如图 7.7 所示,包括宽度 W、圆弧深度 D、圆弧半径 R 三个几何尺寸。

由于模拟件具有对称性,因此可以判断出模拟件受载时的临界平面位置。以真实轮盘盘心部位的 SWT 损伤控制参量分布为目标,通过调节宽度 W、圆弧深度 D、圆弧半径 R 三个尺寸,使得临界距离范围内模拟件损伤控制参量分布与真实构件相同。最终确定模拟件考核段尺寸参数为 $W=22$ mm、$D=2.5$ mm、$R=98$ mm。此时盘心部位模拟件(也称中心孔特征模拟件)与真实轮盘盘心部位 SWT 损伤控制参量分布对比如图 7.8 所示;与真实结构相比,临界距离内损伤控制参量的误差不超过 1%。

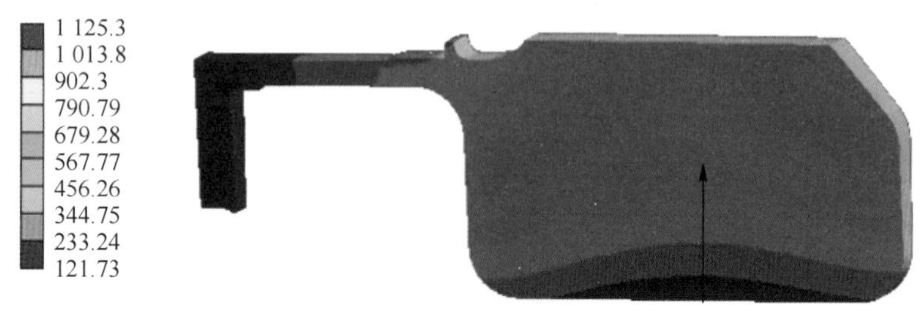

(a) 第一主应力分布/MPa

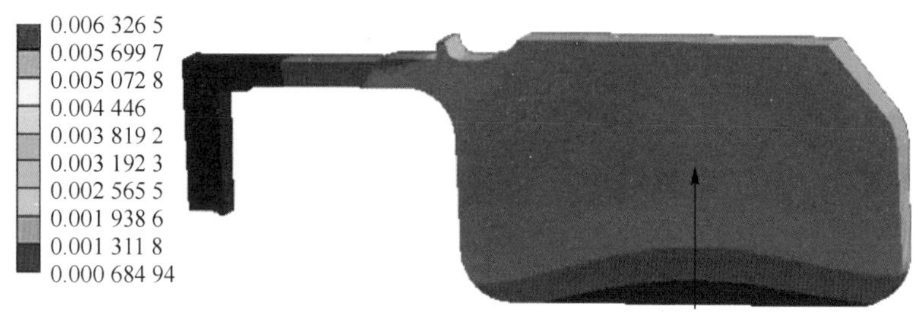

(b) 第一主应变分布

图 7.5 盘心关键路径

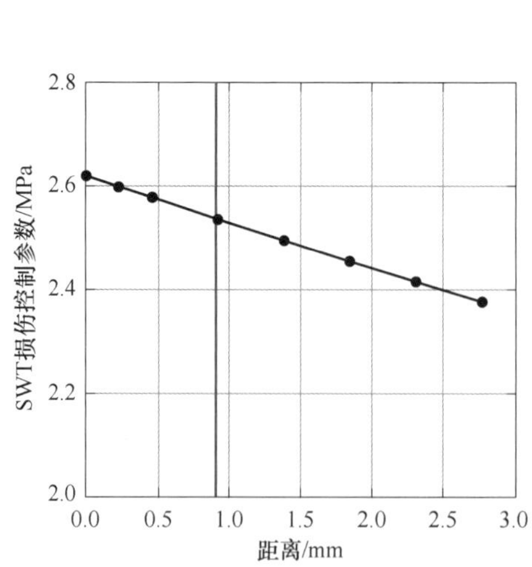

图 7.6 SWT 损伤控制参量沿关键路径分布

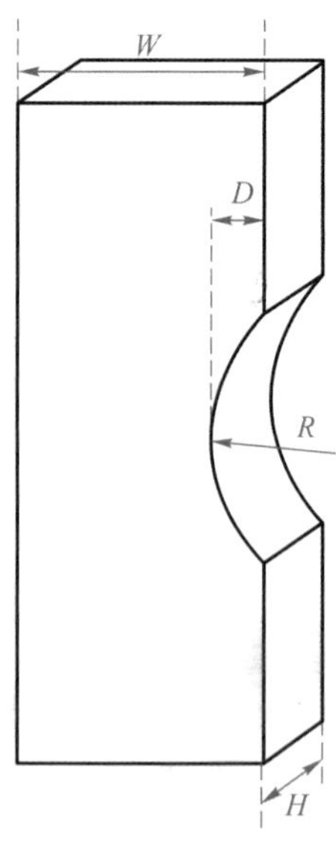

图 7.7 中心孔特征模拟件基本形式

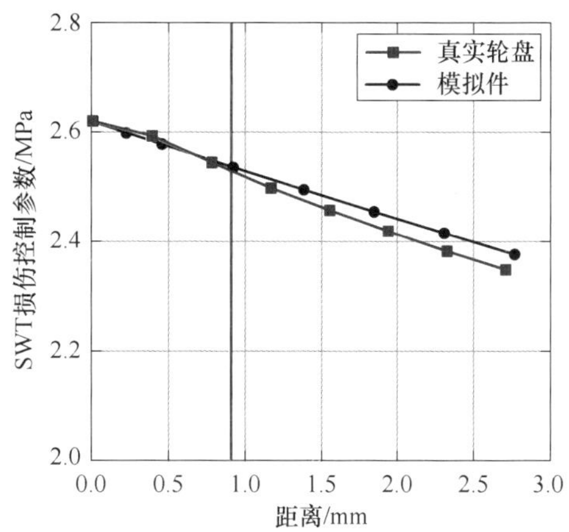

图 7.8 中心孔特征模拟件与真实轮盘 SWT 损伤控制参量分布对比

考虑到依据裂纹萌生控制参量设计模拟件的几何特征仅可确定平面形状、尺寸，进一步考虑裂纹扩展控制参量(应力强度因子)以确定模拟件的厚度 H。采用三维裂纹扩展分析软件 Franc3D 计算不同厚度 H 模拟件的裂纹扩展性能，裂纹形式为表面裂纹，得到的应力强度因子随裂纹长度的变化曲线如图 7.9 所示。可以看出，厚度 H 对裂纹沿试验件厚度和宽度两个方向扩展的应力强度因子具有一定影响，当模拟件厚度 H 达到3 mm时，应力强度因子误差仍小于 10%，因此确定试验件厚度 H 为 3 mm。

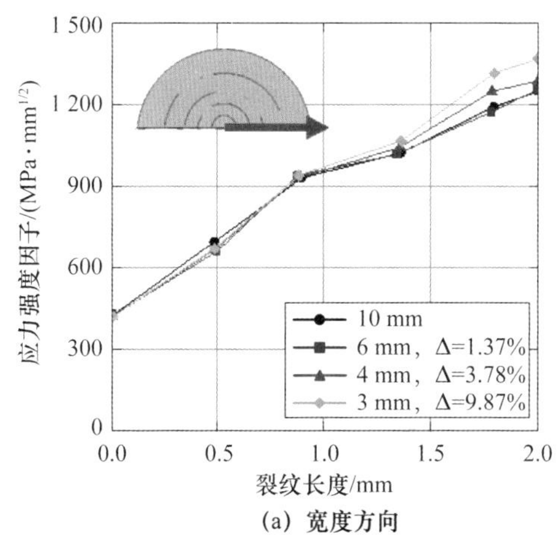

(a) 宽度方向

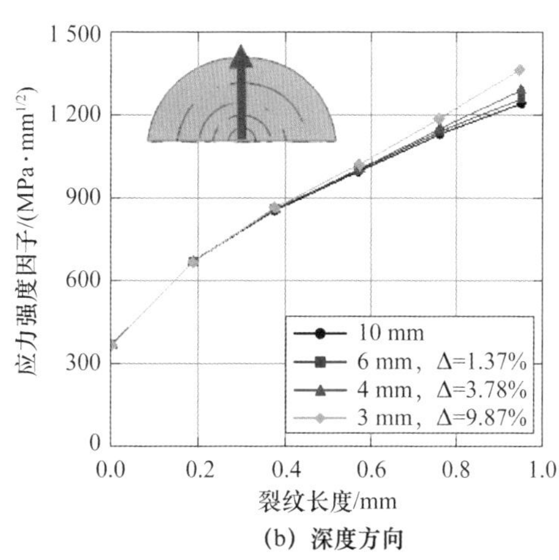

(b) 深度方向

图 7.9 裂纹扩展数值模拟计算结果

由于本试验件考核段宽度 W 较大，如采用销钉夹持，将导致夹持段宽度 W 进一步增加(强度评估后超过 50 mm)，造成取样困难，因而采用摩擦夹持方式。在此基础上，为保证试验件不在夹持端失效，对夹持端加厚的同时采用大圆弧过渡。考虑到试

验件防失稳及疲劳试验机载荷范围，确定夹持段厚度为考核段的两倍。中心孔特征模拟件示意图如图 7.10 所示。

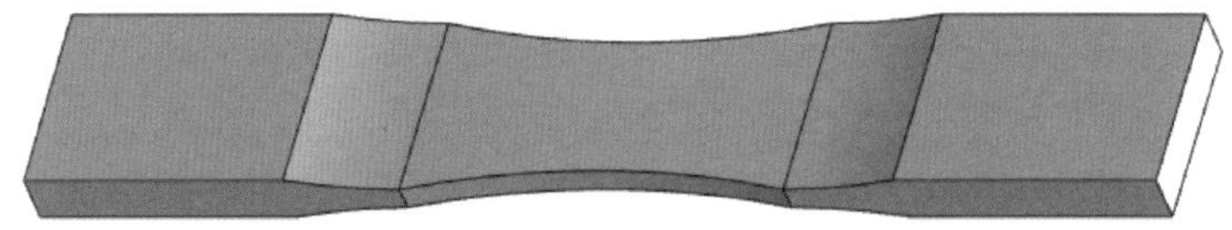

图 7.10　中心孔特征模拟件模型示意图

7.3.2　某型涡轮盘螺栓孔特征模拟件

设计对象为某型高压涡轮盘螺栓孔部位。材料为 FGH96，平均服役温度为 550 ℃，在设计状态下开展涡轮盘静强度分析，获得螺栓孔部位应力分布如图 7.11(a) 所示。

涡轮盘螺栓孔部位的工作温度较高，且具有较大的应力集中，主要损伤模式为低周疲劳，故选用 SWT 损伤控制参量作为寿命控制参量。以螺栓孔部位最大主应力点为危险点，沿临界平面内应力梯度最速下降方向确定临界距离路径，提取应力/应变参数，计算得到螺栓孔部位 SWT 损伤控制参量，如图 7.11(b) 所示，临界距离为 1.27 mm。

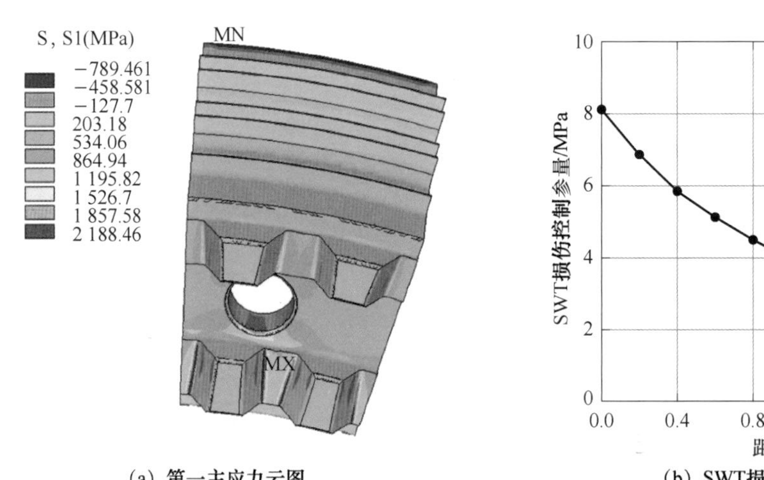

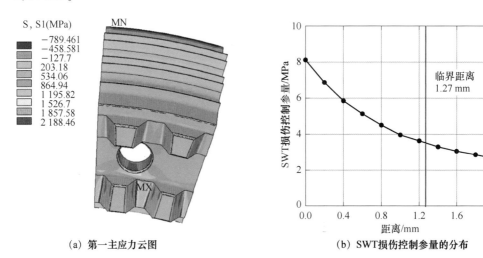

(a) 第一主应力云图　　(b) SWT损伤控制参量的分布

图 7.11　螺栓孔部位应力分布

根据几何一致性原则，确定关键尺寸，包括螺栓孔厚度 H、螺栓孔径 D、螺栓孔导角 C。选择平板带孔试验件为基础进行模拟件设计。由于此时模拟件 SWT 损伤控制参量梯度大于真实轮盘，仅通过调节试验件宽度难以匹配，故选择在两侧添加圆弧以降低 SWT 损伤控制参量梯度，具体形式如图 7.12 所示。

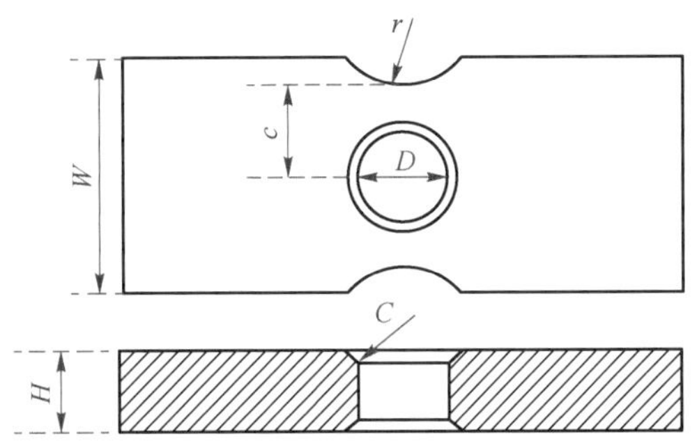

图 7.12　螺栓孔特征模拟件基本形式

关键尺寸保持与真实结构一致，其余可调参数包括圆弧半径 r，圆弧距中心距离 c，拉伸载荷及试验件宽度 W。由于试验件宽度 W 影响较小，为简化优化参数，将宽度 W 与圆弧距中心距离关联，设置宽度 W 为 $c+5$ mm，对其余 2 个几何参数及拉伸载荷进行优化。

优化过程中需控制圆弧与孔边保持一定距离，为试验中裂纹萌生及扩展预留空间，避免试验过程发生瞬断。同时要注意控制圆弧半径，保证孔边优先起裂，以临界距离法对寿命进行计算，保证圆弧边寿命为孔边寿命 2 倍以上。

先选择较大的圆弧距中心距离 c，通过优化得到满足 SWT 损伤控制参量一致的圆弧半径 r 及拉伸载荷，对圆弧边寿命及孔边寿命进行计算验证。由于圆弧距中心距离 c 越小，圆弧对孔边影响越大；圆弧半径 r 越大，对孔边影响越小，但圆弧寿命越大。故为进一步提高孔边寿命，逐渐降低圆弧距中心距离 c，计算匹配得到对应的圆弧半径 r 及拉伸载荷，迭代得到满足要求的最终方案。临界距离内 SWT 损伤控制参量如图 7.13 所示；与真实轮盘相比，临界距离内 SWT 损伤控制参量的误差不超过 1.8%。

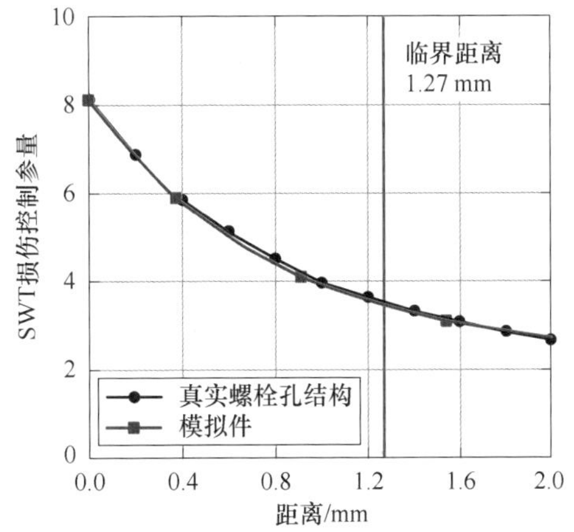

图 7.13　螺栓孔特征模拟件 SWT 损伤控制参量分布

随后，在模拟件孔边插入半椭圆裂纹，对其进行裂纹扩展模拟分析，计算得到应力强度因子，结果如图 7.14 所示。

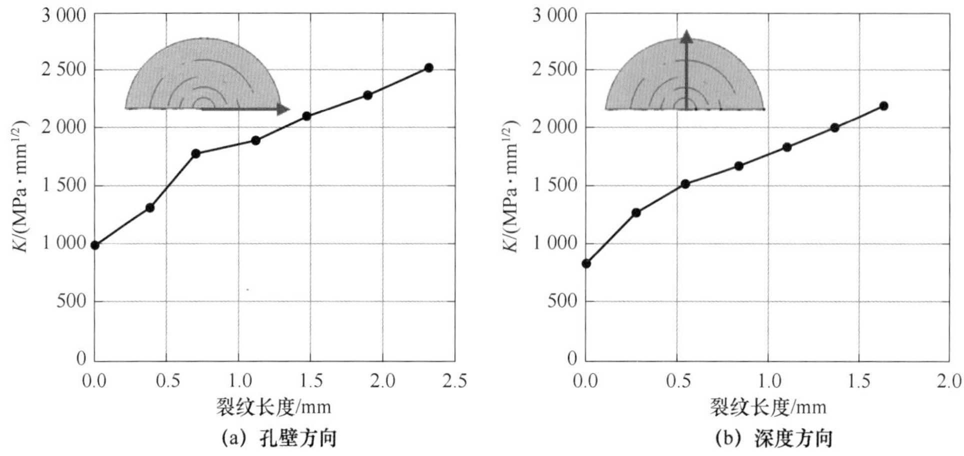

图 7.14　螺栓孔特征模拟件裂纹扩展应力强度因子

选择摩擦加载的方式进行加载，设计对应夹持段。为保证足够的夹持面积，设计夹持段宽度 36 mm，长度 25 mm，夹持段与考核段之间采用圆弧过渡，圆弧半径 r 设计为 25 mm，夹持段厚度与考核段厚度 H 保持一致，设置为 6.6 mm。

最终，螺栓孔特征模拟件设计方案如图 7.15 所示。所设计的螺栓孔特征模拟件具有以下特点及优势：①夹持稳定，适用于载荷较大的情况；②结构简单，加工方便；③夹具可与平板试验件通用。

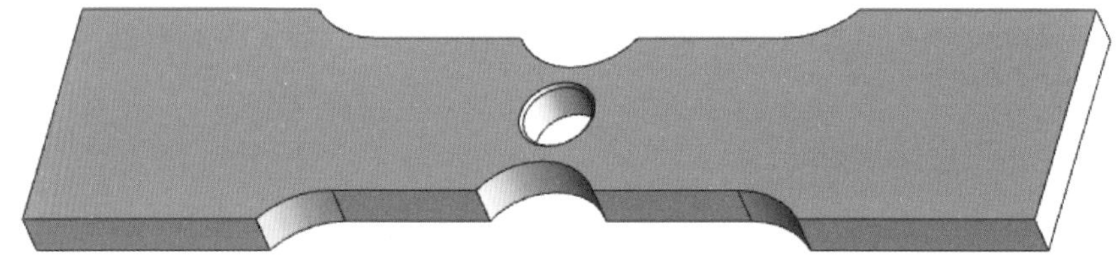

图 7.15　螺栓孔特征模拟件模型示意图

7.3.3　某型涡轮盘辐板倒圆特征模拟件

设计对象为某型高压涡轮盘辐板倒圆部位。材料为 FGH96，平均服役温度为 650 ℃，在设计状态作用下开展涡轮盘静强度分析，获得辐板倒圆部位应力分布，如图 7.16(a)所示。

涡轮盘辐板倒圆部分服役温度高，同时长期承受较大的疲劳载荷，容易发生蠕变-疲劳失效。本章选取基于应力的损伤累积模型进行蠕变-疲劳寿命预测，为此采用 Mises 等效应力作为损伤参量。从 Mises 等效应力最大点出发，沿该点最大应力梯

度方向，Mises 等效应力的分布如图 7.16(b)所示。根据临界距离法计算得临界距离为 0.575 mm。

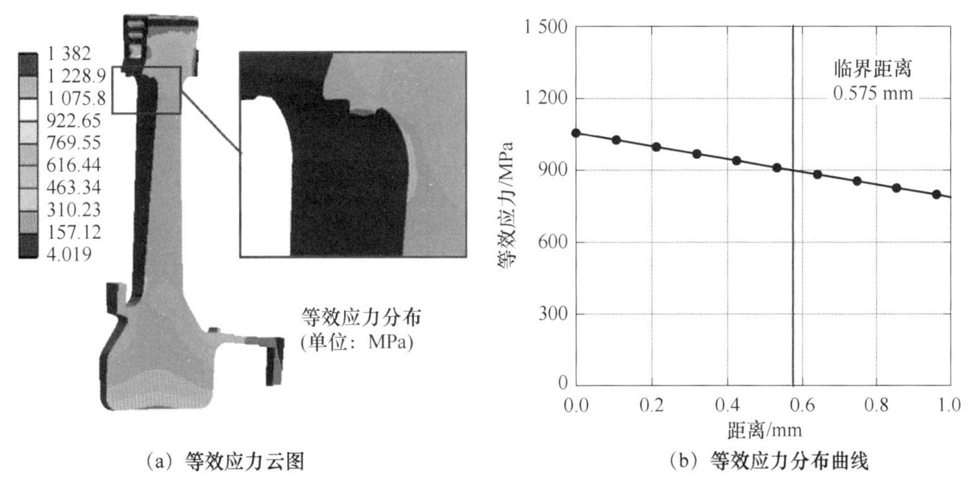

(a) 等效应力云图　　(b) 等效应力分布曲线

图 7.16　辐板倒圆部位等效应力分布

基于几何相似的原则，设计模拟件考核段的基本形状：以带缺口圆棒作为考核段的基本形状，以缺口的倒圆半径 R、倾斜角度 θ、缺口根部最小截面的半径 r 为关键尺寸，如图 7.17(a)所示。为了保证模拟件考核段与真实构件考核部位几何相似，以涡轮盘辐板倒圆部位倒圆半径、辐板的倾斜角度的实际值作为模拟件弧面根部的倒圆半径 R、倾斜角度 θ 的初始值，如图 7.17(b)所示。

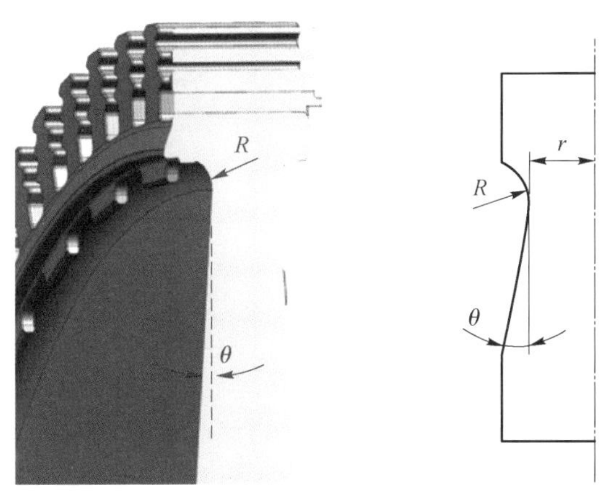

(a) 真实构件关键尺寸　　(b) 模拟件考核段基本形状(回转面)

图 7.17　真实构件考核部位关键尺寸与模拟件考核段基本形状

调整模拟件的缺口根部最小截面的半径 r，使模拟件考核部位等效应力的分布与真实构件一致。优化后等效应力分布如图 7.18 所示；与真实轮盘相比，临界距离

内 SWT 损伤控制参量的误差小于 3.7%。

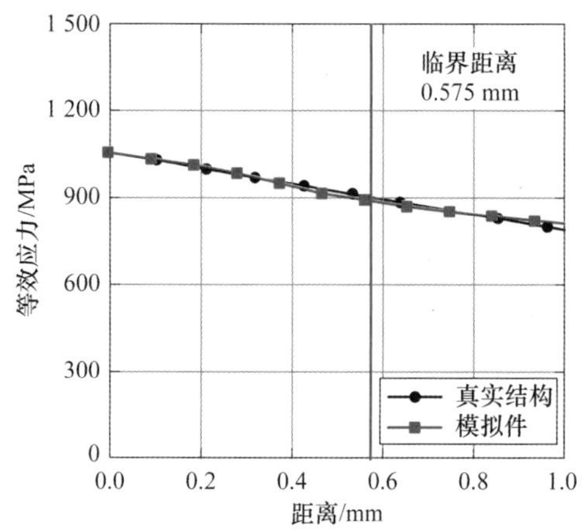

图 7.18 模拟件考核部位 Mises 等效应力分布

在模拟件考核部位最大应力点，沿最大应力梯度方向插入裂纹。利用 Franc 3D 软件模拟裂纹扩展过程，直至应力强度因子达到材料断裂韧度，此时裂纹长度为临界裂纹长度。对比模拟件/真实构件应力强度因子随裂纹宽度/深度的变化曲线，从而检验模拟件设计方案能否用于校核真实结构考核部位的裂纹扩展寿命。对比结果如图 7.19 所示，可以看出临界裂纹长度范围内（$a_l<2.4$ mm，$a_h<0.9$ mm），裂纹宽度/深度-应力强度因子曲线的误差均小于 5%。

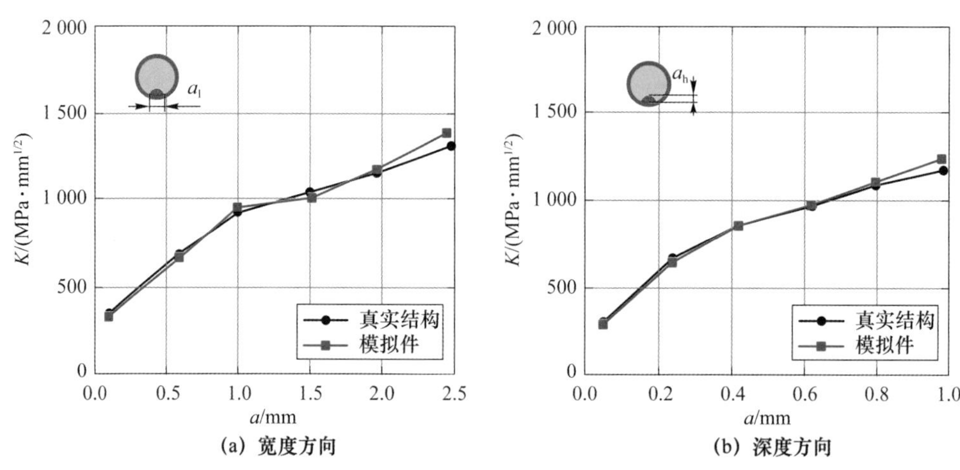

图 7.19 模拟件考核部位裂纹宽度/深度-应力强度因子关系

辐板倒圆特征模拟件采用螺纹连接的方式夹持。采用螺纹连接的优势在于：①夹持稳定，适用于载荷较大的情况；②夹持具有较好的对中性；③夹具可与圆棒试验件通用。辐板倒圆模拟件示意图如图 7.20 所示。

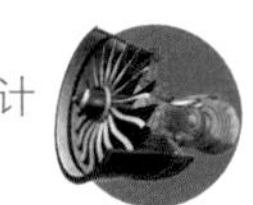

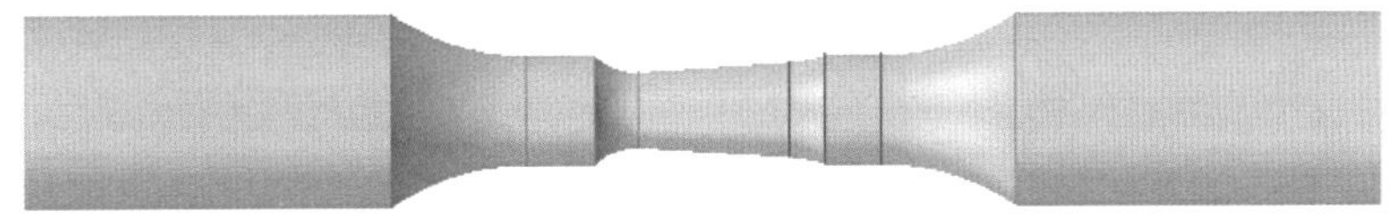

图 7.20　辐板倒圆特征模拟件模型示意图

7.3.4　某型涡轮盘榫槽槽底特征模拟件

设计对象为某型高压涡轮盘榫槽槽底部位。材料为 FGH96，平均服役温度为 650 ℃，在设计状态下开展涡轮盘静强度分析，获得榫槽槽底部位应力分布如图 7.21(a)所示。

涡轮盘工作状态下，榫槽槽底部位温度高，应力大，易发生蠕变-疲劳失效。本章采用基于应力的损伤累积模型进行寿命预测。由于槽底部位第一主应力远大于第二、第三主应力，可以认为近似处于单轴状态，Mises 等效应力与最大主应力基本一致，故选取 Mises 等效应力作为模拟件设计的损伤控制参量。沿垂直第一主应力方向的 Mises 等效应力分布曲线如图 7.21(b)所示。输入等效应力分布曲线，根据临界距离公式法计算得临界距离为 0.71 mm。

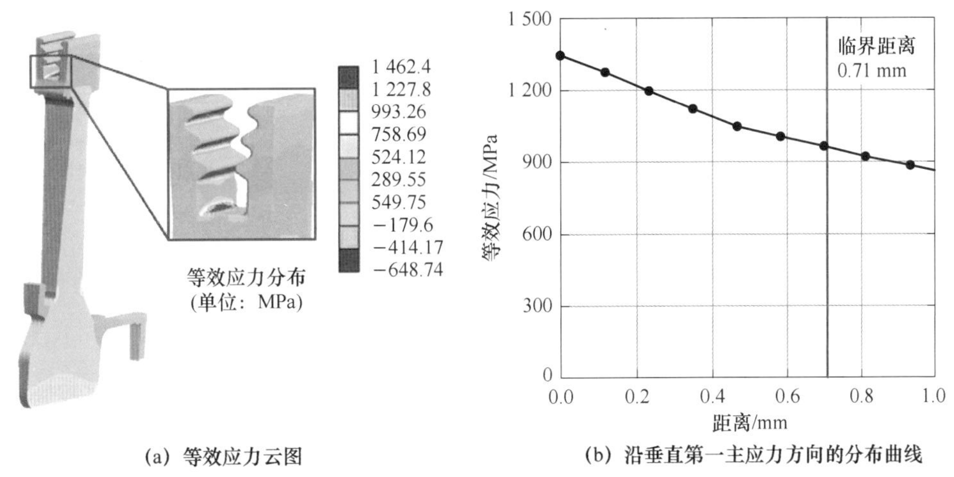

(a) 等效应力云图　　(b) 沿垂直第一主应力方向的分布曲线

图 7.21　榫槽槽底等效应力分布

以 U 形缺口平板试件作为模拟件的基本形式，模拟件缺口的两侧的宽度变窄，如图 7.22 所示，减弱考核区域的刚性，调整缺口根部的应力分布以贴近榫槽槽底处的应力分布。

在上述的榫槽槽底特征模拟件几何构型中，缺口倾角 θ 和底部圆角 R 与真实结构保持一致，其余尺寸均为可变尺寸。经过优化设计后，模拟件的等效应力分布如图 7.23(a)所示；与真实结构相比，在临界距离内损伤控制参量的误差小于 2%，优于不含减刚性槽的设计结果，如图 7.23(b)所示。

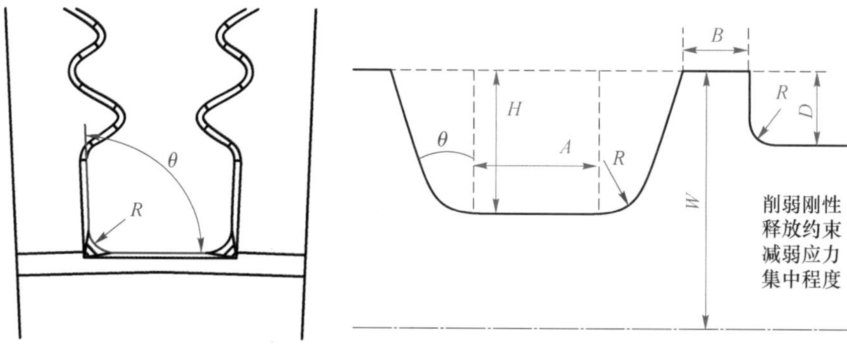

(a) 真实榫槽槽底关键尺寸

(b) 模拟件参数化模型

图 7.22　榫槽槽底特征模拟件考核部位基本形式

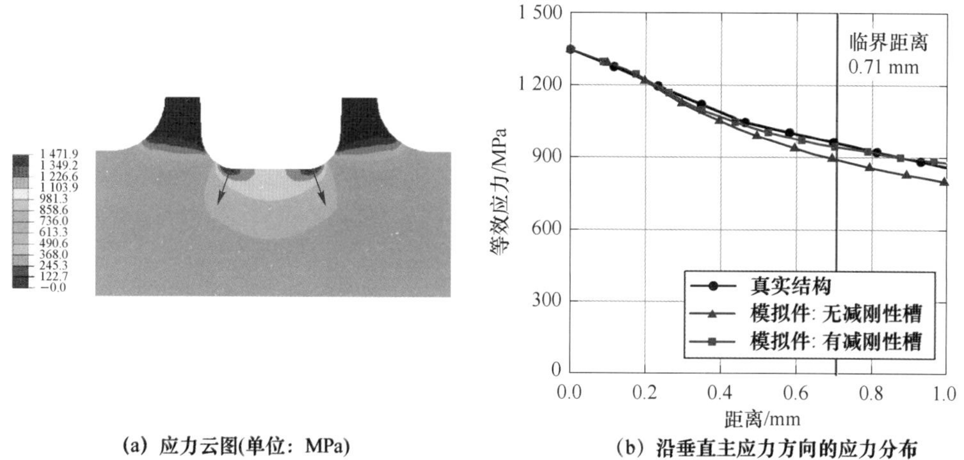

(a) 应力云图(单位: MPa)

(b) 沿垂直主应力方向的应力分布

图 7.23　优化设计后的榫槽槽底特征模拟件等效应力分布

开展不同考核段厚度下的有限元计算,结果如图 7.24(a)所示。不同厚度下的应力分布基本一致,厚度对裂纹萌生几乎没有影响;进一步,开展不同厚度下裂纹扩展模拟,分析结果如图 7.24(b)所示。当厚度减小时,裂纹扩展行为开始出现差异,厚度减小到 5 mm 时,2 mm 内应力强度因子的最大误差为 4%,满足精度要求,故模拟件考核段厚度可取 5 mm。

榫槽槽底特征模拟件采用直径 12 mm 的销钉加载,夹持段宽度、厚度均增加,保证夹持段在试验中的安全性。对榫槽槽底特征模拟件整体进行强度校核,如图 7.25 所示,销钉孔安全系数大于 2,且过渡段无较大的应力集中,因此榫槽槽底特征模拟件的夹持方案设计合理。

经过优化设计的槽底特征模拟件总长 120 mm,最大宽度 30 mm,最大厚度 10 mm,模型示意图如图 7.26 所示。所设计的槽底特征模拟件具有以下特点及优

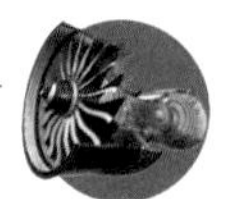

势：①平板形式的试验件符合榫槽槽底的整体特征，裂纹形式可能为角裂纹或表面裂纹；②设置减刚性槽用于调节应力分布，多个可调节尺寸增大了设计空间，降低了设计难度；③在强度满足要求的前提下采用销钉形式，易于试验操作和安装，配合多关节夹具，同轴性更易满足。

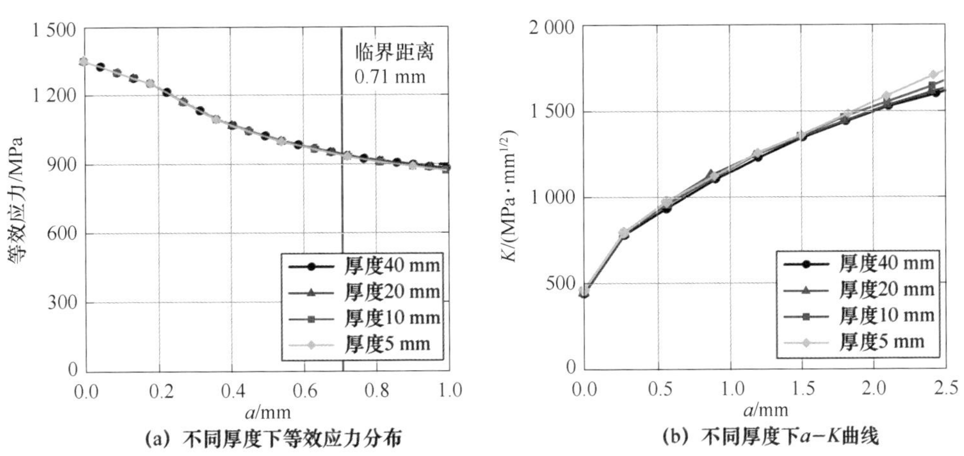

(a) 不同厚度下等效应力分布　　(b) 不同厚度下a−K曲线

图 7.24　厚度对榫槽槽底特征模拟件裂纹萌生和裂纹扩展的影响

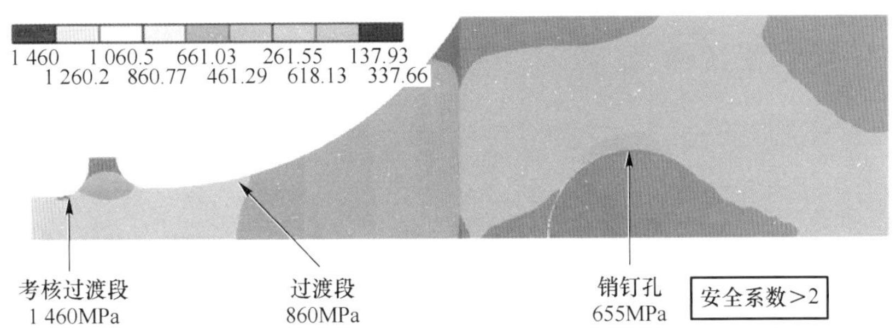

图 7.25　榫槽槽底特征模拟件夹持方案强度校核

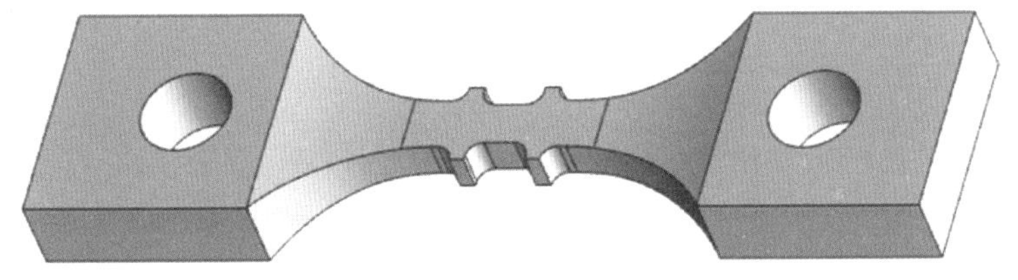

图 7.26　榫槽槽底特征模拟件模型示意图

7.3.5　某型涡轮盘榫槽齿根特征模拟件

设计对象为某型高压涡轮盘榫槽齿根部位。材料为 FGH96，平均服役温度为

650 ℃,在设计状态下开展涡轮盘静强度分析,获得榫槽齿根部位应力分布如图 7.27(a)所示。

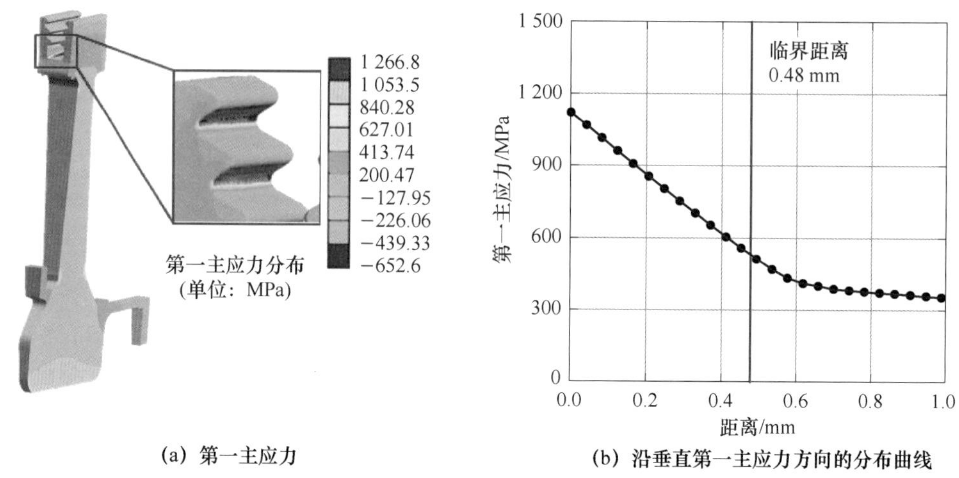

(a) 第一主应力　　(b) 沿垂直第一主应力方向的分布曲线

图 7.27　榫槽齿根第一主应力分布

榫槽齿根部位承受离心力、热应力等造成的低周载荷以及气流激振等引起的高周载荷,需考虑高低周复合疲劳失效模式。对于高低周复合疲劳失效模型,通常采用基于应力的损伤累积模型进行寿命预测,因此对于本节采用的 Chaboche 连续损伤模型,选取第一主应力为损伤控制参量。

由于齿根部位第一主应力远大于第二、第三主应力,可以认为近似处于单轴状态,故选取第一主应力作为模拟件设计的损伤控制参量。沿垂直第一主应力方向的应力分布曲线如图 7.27(b)所示。输入第一应力分布曲线,根据临界距离法计算得临界距离为 0.48 mm。

以 V 形缺口平板试件作为模拟件的基本形式,如图 7.28 所示,在模拟件中心区域缺口的两侧,对称设置带圆角的方形槽,对称开槽降低了缺口两侧的结构刚性,使缺口顶端应力集中程度增大,据此调整缺口根部的应力分布以贴近榫槽齿根处的应力分布。

在上述的榫槽齿根特征模拟件几何构型中,缺口角度 θ 和底部圆角 R 与真实结构保持一致,其余尺寸均为可变尺寸。经过优化设计后,模拟件的第一主应力分布云图如图 7.29(a)所示;与真实结构相比,临界距离内损伤控制参量的误差不超过 4%,如图 7.29(b)所示。

开展不同考核段厚度下的有限元分析,结果如图 7.30(a)所示。不同厚度下榫槽齿根特征模拟件的应力分布基本一致,可见厚度对裂纹萌生寿命几乎没有影响;进一步,开展不同厚度下裂纹扩展模拟,分析结果如图 7.30(b)所示。当厚度减小时,裂纹扩展行为开始出现差异,厚度减小到 10 mm 时,2.5 mm 内应力强度因子的最大误差为 9%,满足精度要求,故榫槽齿根特征模拟件考核段厚度可取 10 mm。

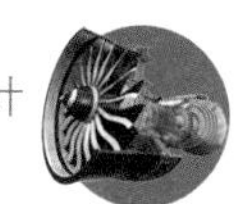

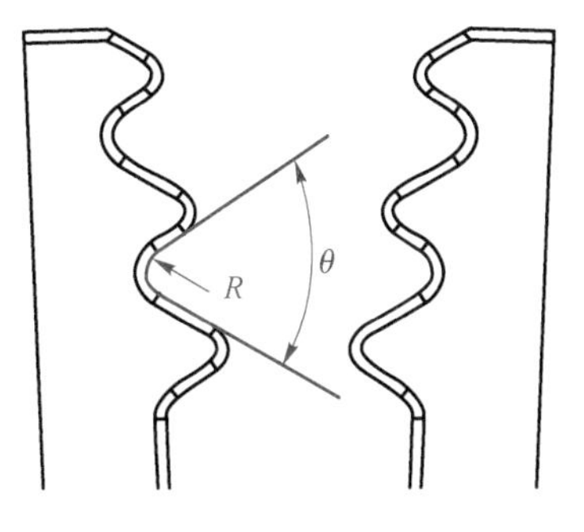

(a) 真实榫槽齿根关键尺寸

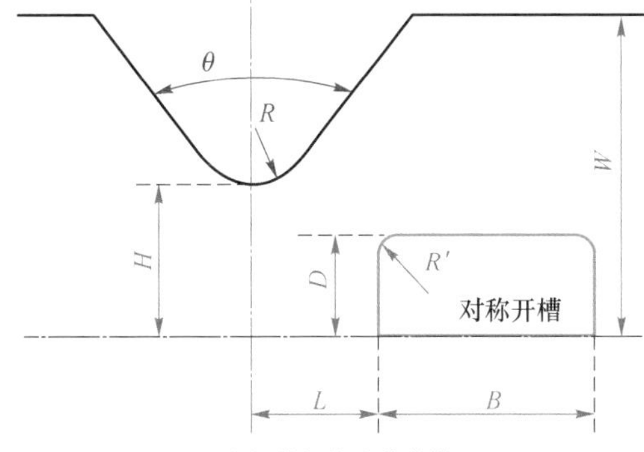

(b) 齿根模拟件参数化模型

图 7.28　榫槽齿根特征模拟件考核部位基本形式

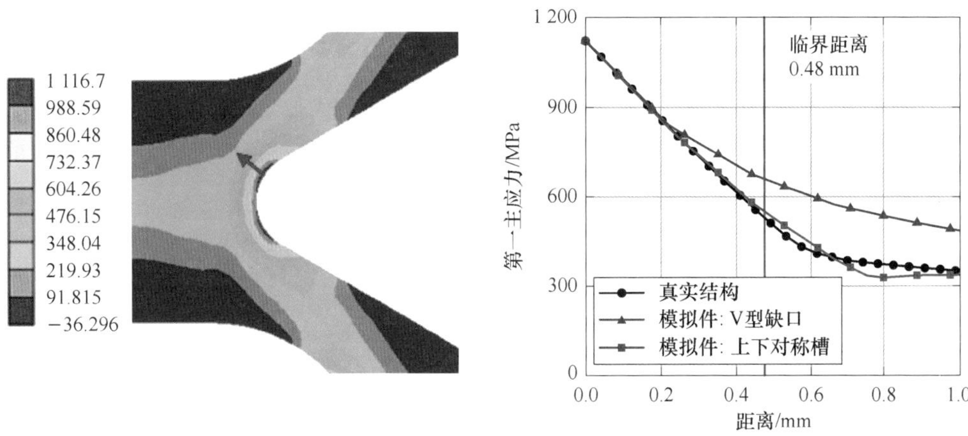

(a) 应力云图(单位：MPa)　　(b) 沿垂直主应力方向的应力分布

图 7.29　优化设计后的榫槽齿根特征模拟件第一主应力分布

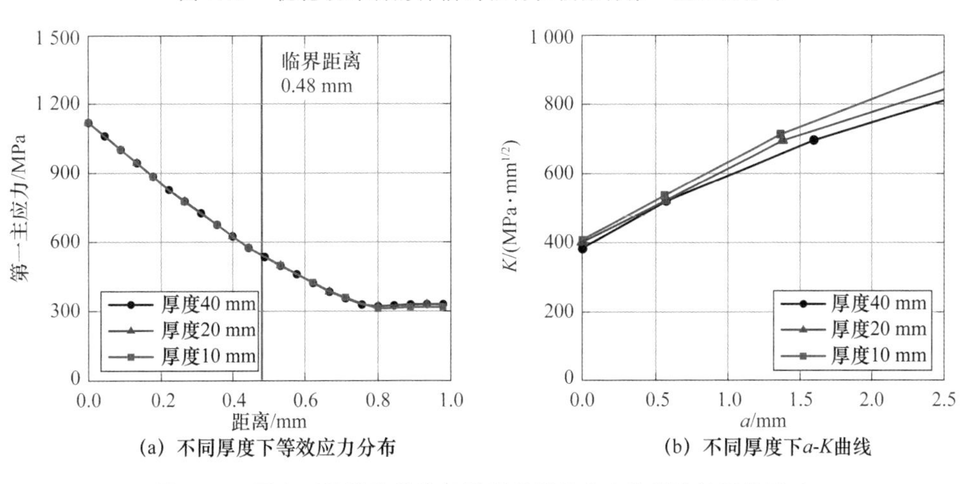

(a) 不同厚度下等效应力分布　　(b) 不同厚度下a-K曲线

图 7.30　厚度对榫槽齿根特征模拟件裂纹萌生和裂纹扩展的影响

榫槽齿根特征模拟件采用直径 12 mm 的销钉加载，夹持段宽度增加，保证夹持段在试验中的安全性。对榫槽齿根特征模拟件整体进行强度校核，如图 7.31 所示。销钉孔安全系数大于 3，且过渡段、槽内圆角无较大的应力集中，因此榫槽齿根特征模拟件的夹持方案设计合理。

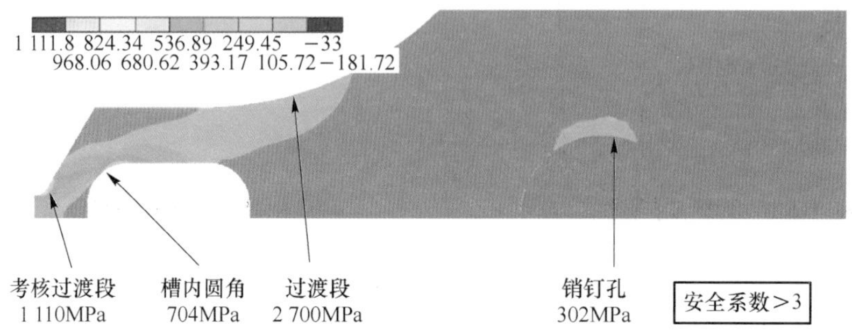

图 7.31　榫槽齿根特征模拟件强度校核结果

经过优化设计的总长 120 mm、最大宽度 30 mm、最大厚度 10 mm 的模型示意图如图 7.32 所示。所设计的榫槽齿根特征模拟件具有以下特点及优势：①平板形式的试验件符合榫槽齿根的整体特征，裂纹形式可能为角裂纹或表面裂纹；②考核段两侧开槽用于调节应力分布，相比于不开槽或中心开槽结构，多个可调节尺寸增大了设计空间，降低了设计难度；③在强度满足要求的前提下采用销钉形式，易于试验操作和安装，配合多关节夹具，同轴性更易满足。

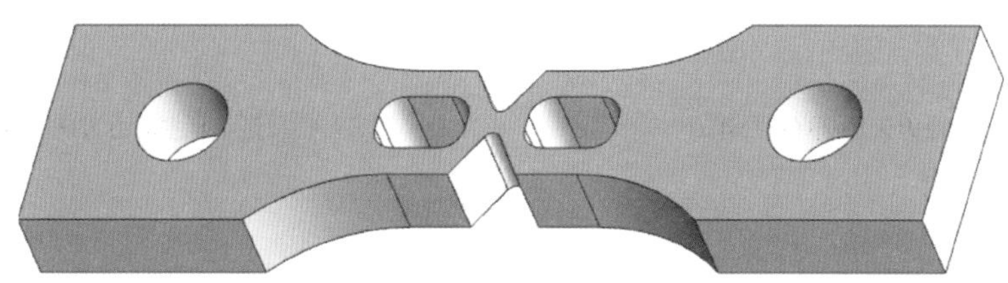

图 7.32　榫槽齿根特征模拟件模型示意图

7.3.6　本节小结

从上述案例可以看出，特征模拟件设计所依据的损伤控制参量取决于模拟对象的失效模式及所需要考虑的寿命范畴。对于失效模式而言，需保证临界距离内损伤控制参量分布一致，如低周疲劳通常选取 SWT 参量，蠕变-疲劳、高低周复合疲劳通常选取第一主应力。对于寿命范畴而言，若考虑裂纹扩展寿命，则需进一步保证裂纹扩展路径上、在临界裂纹长度内的应力强度因子一致；在载荷较低、临界裂纹长度较大时，模拟件宽度、厚度将进一步增加，导致试验载荷显著增加；需特别关注夹持段寿

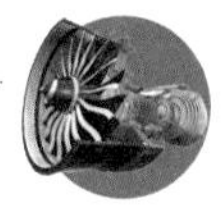

命储备，以避免夹持段先于考核段断裂而导致试验失败。

7.4　涡轮榫接特征模拟件设计方法试验验证

以某型涡轴发动机涡轮榫接关键部位为对象，其中榫槽材料为 GH4720Li，平均服役温度为 600 ℃，在设计状态下开展涡轮盘静强度分析，获得等效应力及第一主应力分布云图如图 7.33 所示。

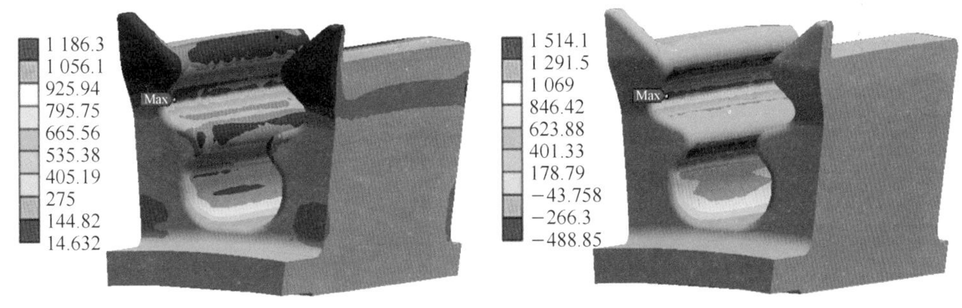

(a) 等效应力云图　　(b) 第一主应力云图

图 7.33　榫接部位等效应力及第一主应力分布(单位:MPa)

涡轮榫接部位工作温度较高，是典型的接触问题。在接触面边缘存在显著应力集中，主要损伤模式为微动疲劳，故选用接触面等效应力及滑移距离作为裂纹萌生寿命控制参量。进一步，考虑到榫接接触面边缘萌生裂纹后，受到离心载荷作用，萌生裂纹将沿第一主应力平面继续扩展，直至断裂。因此，依据前述模拟件设计方法，采用等效应力及滑移距离作为裂纹萌生寿命的损伤控制参量，采用裂纹扩展路径上的应力强度因子作为裂纹扩展寿命的损伤控制参量。

真实涡轮榫槽结构尺寸如图 7.34(a)所示。根据几何一致性原则，确定关键尺寸，包括接触区域宽度(W_c)、接触压力角(θ_1)、齿根圆角(θ_2)，据此形成单齿模拟件接触区域构型，如图 7.34(b)所示。

基于上述榫接特征模拟件基本形式，在考核的榫槽顶部两侧设置所述圆弧形变刚度结构(见图 7.35)，获得特征模拟件的初始几何形状。开展最大滑移距离和等效应力分布梯度对所述圆弧形变刚度结构的参数——圆弧半径 R、可调节深度 H、可调节宽度 W 的敏感度分析，如图 7.36 所示。

建立榫接特征模拟件及夹具的整体有限元模型，保证榫接特征模拟件接触区域的网格尺寸与真实榫接接触区域的网格尺寸一致。将榫齿接触面、夹具楔形加载面设置为摩擦接触。通过有限元计算获得榫齿接触面上最大滑移距离、经过最大等效应力点沿接触面法向的等效应力分布。

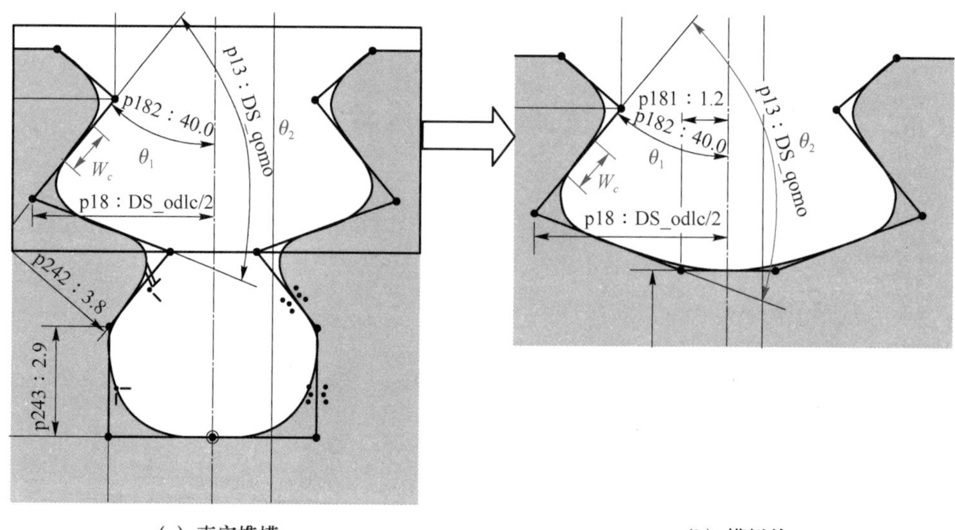

(a) 真实榫槽　　(b) 模拟件

图 7.34　榫接特征模拟件局部尺寸示意图

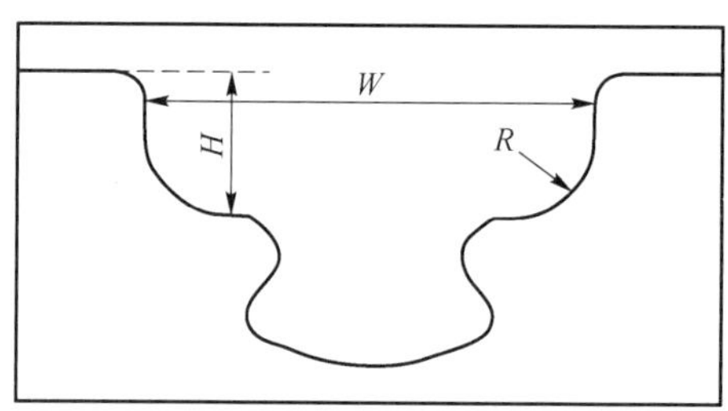

图 7.35　圆弧形变刚度结构

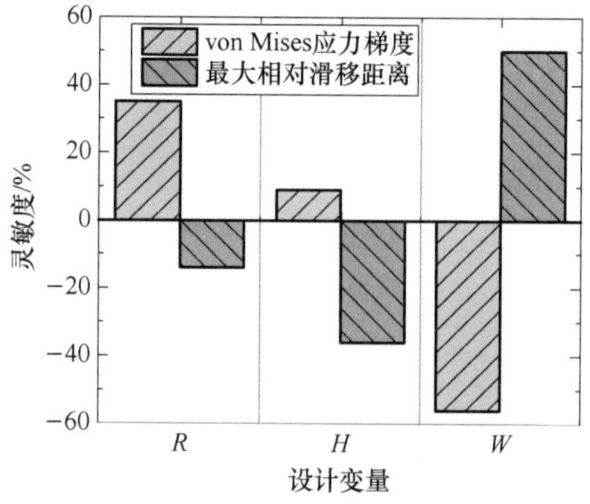

图 7.36　变刚度结构参数敏感度分析结果

① 通过调整最大滑移距离最敏感的参数——可调节宽度 W 和可调节深度 H，保证榫齿的接触面上的最大滑移距离与真实结构一致。②通过调整等效应力梯度敏感而最大滑移距离不敏感的参数——圆弧半径 R，保证等效应力分布在临界距离范围内的误差在一定范围内，且在该范围下，根据寿命模型计算出的特征模拟件的寿命与真实结构寿命误差在 1.5 倍分散带以内。如图 7.37 所示，设计的涡轴榫接结构特征模拟件与真实榫接结构相比，等效应力分布误差为 4.98%，相对滑移距离误差为 4.15%。

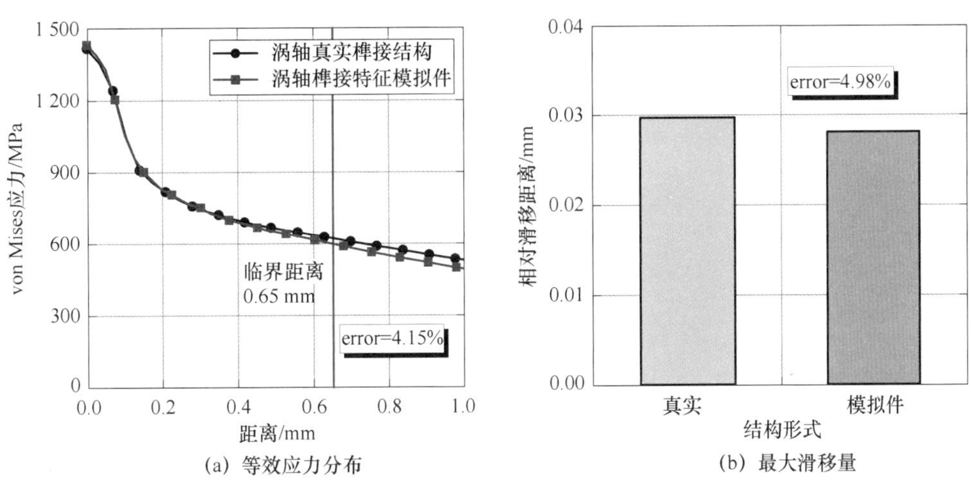

图 7.37　某型涡轴榫接特征模拟件与真实构件损伤控制参量对比

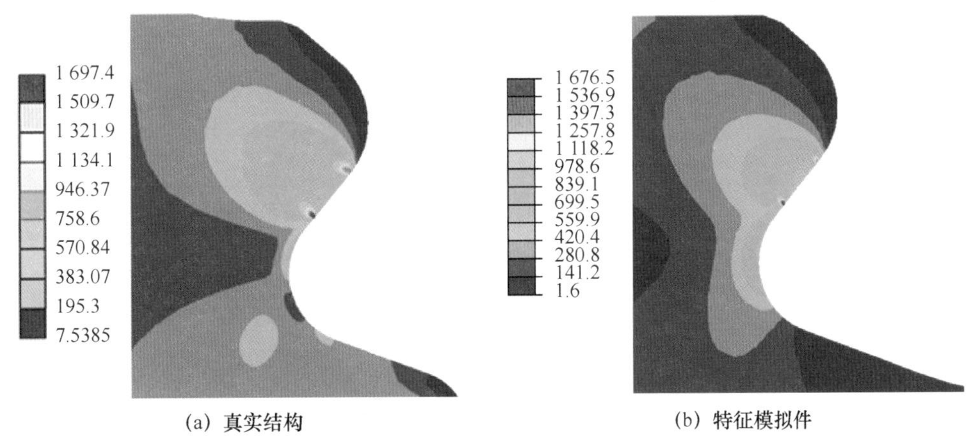

图 7.38　等效应力云图对比(单位:MPa)

单齿模拟件考核部位的设计考虑了几何和应力分布特征，而夹持端的设计需要考虑到载荷的稳定安全传递，避免夹持端成为危险部位或者影响考核部位的应力分布。因此，榫头和榫槽部分均采用楔形面固定的夹持方式，避免螺纹连接引入不确定因素。特别地，榫槽采用楔形面的夹持方式，放入两侧加厚的楔形夹具中，可以有效抑制榫槽在拉伸载荷作用下向两侧张开的趋势，从而与真实榫接受力状态基本保持一致。由于楔形夹持面与加载轴线的夹角过大会导致所述模拟件的夹具变形较大，难以长期使用，夹角过小则使所述模拟件相对夹具的滑动较大，难以拆卸。因此为了实现稳定夹持和方便拆装，根据仿真模拟和试验经验，夹角的推荐取值为 20°。

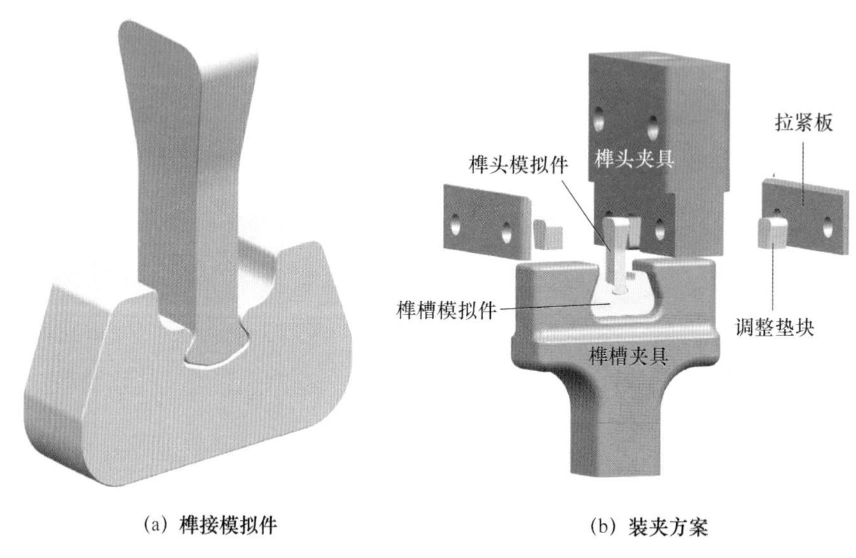

图 7.39　某型涡轴发动机涡轮榫接特征模拟件及装夹方案

对比不同厚度的单齿模拟件应力分布和最大滑移量，在保持最大应力不变时，厚度对最大应力点附近的应力分布几乎没有影响，但是对远离最大应力点的应力分布有明显影响。相比于裂纹萌生的局部行为，远离最大应力点的应力分布将会对裂纹扩展产生影响。因此，进一步保证裂纹扩展寿命一致进行模拟件设计。

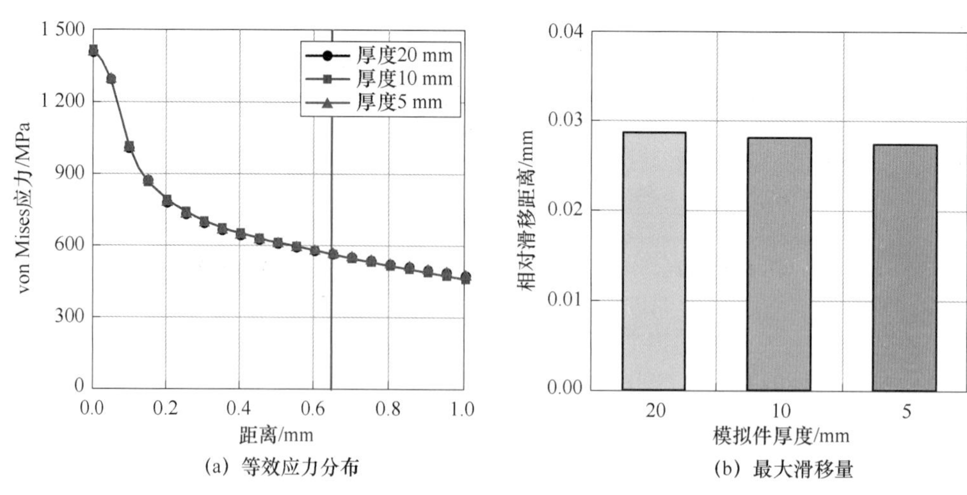

图 7.40　特征模拟件厚度对应力分布和最大滑移量的影响

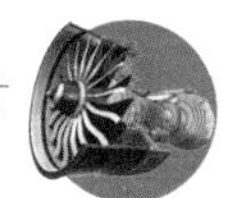

在榫接特征模拟件初始构型的基础上，考虑厚度对裂纹扩展寿命的影响，基于真实榫接厚度，分别建立榫接特征模拟件全尺寸模型、半尺寸模型、1/4 尺寸模型。分别对三种模型进行裂纹扩展分析，量化厚度对裂纹扩展行为的影响规律。初始裂纹位置根据最大第一主应力位置来确定，裂纹插入位置为最大第一主应力位置。裂纹的方向由该点第一主应力方向来判断，考虑到涡轮榫接结构处的裂纹均为Ⅰ型裂纹，裂纹面与第一主应力方向垂直。

初始裂纹长度假设为 0.2 mm×0.2 mm 的角裂纹。材料的断裂韧度取为 60 MPa·$m^{1/2}$。裂纹扩展的终止判据设置为应力强度因子达到断裂韧度时，裂纹扩展停止。定义角裂纹两个方向裂纹长度分布为 a 和 b，如图 7.41 所示。其中 a 为裂纹沿榫槽轴向的裂纹长度，b 为沿榫槽侧面裂纹长度，定义 b/a 长度比值为 R。值得注意的是，应力强度因子达到断裂韧度时，1/4 模型的裂纹已经穿透。三种厚度尺寸下 R 随裂纹长度变化曲线以及应力强度因子随裂纹长度的变化曲线如图 7.42 所示。

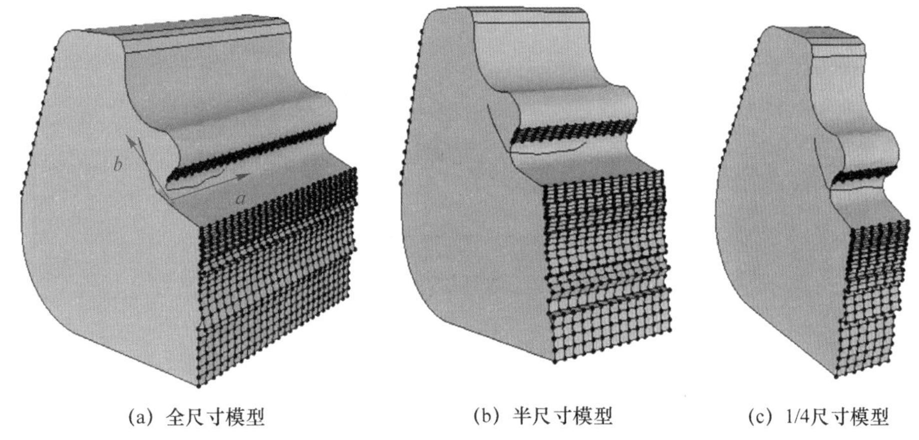

(a) 全尺寸模型　　(b) 半尺寸模型　　(c) 1/4尺寸模型

图 7.41　不同尺寸榫接特征模拟件的裂纹形貌

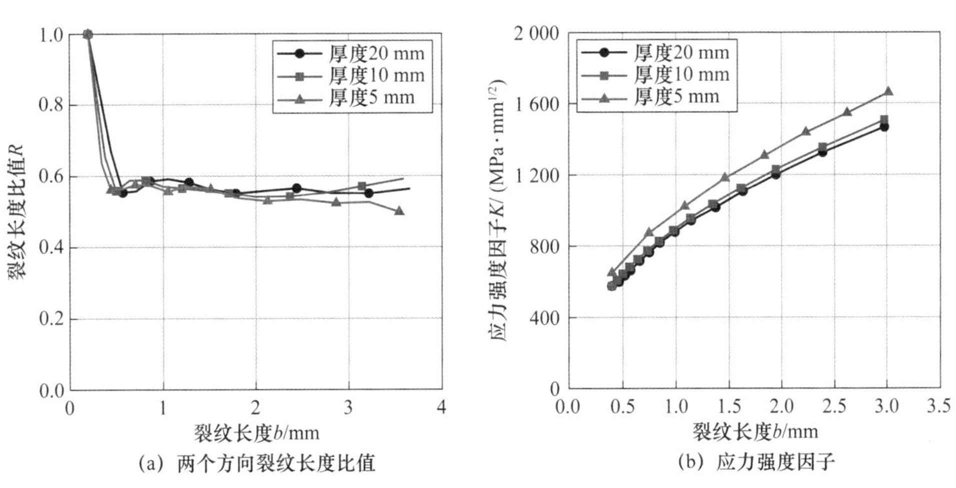

(a) 两个方向裂纹长度比值　　(b) 应力强度因子

图 7.42　榫接涡轴特征模拟件裂纹扩展参量随裂纹长度的变化

根据镍基高温合金 GH4720Li 标准 CT 件的裂纹扩展试验结果，采用 Paris 公式刻画裂纹扩展规律，其表达式见式(4.4)。

对于 600 ℃，应力比为 0.1 的条件下，参数取值为 $C=3.936\times10^{-15}$，$n=3.628$，进而确定裂纹扩展寿命。

如图 7.43 所示，对比三种模型的裂纹扩展结果可以发现，半尺寸模型与全尺寸模型裂纹扩展规律基本一致，应力强度因子的最大误差仅为 6.18%，可以认为将榫接特征模拟件厚度设置为真实榫接的一半是合理的。

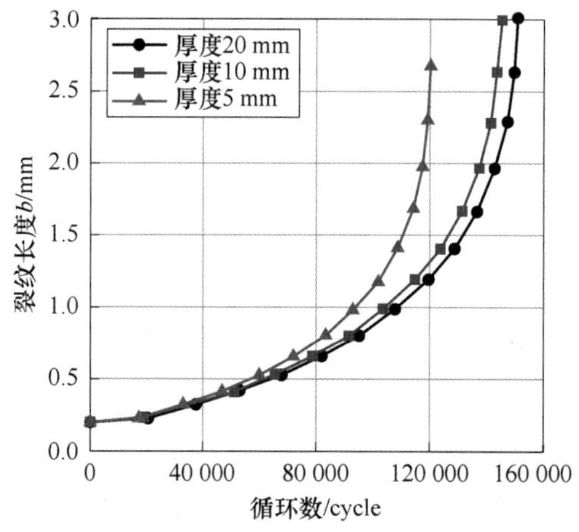

图 7.43　某型涡轴榫接特征模拟件裂纹长度随循环数变化

按照上述设计过程，最终设计完成的某型涡轴发动机涡轮榫接模拟件如图 7.44 所示。

在旋转轮盘疲劳试验器上开展整盘疲劳试验，如图 7.45(a)所示，试验温度 600 ℃，应力比 0.1，在 130%相对转速对应载荷下开展疲劳试验，5 087 次循环时涡轮盘在榫槽齿根位置出现裂纹。断口分析表明，疲劳裂纹萌生于榫齿接触面边缘部位，沿垂直于接触面方向扩展，如图 7.45(b)所示。进一步开展榫接特征模拟件低周疲劳试验，试验温度 600 ℃、应力比 0.1，共 4 件。疲劳裂纹同样萌生于榫齿接触面边缘部位，沿垂直于接触面方向扩展，平均试验寿命为 3 778 循环，与整盘试验结果相比，相对误差在 1.4 倍分散带以内，证明特征模拟件设计方法是合理的。

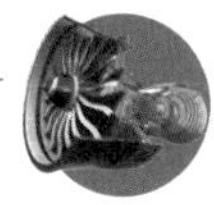

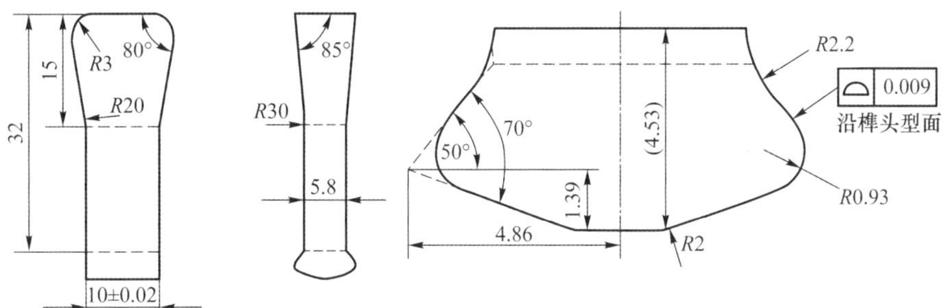

(a) 榫头模拟件

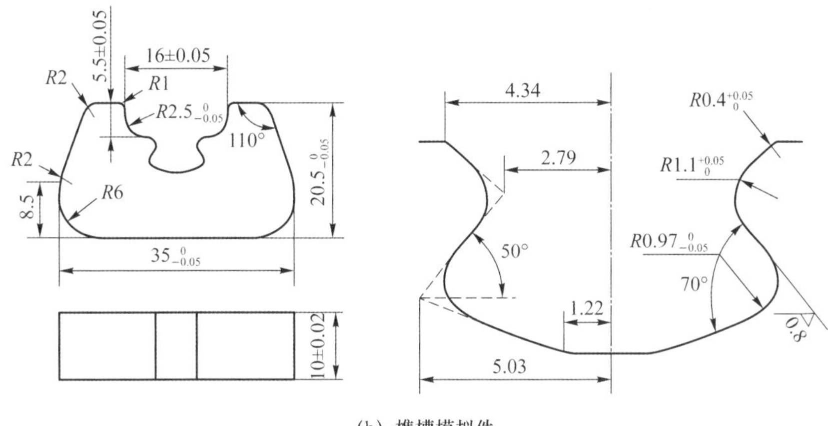

(b) 榫槽模拟件

图 7.44　某型涡轴发动机涡轮榫接特征模拟件设计结果(单位:mm)

(a) 整盘试验件

(b) 涡轮榫接裂纹

图 7.45　某型发动机涡轮盘整盘疲劳试验

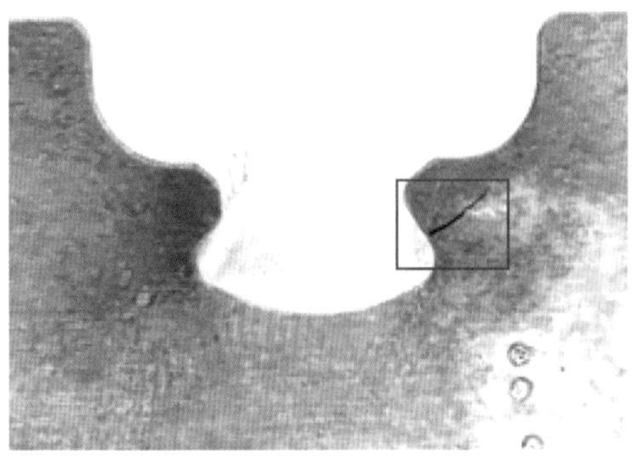

(a) 榫齿裂纹

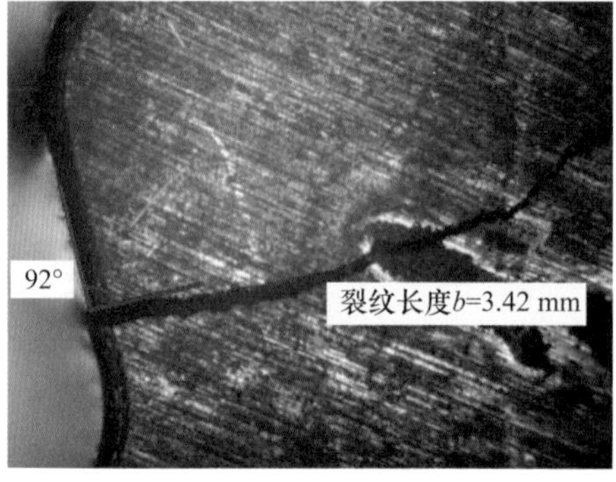

(b) 裂纹处的局部放大

图 7.46　涡轮榫接特征模拟件疲劳试验结果

7.5　本章小结

本章针对现有特征模拟件设计方法缺乏理论依据、特征模拟件寿命与真实构件差异大等问题，以总寿命一致为目标，考虑裂纹萌生和裂纹扩展阶段，提出“临界距离内裂纹萌生控制参量一致”和“临界裂纹尺寸内应力强度因子一致”的特征模拟件设计方法，设计案例包括中心孔、螺栓孔、辐板倒圆、榫槽槽底、榫槽齿根、榫接等特征模拟件，为涡轮盘设计提供支撑。

参考文献

[1]　RITCHIE R O, SURESH S. Mechanics and physics of the growth of small cracks[C]. Proceedings of the AGARD conference: Behaviour of Short Cracks in Aircraft Components, Neuilly-sur-Seine, France: AGARD, 1983: 1-14.

[2]　黄致建，朱如鹏，潘升材. 单向加载疲劳机上燕尾形榫联接微动损伤试验件设计[J]. 航空学报，1994，8：1017-1023.

[3]　赵福星. 发动机构件低循环疲劳模拟试验件设计方法[J]. 燃气涡轮试验与研究，2003，2：50-52.

[4]　由美雁，何雪浤，谢里阳. 发动机轮盘模拟技术理论与方法[J]. 机械设计，2007(2)：62-64.

[5]　杨兴宇，董立伟，耿中行，等. 某压气机轮盘榫槽低循环疲劳模拟件设计与试

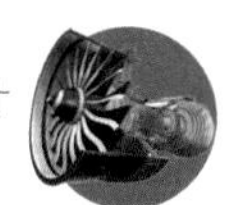

验[J]. 航空动力学报，2008，10：1829-1834.

[6] 陆山，王春光，陈军. 任意最大应力梯度路径轮盘模拟件设计方法[J]. 航空动力学报，2010，9：2000-2005.

[7] 郑小梅，孙燕涛，杨兴宇，等. 某涡扇发动机高压涡轮盘螺栓孔低循环疲劳模拟件设计[J]. 航空动力学报，2018，10：2351-2358.

[8] 刘廷毅，耿瑞，张峻峰. 发动机轮盘低循环疲劳寿命试验模拟件设计[J]. 航空动力学报，2008，1：32-36.

[9] 况成玉，刘奕斐. 某型航空发动机钛合金轮盘模拟疲劳试验件设计[J]. 装备制造技术，2020，1：36-40.

[10] 魏大盛，冯俊淇，马梦弟，等. 航空发动机轮盘中心孔模拟件设计方法及试验验证[J]. 航空动力学报，2022，37(10)：1-9.

[11] TAYLOR D, BOLOGNA P, KNANI K. Prediction of fatigue failure location on a component using a critical distance method[J]. International Journal of Fatigue, 2000, 22(9):735-742.

[12] SUSMEL L, TAYLOR D. The theory of critical distances to estimate lifetime of notched components subjected to variable amplitude uniaxial fatigue loading[J]. International Journal of Fatigue, 2011, 33 (7): 900-911.

[13] SUSMEL L, TAYLOR D. The theory of critical distances to estimate finite lifetime of notched components subjected to constant and variable amplitude torsional loading[J]. Engineering Fracture Mechanics, 2013, 98: 64-79.

[14] SUSMEL L, ATZORI B, MENEGHETTI G, et al. Notch and mean stress effect in fatigue as phenomena of elasto-plastic inherent multiaxiality[J]. Engineering Fracture Mechanics, 2011, 78(8): 1628-1643.

[15] WANG R, LIU H, HU D, et al. Evaluation of notch size effect on LCF life of TA19 specimens based on the stress gradient modified critical distance method[J]. Fatigue & Fracture of Engineering Materials & Structures, 2018, 41(8):1794-1809.

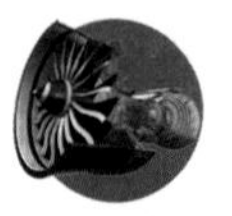

第8章

缺陷检测及概率建模方法

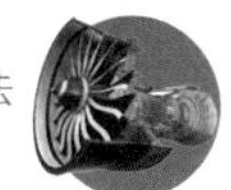

为了有效提高涡轮盘断裂关键件的可靠性，在发动机检修时，通常会开展无损检测，以降低涡轮盘在服役过程中因疲劳裂纹等缺陷导致的失效风险。缺陷检出概率(probability of detection，PoD)是量化缺陷检测能力的重要参考[1]，工程上通常以95％置信度下 PoD＝90％对应的缺陷尺寸评价缺陷检测精度。同时，为保证缺陷检测试验与实际工程应用的一致性，检测过程应反映影响其检测精度的主要因素，并通过标准化检测及数据处理流程以保证所得数据的有效性，以支撑轮盘等断裂关键件概率损伤容限分析。

本章首先介绍返厂维修中常用的无损检测方法，结合缺陷检测试验结果确定影响 PoD 的主要因素；然后设计并开展针对涡轮盘常见孔边裂纹的缺陷检测试验，研究确定缺陷检出概率模型等；以荧光渗透检测技术为例，开展表面缺陷检测试验，据此建立 PoD 模型，以量化概率损伤容限评估中的检测随机性。

8.1　缺陷检出概率及其主要影响因素

8.1.1　常用缺陷检测方法

常用的无损检测技术包括渗透检测(penetrant testing，FP)、涡流检测(eddy current testing，ET)、磁粉检测(magnetic particle testing，MT)、射线检测(radiographic testing，RT)、超声检测(ultrasonic testing，UT)。其中，渗透检测只能用于检测表面缺陷，涡流检测和磁粉检测可以检测表面和近表面缺陷，射线检测和超声检测主要用于检测内部缺陷。

渗透检测[2]是将溶有荧光染料或着色染料的渗透液施加到被检测对象表面，由于毛细作用，渗透液渗入到细小的表面开口缺陷中，清除附着在表面的多余渗透液，经干燥后再施加显像剂，缺陷中的渗透液被重新吸附到表面上，即可检测出缺陷的形貌和分布状态，如图 8.1 所示。渗透检测主要应用于检测金属工件的表面开口缺陷，例如，裂纹、疏松、气孔等。

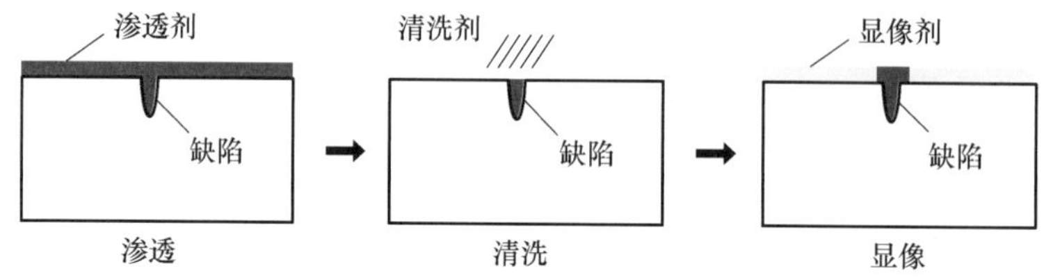

图 8.1 渗透检测原理

涡流检测[3]是当被检测对象为导电体时，导电材料在交变磁场作用下将产生电涡流，而被检测对象表面和近表面的缺陷会影响产生涡流的大小和分布，从而影响线圈的阻抗，通过测量阻抗的变化来分析并研究材料的缺陷和损伤，如图 8.2 所示。涡流检测主要应用于检测金属材料，少数石墨、碳纤维复合材料等非金属导电材料工件表面及近表面缺陷。

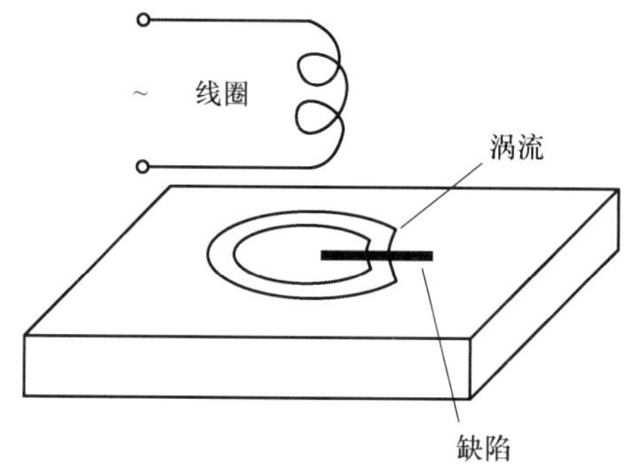

图 8.2 涡流检测原理

磁粉检测[2]是将铁磁性被检测对象磁化后，由于缺陷的存在，使表面和近表面的磁力线发生局部畸变而产生漏磁场，在被检测对象表面放置磁粉可以形成目视可见的磁痕，从而显示出缺陷的位置、大小、形状和严重程度，如图 8.3 所示。磁粉检测主要应用于检测铁磁性材料工件表面和近表面缺陷。

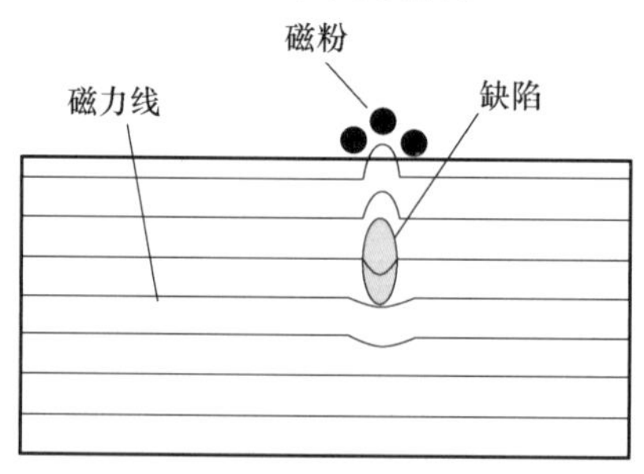

图 8.3 磁粉检测原理

射线检测[3]是将射线能量注入被检测对象中，能量与被检测对象的物质发生交互作用，利用胶片和传感器收集射线能量与物质交互作分析判断被检测对象的组织结构、缺陷和不连续性，如图 8.4 所示。射线检测适用于几乎所有固体材料，对工件表面形状无严格要求，主要应用于铸件和焊件内部缺陷的检测。

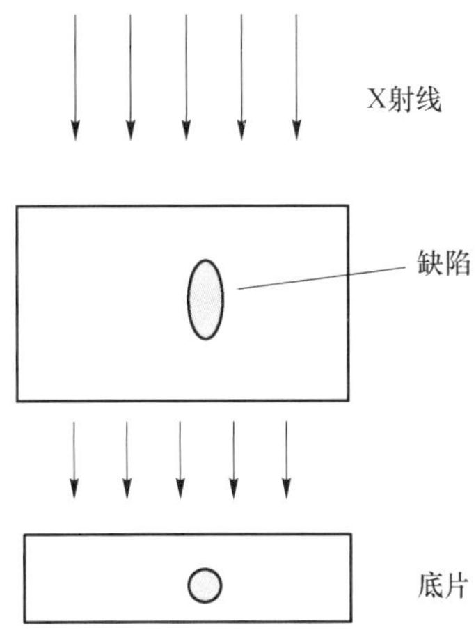

图 8.4　射线检测原理

超声检测[3]是利用超声波释放仪器沿着某方向向被检测对象进行超声波释放的。如果该方向上的介质性质保持一致，那么超声波的传递方向和速度不会发生变化，若传递过程中遇到了其他的介质，那么此时超声波便会出现速度、方向的改变，因此通过接受超声波信号可以检查到构件内部的缺陷，如图 8.5 所示。超声检测适用于大部分材料，用于内部缺陷的检测。

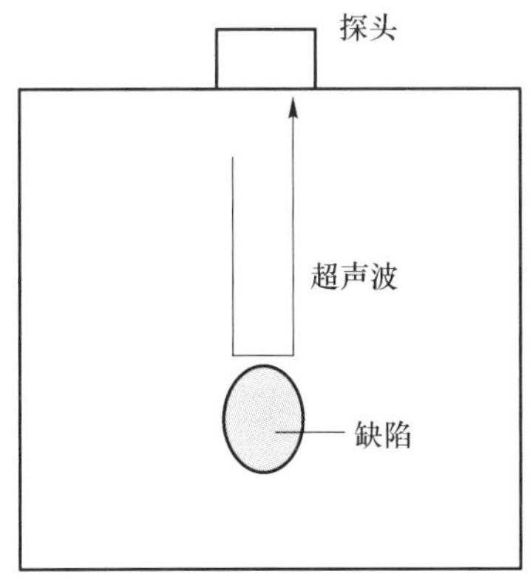

图 8.5　超声检测原理

8.1.2　PoD 的影响因素

影响 PoD 的主要因素包括检测手段、材料种类、缺陷特征、检测工序和检测人员[4]。本节从文献[4]获得航空发动机材料的无损检测数据，对比分析 PoD 结果。

1. 检测手段

检测手段是影响检测结果的主要因素之一。图 8.6 是相同检测对象在三种检测手段下的 PoD 曲线。可以看出，当 PoD＝90％时，超声检测对应的裂纹长度为 3.5 mm，射线检测和涡流检测均超过 19 mm；超声检测和射线检测总体上性能优于涡流检测，当曲线位于图中 M_1 点左侧时，射线检测优于超声检测，涡流检测效果最差；随着缺陷尺寸增大，超声检测效果开始优于射线检测；当曲线位于图中 M_2 点右侧时，涡流检测效果优于射线检测。

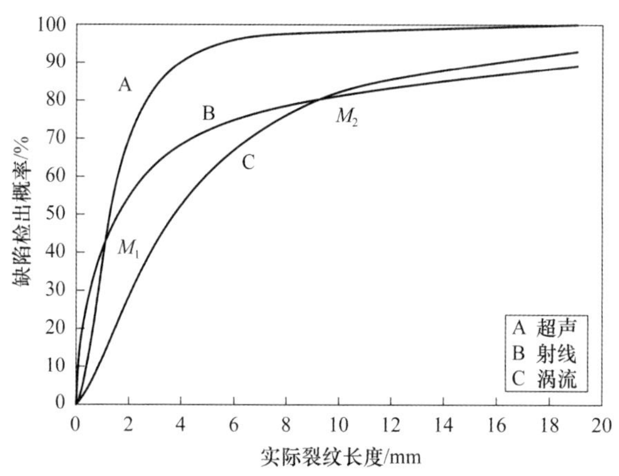

图 8.6　不同检测手段得到的 PoD 曲线

2. 材料类别

工件材料种类对 PoD 的影响一般是源于材料本身性质的差异。以荧光检测为例，不同材料对渗透液的灵敏度不同，导致其 PoD 值存在差异。图 8.7 分别是相同荧光检测环境下铝合金和钛合金的 PoD 曲线。可以看出，当 PoD＝90％时，钛合金裂纹长度为 5.3 mm，铝合金裂纹长度为 19 mm。这说明，钛合金对渗透液的灵敏度更高，相同裂纹尺寸钛合金的 PoD 值始终高于铝合金。

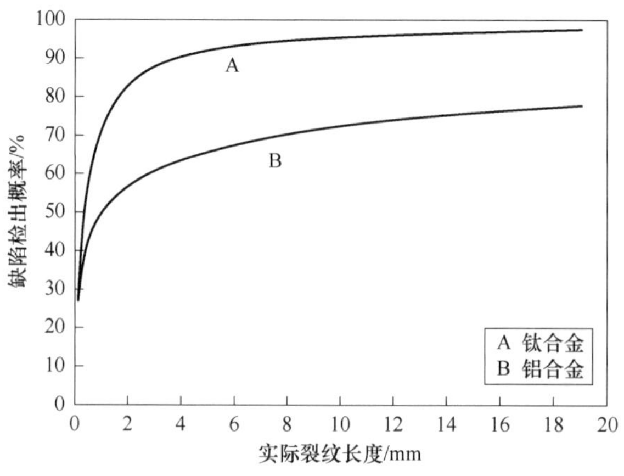

图 8.7　不同材料采用荧光检测得到的 PoD 曲线

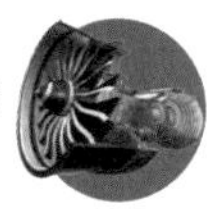

3. 缺陷特征

裂纹等缺陷特征可能会对 PoD 产生影响。例如，对于荧光检测，裂纹的宽度和生长方向等因素会影响渗透液的渗透能力。对于焊缝处裂纹，将裂纹扩展方向与焊缝方向相同的裂纹定义为纵向裂纹，与焊缝方向垂直的裂纹定义为横向裂纹。图 8.8 是同一焊缝处不同方向的裂纹采用荧光检测所得到的 PoD 曲线。从图中可以看出：在 PoD 为 90%时，纵向裂纹长度为 14 mm，横向裂纹长度大于 19 mm，相同裂纹尺寸纵向裂纹 PoD 值均大于横向裂纹。

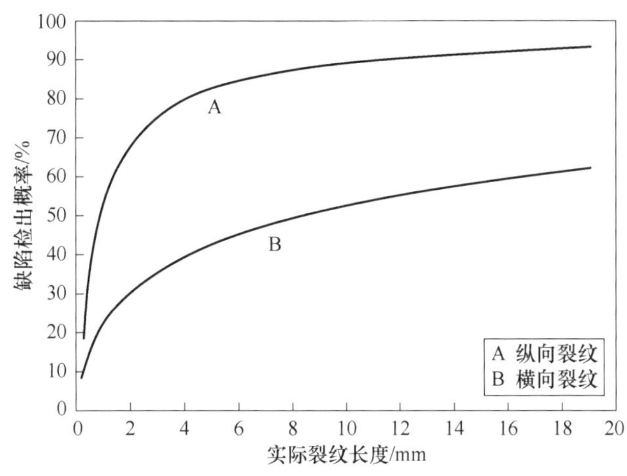

图 8.8　不同裂纹扩展方向采用荧光检测得到的 PoD 曲线

4. 检测工序

无损检测需要多道工序相互配合，不同的工序也会对 PoD 的结果产生影响。例如对于荧光检测手段，渗透液的渗透时间一般不少于 10 min，不同的渗透时间可能对 PoD 结果产生影响。图 8.9 是采用荧光检测方法在不同渗透时间获得的 PoD 曲线。可以看出，当 PoD=90%时，渗透时间为 20 min 的裂纹长度为 1 mm，渗透时间为 10 min的裂纹长度为 4.8 mm。当裂纹长度小于 0.03 mm 时，渗透时间为 10 min 的 PoD 较高；而当裂纹长度大于 0.76 mm 时，渗透时间为 20 min 的 PoD 较高。

5. 检测人员差异

无损检测过程中，经常需要检测人员判断缺陷是否检出，不同的检测人员的判断存在差异性。例如，对于荧光检测，需要检测人员进行肉眼检查。图 8.10 是两个检测人员针对同一试件，采用相同荧光检测方法获得的 PoD 曲线。可以看出，当 PoD=90%时，检测人员 A 的裂纹长度为 1.3 mm，而检测人员 B 的裂纹长度为 5.3 mm，约为检测人员 A 的 4 倍。

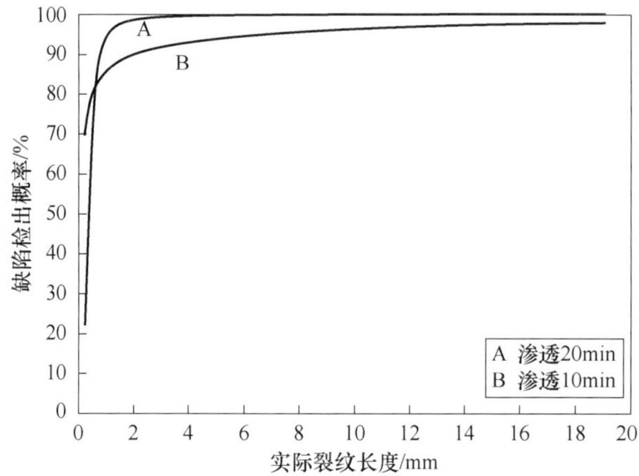

图 8.9　荧火检测不同渗透时间得到的 PoD 曲线

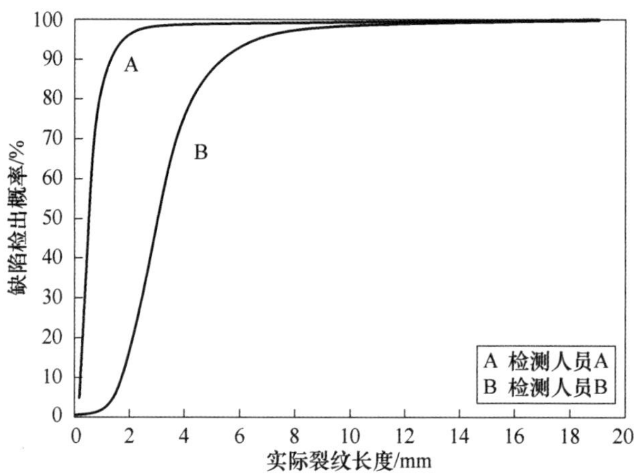

图 8.10　不同检测人员利用荧火检测得到的 PoD 曲线

8.2　缺陷检测试验设计及数据处理

8.2.1　缺陷检测试验设计

缺陷检测试验的目的是获得无损检测技术可能遗漏的缺陷最大尺寸。按检测数据类型，FP、MT 数据为检出或未检出的判定结果，称为检出遗漏型；ET、UT、RT 数据为检测输出信号幅值，称为信号响应型。对不同缺陷样本重复开展无损检测，通过数据拟合确定 PoD 随缺陷尺寸的变化规律。PoD 模型精度与建模所用缺陷样本数

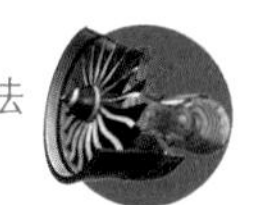

量密切相关，主要包括以下数据特征[8]：

① 样本数量：对于检出遗漏型数据要求样本数＞60；对于信号响应型数据，要求样本数＞40；为获得准确的误检率指标并保证检测结果之间相互独立，无缺陷样本数应大于缺陷样本数的 3 倍。

② 尺寸范围：为保证 PoD 模型在较小缺陷尺寸处接近 0、在较大尺寸处接近 1 的特征，需保证在对数坐标系上，缺陷尺寸基本呈均匀分布，且在小尺寸区域（PoD 接近 0）及大尺寸区域（PoD 接近 1）有一定数量的数据点分布，以满足模型在该区域的取值要求。

③ 数据类型：信号响应型数据在建模过程中需考虑信号噪声影响，因而准确量化及控制噪声是保证 PoD 模型精度的前提。

在无损检测过程中，工件材料、检测环境（如磁场、声波及光线状态）、工件几何形状（孔、平面、曲面、倒角、圆角）、表面状态（粗糙度）及缺陷位置需保证与真实检测过程一致，从而保证所得数据准确可靠。

8.2.2　数据转换方法

实际检测过程中，对真实存在的缺陷会出现检出或遗漏的检测结果，如前所述，此概率通过 PoD 予以量化；同时，由于检测设备、人员的偏差，还会出现实际无缺陷而检测结果认为有缺陷的情况，即出现误检。因此，在 PoD 建模过程中，必须考虑误检所导致的不确定性。对于即将发生的检测行为，检测到缺陷的概率被称为缺陷检测概率（Probability of Inspection，PoI），此概率包含了误检的可能性，其与 PoD 的关系可表示为

$$\mathrm{PoI}(a)=p+(1-p)\mathrm{PoD}(a) \tag{8.1}$$

式中，p 为误检率。在建立 PoD 模型之后，应将所得 PoD 数据参考式（8.1）转化为 PoI 数据。

8.2.3　检测尺寸与真实尺寸数据分析

无论何种检测方法，响应输出 $\hat{a}$ 与真实尺寸 a 之间的关系往往呈现一定规律性，对于检出遗漏型数据的检测技术，如 FP、MT 等，响应输出 $\hat{a}$ 为检测所得缺陷尺寸；对于信号响应型数据的检测技术，如 ET、UT 等，响应输出 $\hat{a}$ 为检测信号输出值（电压、超声波强度等）。由于缺陷状态、检测工艺、检测人员将不可避免地在检测过程中引入一定随机性，导致所得响应输出 $\hat{a}$ 呈现一定分散性，需采用置信区间的形式予以描述。置信区间反映了对于真实缺陷尺寸 a，检测响应输出 $\hat{a}$ 在给定置信度下的分布范围，区间上界将用以确定 PoD 模型的关键指标最小可检裂纹长度 $a_{90/95}$（置信度 95％下 PoD＝90％对应的缺陷尺寸，一般取置信度 95％确定置信区间）。

为有效量化 $\hat{a}$ vs a 数据分散性特征，通常采用四种方式呈现所得检测数据[9]，包括 $\hat{a}$ vs a、$\hat{a}$ vs $\log(a)$、$\log(\hat{a})$ vs a、$\log(\hat{a})$ vs $\log(a)$。由于 PoD 模型的置信度评价基于指定置信度水平，因而应选择数据分散性更小、分散带更均匀的数据形式。例如，对于图 8.11 中的检测数据，应选取图(b)所示 $\hat{a}$ vs $\log(a)$型的数据关系。

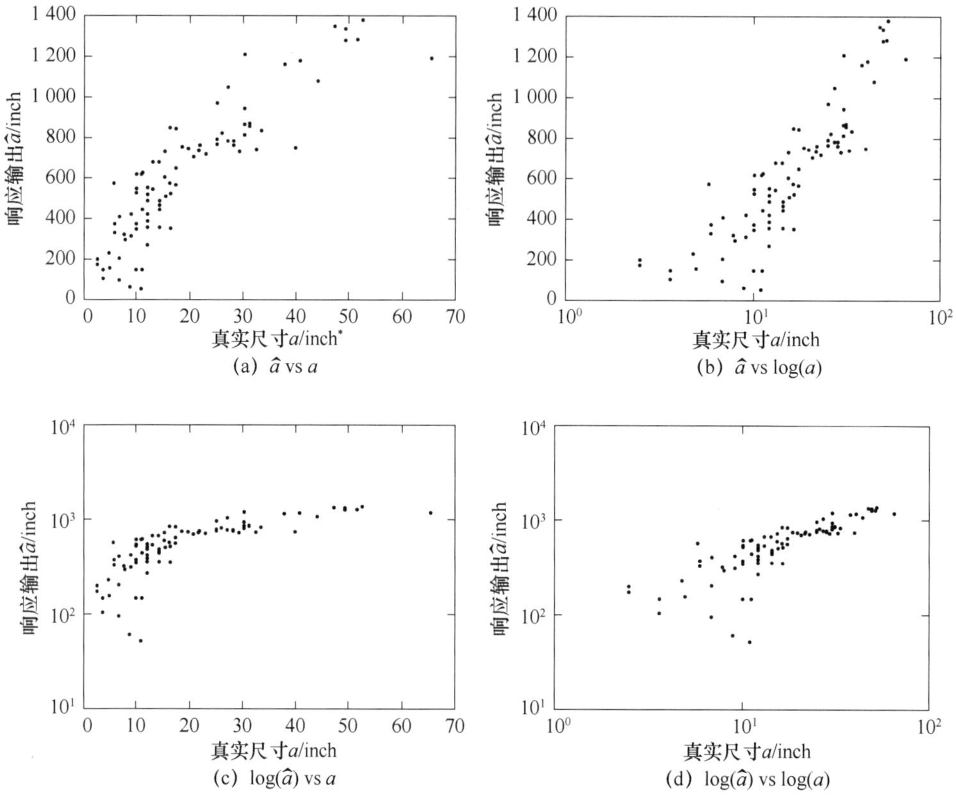

响应输出$\hat{a}$/inch

真实尺寸a/inch*

(a) $\hat{a}$ vs a

响应输出$\hat{a}$/inch

真实尺寸a/inch

(b) $\hat{a}$ vs $\log(a)$

响应输出$\hat{a}$/inch

真实尺寸a/inch

(c) $\log(\hat{a})$ vs a

响应输出$\hat{a}$/inch

真实尺寸a/inch

(d) $\log(\hat{a})$ vs $\log(a)$

图 8.11　$\hat{a}$ vs a 数据的四种典型量化关系

随后，采用一次多项式形式建立响应输出 $\hat{a}$ 与真实尺寸 a 之间的关系，即

$$f(a)=\beta_0+\beta_1\hat{f}(\hat{a}) \tag{8.2}$$

式中，β_0、β_1 需采用线性回归进行拟合，$f(a)$、$\hat{f}(\hat{a})$分别为以 a、$\hat{a}$ 为自变量的函数，例如，图 8.11(b)中，$f(a)=a$，$\hat{f}(\hat{a})=\log(\hat{a})$。线性回归过程基于以下假设：①各检测样本线性无关；②相同缺陷尺寸下各检测数据服从正态分布；③各缺陷尺寸对应检测数据具有相同的方差。

*注：1 inch=25.4 mm

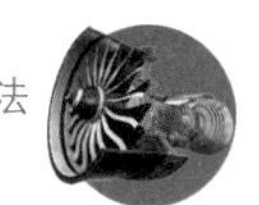

基于以上假设，对图 8.11(b)中的 $\hat{a}$ vs $\log(a)$开展线性回归分析，如图 8.12 所示。在 PoD 曲线上，标注有三个值，其中最左侧为无损检测所能检出的最小缺陷尺寸 $\hat{a}_{\min}$，最右侧为无损检测所能检出的最大缺陷尺寸 $\hat{a}_{\max}$，而在区间$[\hat{a}_{\min},\hat{a}_{\max}]$之外的检测数据，在建模过程中需进行排除。由 $\hat{a}$ vs $\log(a)$数据可知，线性回归拟合结果为直线，而数据点在直线两侧成均匀分布，满足线性回归的基本假设要求。检测输出 $\hat{a}$ 分布于拟合曲线两侧，在给定缺陷尺寸 a 上，采用统计方法确定检测输出 $\hat{a}$ 的概率分布，并以 95%置信度确定置信区间，边界如图 8.12 中的虚线所示。置信度 $\alpha=95\%$下，预测值 $\hat{a}$ 的置信区间上限可表示为

$$\hat{y}_{\alpha=95\%}=\hat{y}+1.645\sigma_{\hat{y}}=\beta_0+\beta_1 x+1.645\sqrt{\operatorname{var}(\hat{y})} \tag{8.3}$$

式中，1.645 为标准正态分布置信度 $\alpha=95\%$下对应的自变量取值。由于置信区间上下界平行于线性回归拟合的中值直线($\alpha=50\%$)，其间距为 $1.645\sigma_{\hat{a}}$，因而可将数据直接拟合所得 PoD 曲线($\alpha=50\%$)向右平移 $1.645\sigma_{\hat{a}}$，即可得到置信度 $\alpha=95\%$下的 PoD 曲线。置信度 $\alpha=95\%$意味着，在该 PoD 取值下，对应缺陷尺寸有 95%的可能性落在该点的左侧。

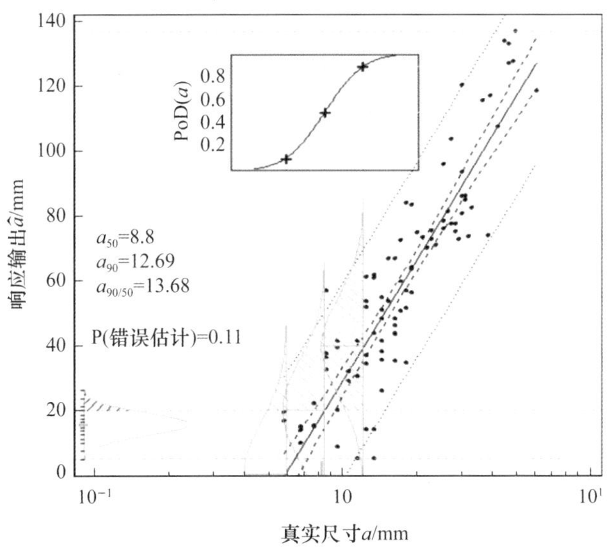

图 8.12　包含 $\hat{a}$ 分散性、噪声分散性及 PoD 的 $\hat{a}$ vs $\log(a)$数据

8.2.4　PoD 曲线建模方法

对于多缺陷独立检测过程，通常采用最大似然估计获取拟合参数，对于同一尺寸缺陷样本，似然函数可表示为[10]

$$L(P_i;a,x_i)=P_i^{x_i}\cdot(1-P_i)^{1-x_i} \tag{8.4}$$

式中，P_i 为检出概率，a_i 为缺陷尺寸，x_i 为检测输出（检出时 $x_i=1$，遗漏时 $x_i=0$），所有尺寸缺陷样本的似然函数为

$$L(P_i;a,x)=\prod_{i=1}^{h}P_i\cdot\prod_{j=1}^{n-h}(1-P_i)^{1-x_i} \tag{8.5}$$

式中，h 为检出样本数，n 为检测总样本数。取自然对数

$$\ln[L(P_i;a,x_i)]=\sum_{i=1}^{h}\ln P_i+\sum_{j=1}^{n-h}\ln(1-P)_i \tag{8.6}$$

对式(8.6)求导，并令其导数为零，从而求解拟合参数。

常用的 PoD 拟合模型有两种[11]，一种是几率模型，表示为

$$P_i=\frac{\exp[\alpha+\beta f(a_i)]}{1+\exp[\alpha+\beta f(a_i)]} \tag{8.7}$$

式中，α、β 为拟合参数，f 与式(8.4)中定义相同，若 f 为对数函数，则此模型为对数几率模型。另一种是正态模型

$$P_i=1-Q(z_i),\quad z_i=\frac{f(a_i)-\mu}{\sigma} \tag{8.8}$$

式中，$Q(z_i)$为标准正态分布的累积概率分布，μ、σ 为拟合参数，f 与式(8.2)中定义相同，若 f 为对数函数，则此模型为对数正态模型。基于同组检测数据，分别以对数几率模型和对数正态模型进行 PoD 建模，结果如图 8.13 所示。可以看出，PoD<50%时，$\hat{a}_{LO}>\hat{a}_{LN}$，对数几率模型偏安全；PoD>50%时，$\hat{a}_{LO}<\hat{a}_{LN}$，对数正态模型偏安全。考虑到一般以 PoD=90%为检测标准，因而工程上多选用对数正态模型。

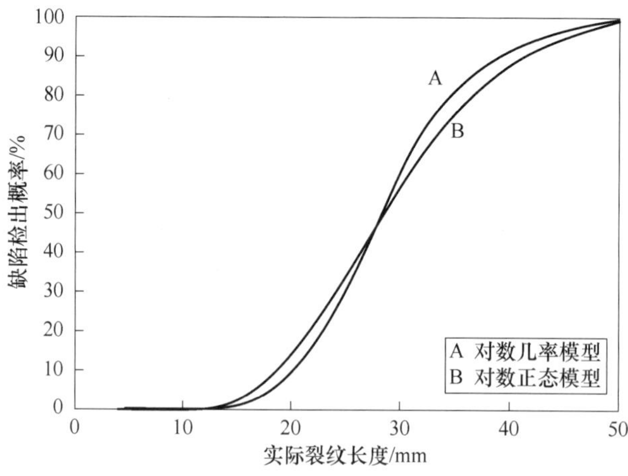

图 8.13 基于同组检测数据建立的对数几率模型和对数正态模型

8.3　表面荧光渗透缺陷检测试验及建模实例

8.3.1　表面荧光渗透 PoD 建模分析

为验证上述建模方法，本节针对发动机涡轮盘偏心孔处常见的表面裂纹，开展 GH4169 材料的表面荧光渗透检测试验，并据此建立 PoD 模型。为提高检测样本的获取效率，设计多孔平板试件，采用 EDM 在试件单侧孔边应力集中部位预制缺口，如图 8.14 所示。

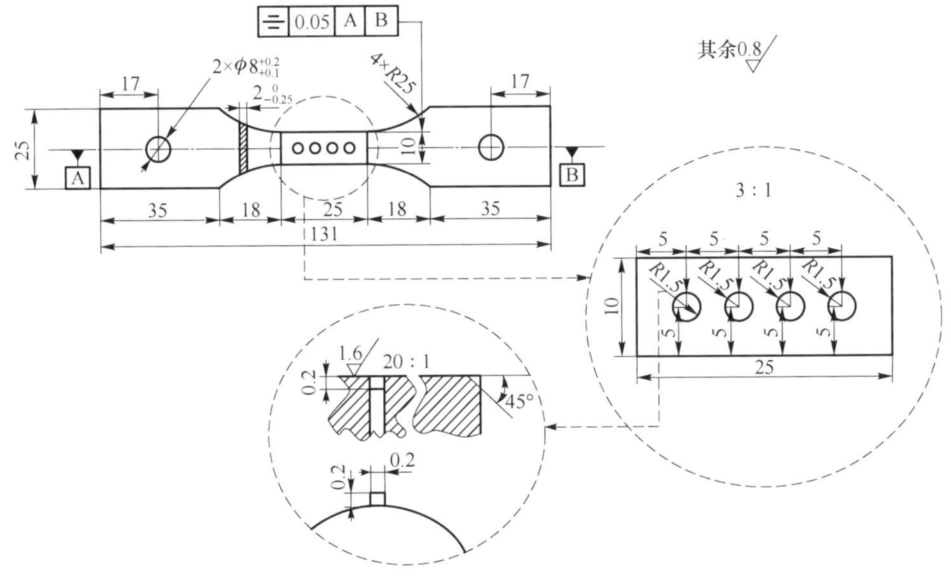

图 8.14　多孔平板试件(单位：mm)

为了获取观测所需裂纹样本，通过开展疲劳试验，在孔边缺口处预制疲劳裂纹。由于电火花缺口仅存在于试件单侧，在终止试验时，同一位置试件两侧表面所观测到的裂纹长度通常存在一定差异，因此可增加单个试件上的样本数量。考虑到裂纹需要覆盖可能检出和不检出的尺寸范围，所以设置边界为 0.5～2 mm，控制裂纹长度为 2 mm。每个试件有 4 处通孔，每个通孔 2 处应力集中位置，正反 2 面，共有 16 处观测位置，如图 8.15 所示。依据上述方法制备含裂纹多孔平板试件 9 件，共裂纹样本 18 处，重复检测 2 次，获得 36 个检测数据(检出 28 个，未检出 8 个)及 4 个误检数据(误检率 10%)。在试件送检之前，采用 SEM 对各孔边应力集中位置的裂纹长度进行精确测量，如图 8.16 所示。

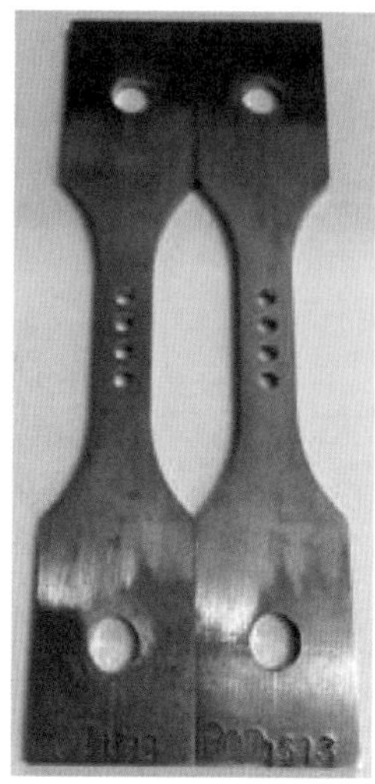
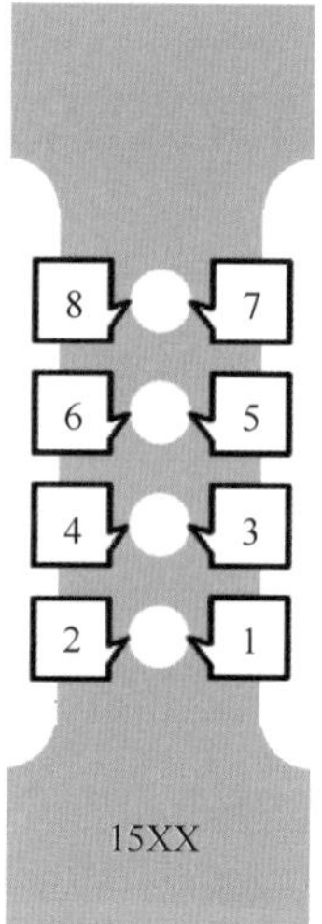

图 8.15　多孔平板试件及观测位置示意图

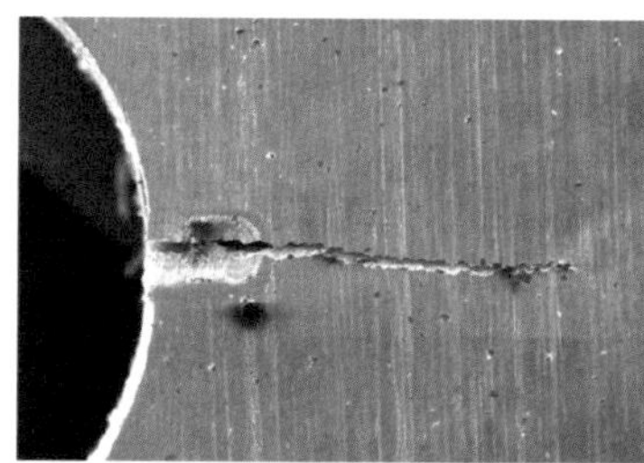
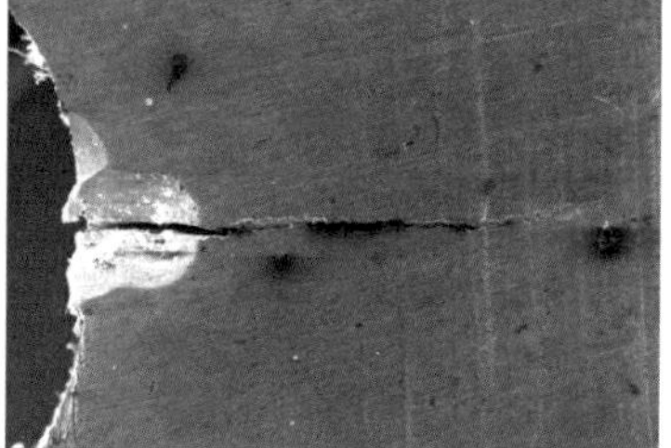

图 8.16　SEM 表面裂纹测量照片

根据 36 个检测数据，绘制 $\hat{a}$ vs a、$\hat{a}$ vs log(a)、log($\hat{a}$) vs a、log($\hat{a}$) vs log(a)关系如图 8.17 所示，线性拟合得到 R^2 分别为 0.855 3、0.79、0.813、0.827 3，$\hat{a}$ vs a 拟合效果最好。根据式(8.2)进行拟合，得 $\beta_1=0.84$、$\beta_0=0.29$、$\sigma_{\hat{y}}=0.37$，则置信度 $\alpha=95\%$下对应置信区间半宽度 $1.645\sigma_{\hat{y}}=0.61$。

根据式(8.8)拟合正态模型参数 $\mu=0.35$、$\sigma=0.21$，并依据式(8.1)计算 PoI 数据，绘制 PoD、PoI 曲线如图 8.18 所示。可以看出，在误检率 10%条件下，PoD 与 PoI 曲线基本重合，计算 PoD 关键指标参数：$a_{50}=0.35$ mm、$a_{90}=0.62$ mm、$a_{90/95}=1.23$ mm。置信度 $\alpha=50\%$、$\alpha=95\%$下 PoD 模型可分别表示为

$$P_i=1-\frac{1}{\sqrt{2\pi}}\int_{-\infty}^{\frac{a_i-0.35}{0.21}} e^{-t^2}\,\mathrm{d}t \tag{8.9}$$

$$P_i=1-\frac{1}{\sqrt{2\pi}}\int_{-\infty}^{\frac{a_i-0.96}{0.21}} e^{-t^2}\,\mathrm{d}t \tag{8.10}$$

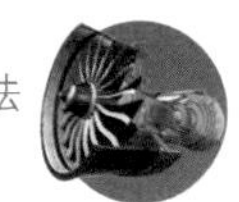

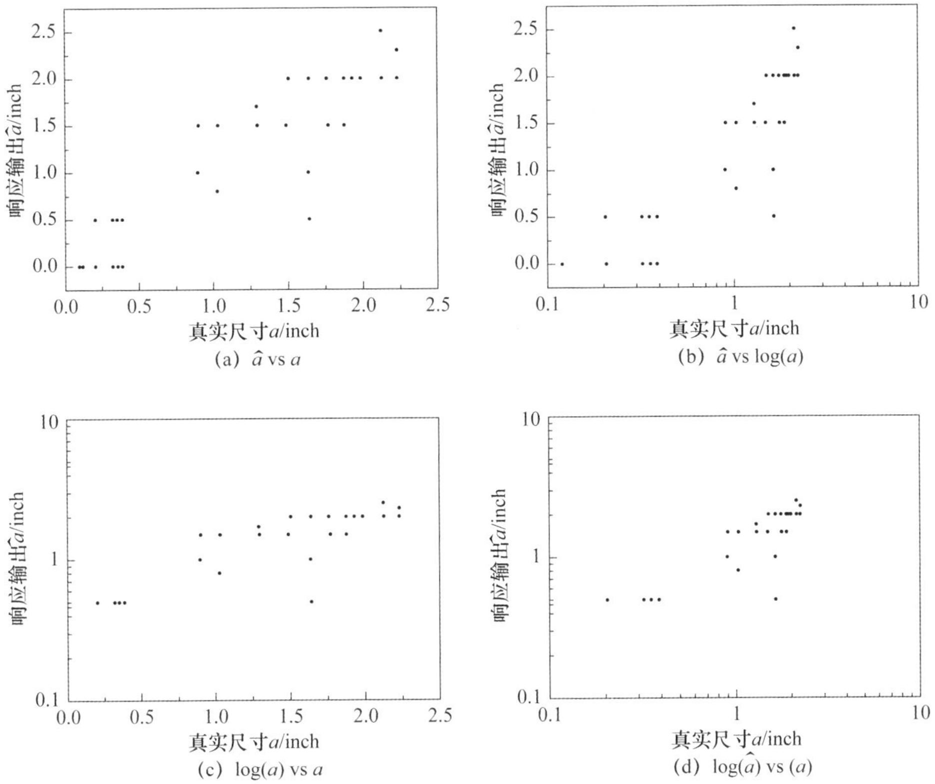

(a) $\hat{a}$ vs a

(b) $\hat{a}$ vs $\log(a)$

(c) $\log(a)$ vs a

(d) $\log(\hat{a})$ vs (a)

图 8.17　检测数据 $\hat{a}$ vs a 关系呈现形式对比

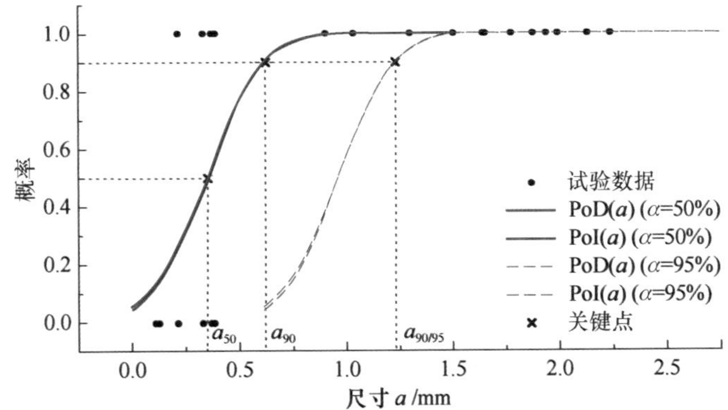

图 8.18　试验所得表面荧光渗透 PoD 曲线

8.3.2　表面氧化影响分析

发动机热端部件工作在高温环境中，结构表面很容易发生氧化反应，因此，在返

厂维修荧光检测中需要考虑表面氧化对 PoD 的影响。

针对某型发动机高压涡轮盘(材料 FGH96)表面疲劳裂纹,设计多孔平板试件并开展缺陷检出概率试验,实现未氧化试验件荧光检测 PoD 建模分析。建模完成后对试验件进行高温处理使表面完全氧化,用以模拟返厂维修时的表面状态。对氧化后试验件在相同条件下开展了荧光检测 PoD 建模分析,相应的 PoD 曲线如图 8.19、图 8.20 所示。

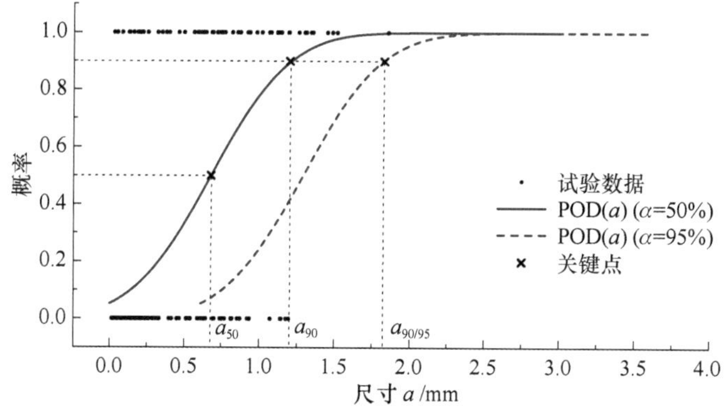

图 8.19 未氧化试验件荧光检测 PoD 曲线

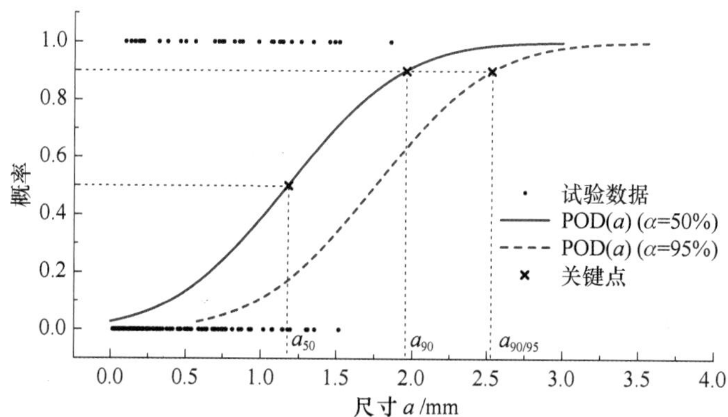

图 8.20 氧化后试验件荧光检测 PoD 曲线

PoD 结果表明,试件未氧化时最小可检裂纹长度(90%置信度 PoD=90%对应的裂纹长度)为 1.83 mm;氧化后最小可检裂纹长度为 2.53 mm。表面氧化后最小可检裂纹长度增加,检测精度下降。因此,在返厂维修时可以通过吹砂、浸蚀等方式去除氧化物以提高荧光检测精度。

8.4　本章小结

本章介绍了涡轮盘缺陷的常用无损检测方法，并分析了影响无损检测精度的因素，包括检测手段、材料类别、缺陷特征、检测工序和检测人员等。在此基础上，以表面荧光渗透技术为例，设计并开展了缺陷检测试验，从检测手段、材料类别等方面对所得结果进行讨论。本章可为涡轮盘缺陷检出概率模型的建立提供支撑。

参考文献

[1] 程志虎，王怡之，陈伯真．常规无损检测可靠性概念的分析与修正[J]．无损检测，1999(1)：2-7.

[2] 景艳．无损检测在船舶焊接中的应用[J]．现代制造技术与装备，2012，210(05)：32-34，64.

[3] 梁启亮．无损检测新技术的分析及其在钢结构桥梁中应用的研究[J]．居业，2017，110(03)：96-97.

[4] WARD D R，GEORGE A M．Nondestructive evaluation capabilities data book[M]．Nondestructive Testing Information Analysis Center，1997(11).

[5] BERENS A P，HOVEY P W．Characterization of NDE reliability[J]．Review of Progress in Quantitative Nondestructive Evaluation，1981，1：579-586.

[6] PETRIN C，ANNIS C，VUKELICH S I．A recommended methodology for quantifying NDE/NDI based on aircraft engine experience[R/OL]．AGARD Lecture Series，1993，190.

[7] WEHLING P，LABUDDE R A，BRUNELLE S L，et al．Probability of detection (PoD) as a statistical model for the validation of qualitative methods [J]．Journal of AOAC International，2011，94(1)：335-347.

[8] GEORGIOU G A．Probability of detection (PoD) curves derivation, applications and limitations [R/OL]．London，UK：Jacobi Consulting Limited，2006.

[9] ANNIS C．Nondestructive Evaluation System Reliability Assessment [R/OL]．OH，USA：Wright-Patterson Air Force Base，2009.

[10] FORSYTH D S，FAHR A．An evaluation of probability of detection statistics[R/OL]．Brussels，Belgium：RTO，1998.

[11] RUMMEL W D，MATZKANIN G A．Nondestructive Evaluation (NDE)

Capabilities Databook[C]. 3rd Ed., Austin, TX, USA: Nondestructive Testing Information Analysis Center, 1997.

[12] 方亮，石金东. 高温合金 GH4169 切削工艺[J]. 航天工艺，2000(12), 6: 43-57.

[13] WARD D R, GEORGE A M. Nondestructive evaluation capabilities data book[C]. Nondestructive Testing Information Analysis Center, 1997(11).

[14] Georgiou G A. Probability of detection (PoD) curves derivation, applications and limitations[R]. Jacobi Consulting Limited, 57 Ockendon Road, London N1 3NL, 2006.

[15] GEORGE A, MATZKANIN H, THOMAS Y. Probability of detection (PoD) for nondestructive evaluation (NDE) [C]. Nondestructive Testing Information Analysis Center, 2001(8).

[16] FØRLI O. Guidelines for NDE reliability determination and description[R]. Nordtest NT TECHN report, 1998, 394.

[17] ANNIS C G, SIMMS D L, HARRIS J A. A recommended methodology for quantifying NDE/NDI based on aircraft engine experience[R]. AGARDLS-190, 1993.

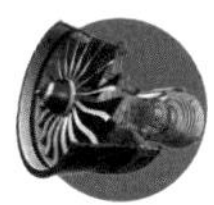

第9章
涡轮盘概率损伤容限分析与软件

涡轮盘因材料、制造及使用过程中不可避免的初始缺陷，在载荷、环境耦合作用下将成为裂纹源，导致涡轮盘断裂乃至整机事故。因而有必要开展涡轮盘损伤容限分析，合理制定检修周期，保证结构在服役期间安全可靠。同时，涡轮盘中载荷、几何、材料、缺陷及检测的随机因素导致寿命存在显著的分散性，此时需要在准确表征各类随机因素基础上，进一步开展涡轮盘概率损伤容限分析量化失效风险，在保证可靠度的前提下制订合理的检修周期。

本章面向我国航空发动机涡轮盘高可靠性设计需求，建立涡轮盘概率损伤容限分析的流程，可突破裂纹扩展概率表征模型、裂纹扩展高效分析方法、基于分区的失效风险评估等关键技术，形成涡轮盘概率损伤容限分析软件，并结合典型案例进行介绍。

9.1 涡轮盘概率损伤容限分析流程

美国FAA咨询公告AC33.70－1[1]中指出概率损伤容限评估重点在于确定部件的失效风险，并判断是否能满足设计目标风险(damage target risk, DTR)要求；AC33.70－2[2]中指出概率风险评估可以采用多种方法，例如蒙特卡洛模拟方法、数值积分技术等。美国西南研究院(SwRI)研发了DARWIN(design assessment of reliability with inspection)概率损伤容限设计软件[3,4]，采用基于分区的风险评估方法实现概率损伤容限评估。该软件最初用于硬质α缺陷所致钛合金风扇盘损伤容限评估，基于初始缺陷、材料性能、载荷及温度分布建立了失效风险评估方法，指导风扇盘设计及检修计划的制定。

国内在损伤容限评估方面也开展了相关研究。研究团队考虑应力、缺陷和寿命分散性，建立了基于分区的涡轮盘概率损伤容限分析方法实现了涡轮盘失效风险评估[5,6]，框架如图9.1所示。

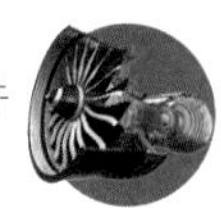

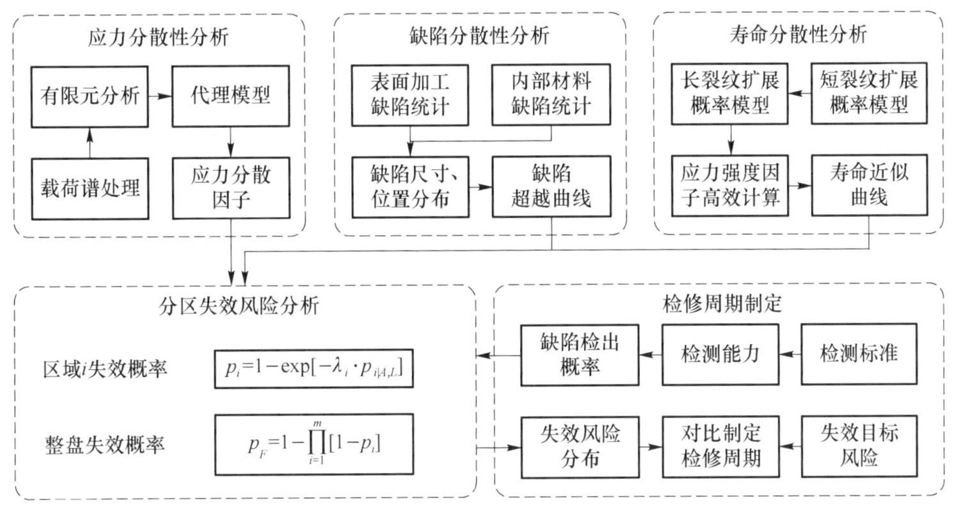

图 9.1　概率损伤容限分析框架

下面针对框架中各部分内容进行描述。

9.1.1　应力分散性分析

1. 载荷谱处理方法

发动机载荷谱按其适用范围，可分为整机载荷谱和零部件载荷谱。整机载荷谱适用于整台发动机，由飞机和发动机的总体性能参数所构成，一般以惯性过载谱、工作循环谱或功率谱来表示。零部件载荷谱适用于特定零部件，由与该零部件强度寿命、可靠性等相关的载荷参数所构成，例如涡轮盘的应力主要是由轮盘转速、盘体温度场决定。本书重点关注涡轮盘零部件载荷谱及其处理方法。

涡轮盘等断裂关键件在飞行中所承受的载荷是一种连续变化的随机过程。在获取飞行剖面所表示的发动机相关载荷参数随时间变化的历程、任务混频和使用环境后，必须将上述数据综合简化成与发动机结构某种损伤相关的载荷形式，以便于使用。因疲劳是涡轮盘主要失效模式，需要获取其设计与分析的疲劳载荷谱。疲劳载荷谱主要包括载荷大小、循环次数和排列顺序，工程上普遍采用雨流计数法进行分析。雨流计数法于 20 世纪 50 年代由英国的 M. Matsuishi 和 T. Endo 提出，主要功能是把实测载荷谱历程简化为若干个载荷循环，雨流计数法原理如图 9.2 所示。该方法考察了动强度（幅值）和静强度（均值）两个变量，符合疲劳载荷本身固有的特性[7]。通过雨流计数法可以提取出所有循环序列，在此基础上根据循环的峰值和谷值，就可得到载荷谱的循环矩阵。

由于载荷循环的幅值与均值不同，对结构的破坏作用也不同，因此有了主循环与次循环的划分，进一步还将次循环分为第 1 次循环和第 2 次循环（也称次循环之一和次循环之二[8]，或者次循环和最小循环[9]）。上述三个循环的累积统计结果称为发动机三循环谱，这三种基本循环的峰谷点代表的载荷参数，不仅表示了发动机各种典型工作状态的载荷情况[10]，也对应着不同飞行任务中发动机的典型工作状态(见表9.1)。

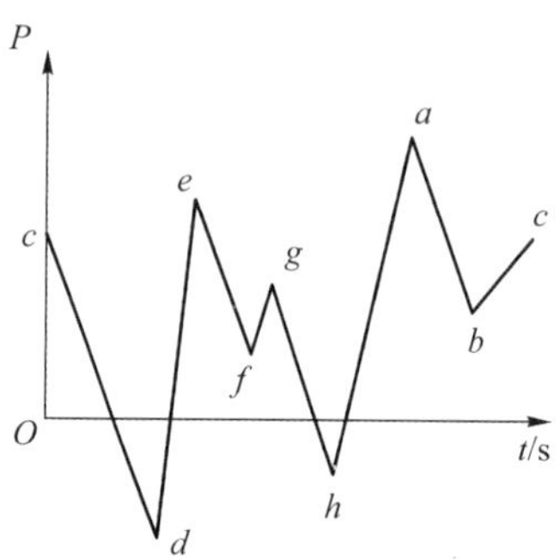

(a) 原始载荷谱图

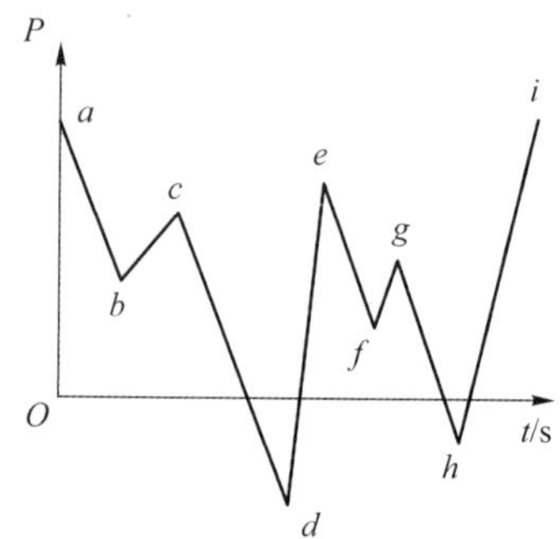

(b) 以载荷绝对值最大点为起点重绘载荷谱图

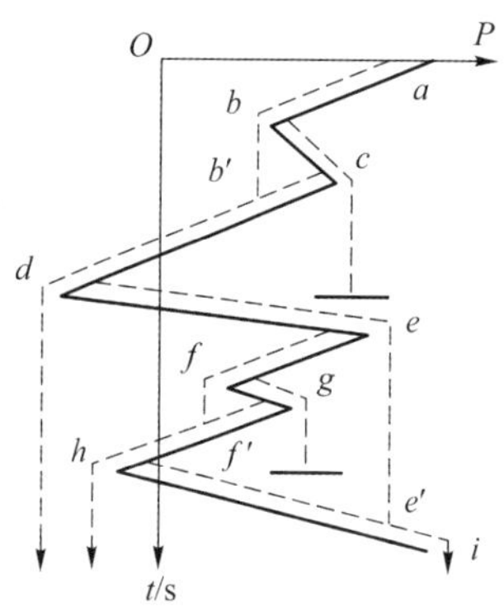

(c) 载荷谱顺时针旋转90°，绘制“雨流”

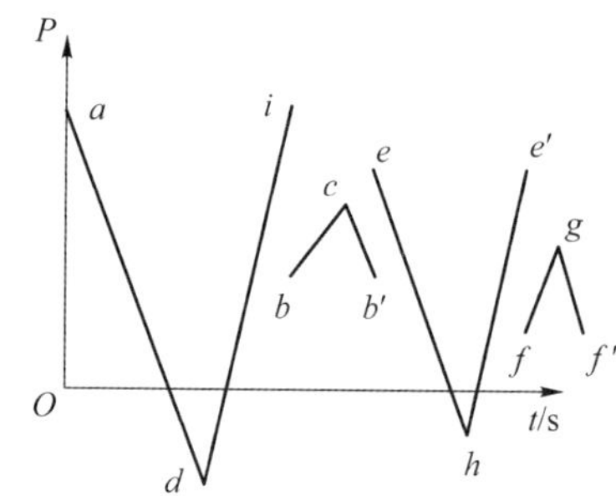

(d) 记录全循环峰值和均值

图9.2　雨流计数法原理图

表9.1　发动机三循环谱对应工作状态表[9]

循环谱	对应工作状态
主循环	0—最大/中间—0
第1次循环	慢车—最大/中间—慢车
第2次循环	巡航—最大/中间—巡航

在载荷谱处理过程中，通常将各种载荷循环转换为这三循环。

利用各种形式交变-稳态应力关系，可以把“S_l-S_h-S_l”型循环换算成等效的“0-S_{max}-0”型循环(S_l和S_h分别表示循环峰值、谷值，S_{max}表示等效循环的峰值)，其中应用最广泛的是Goodman曲线[10]。

如图9.3所示，在交变-稳态应力平面上，设有一循环，峰值和谷值分别为S_h和

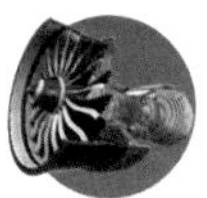

S_l，则其幅值 $\Delta S=S_h-S_l$。对于已知材料，根据其疲劳强度极限 σ_b，在疲劳极限应力图上过点 $A\left(\frac{S_h+S_l}{2},\frac{S_h-S_l}{2}\right)$和点 $B(\sigma_b,0)$作一直线，其与过原点 O 斜率为 1 的射线 OS 交于点 $S(S_m,S_m)$，令 $S_{\max}=2S_m$，则原循环转换为“0-$S_{\max}$-0”的循环。

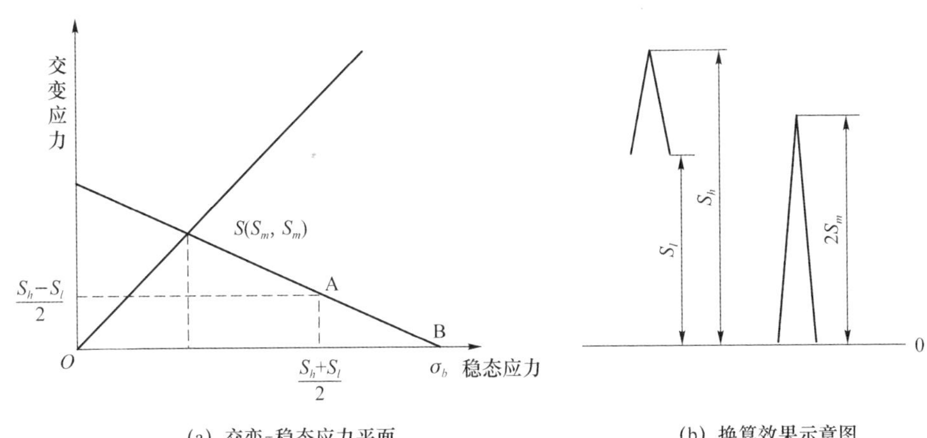

(a) 交变-稳态应力平面　　(b) 换算效果示意图

图 9.3　Goodman 循环换算法示意图

首先，由三角形相似可得

$$\frac{\sigma_b-\dfrac{S_h+S_l}{2}}{\sigma_b-S_m}=\frac{\dfrac{S_h-S_l}{2}}{S_m} \tag{9.1}$$

在此基础上，由 $S_{\max}=2S_m$，可得 $S_{\max}$ 的求解公式为

$$S_{\max}=\frac{\sigma_b S_h-\sigma_b S_l}{\sigma_b-S} \tag{9.2}$$

本节所介绍的载荷谱处理方法适用于循环载荷谱。对于高温条件下的载荷谱转换，可将各温度下应力转换为某参考温度下等效应力后，进行该温度下循环载荷谱处理。

2. 应力分散性表征方法

应力不确定性可以表示为

$$\sigma=X_l\cdot\sigma_{\mathrm{FEM}} \tag{9.3}$$

式中，X_l 是应力分散因子(stress multiplier)，考虑了来自载荷和几何等因素导致的不确定性；σ_{FEM} 为设计状态下预测应力值。

为了确定应力分散因子，需要量化载荷和几何的分散性，结合蒙特卡洛抽样及可获取结构危险部位的应力概率密度分布。在获取应力概率密度分布后，可通过对数正态分布、Weibull 分布等典型分布进行拟合。然而，考虑到重复有限元计算耗时长、计算效率低，通常建立代理模型以代替复杂有限元分析过程，提高分析效率。在诸多代理模型中，响应面模型(response surface model，RSM)[11]、克里基模型

(kriging model, KM)[12]、人工神经网络模型(artificial neutral networks model, ANNM)[13]、支持向量机法(support vector machines, SVM)[14]等方法应用最为广泛。对代理模型而言,模型精度和效率不但受到模型类型的影响,而且受抽样方法的影响。几种常配合代理模型使用的抽样方法包括蒙特卡洛抽样法、重要度抽样法、拉丁超立方抽样法等。

9.1.2 缺陷分散性分析

1. 缺陷数量分布

通常采用缺陷出现率表征初始缺陷数量分布。缺陷出现率 α 指一定体积内缺陷的平均出现几率,可表示为[15]

$$\alpha = N_{\mathrm{d}} \cdot \frac{V_{\mathrm{d}}}{V} \tag{9.4}$$

式中,V_{d} 为轮盘体积,N_{d} 表示缺陷数量。

假设缺陷在轮盘中任何位置出现概率是相等的,轮盘中某特定体积中的缺陷出现率等于 α 乘以该体积占轮盘总体积的百分比。通常假设缺陷在轮盘中服从泊松分布,此时缺陷的概率密度函数为

$$p(k) = \alpha^{k} \frac{\mathrm{e}^{-\alpha}}{k!}, \quad 0 \leqslant k \leqslant \infty \tag{9.5}$$

式中,k 为轮盘中的缺陷数量,该模型可考虑轮盘中存在多个缺陷。

2. 缺陷尺寸分布

根据第 2 章的等效方法可将缺陷等效为圆形或椭圆形。圆形缺陷的尺寸用直径表示,椭圆形缺陷的尺寸用面积和轴比表示。对材料中的缺陷进行显微观测,通过统计得到缺陷分布特征。例如,对于某型发动机 FGH96 材料涡轮盘,将缺陷等效为椭圆形,结合 SEM 观测统计得到的缺陷面积和轴比分布,如图 9.4 和图 9.5 所示。

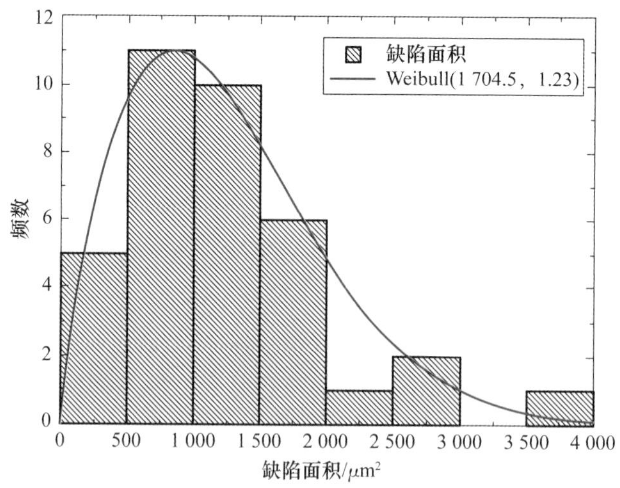

图 9.4 缺陷面积分布

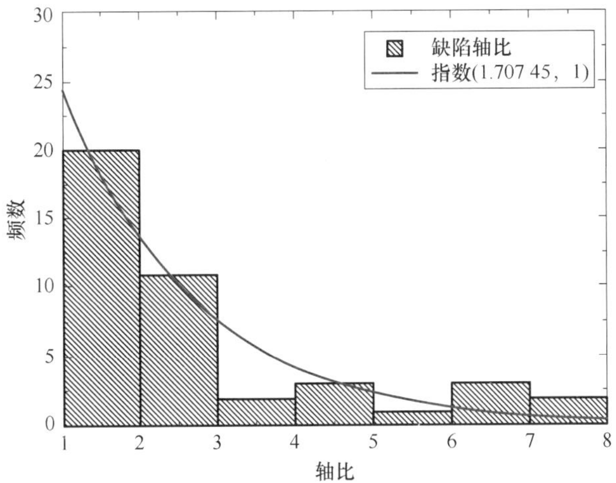

图 9.5　缺陷轴比分布

9.1.3　寿命分散性分析

1. 短裂纹扩展概率表征模型

相比于钛合金轮盘，粉末高温合金涡轮盘的初始缺陷属于微米量级，寿命分析时考虑短裂纹扩展阶段使寿命预测结果更加准确。考虑到晶粒尺寸对短裂纹扩展的影响，且存在随机性，此处主要考虑晶粒尺寸随机性，建立了短裂纹扩展概率模型。根据第 3 章描述，采用修正的 Tanaka 短裂纹扩展模型计算短裂纹扩展寿命[16]，如式(3.11)和式(3.12)所示，模型参数见表 3.2 所列。

利用 SEM 等手段检测 FGH96 材料微观形貌。对晶粒尺寸进行统计后，经过假设检验得出晶粒尺寸服从位置参数为 3.24、尺度参数为 0.27 的对数正态分布，如图 9.6 所示。

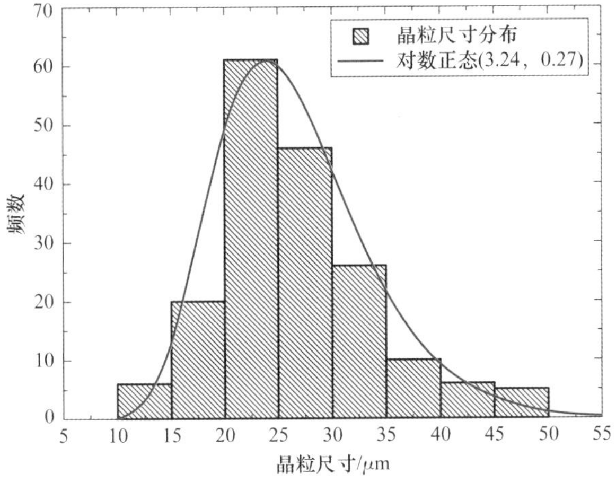

图 9.6　材料晶粒尺寸分布

2. 长裂纹扩展概率表征模型

以确定性 NASGRO 模型(式(4.16))为例介绍长裂纹扩展模型概率化方法。采用寿命分散因子 X_L^j 作为表征第 j 阶段各取样位置差异性的参量,得到裂纹扩展模型概率化表达式为

$$\frac{\mathrm{d}a}{\mathrm{d}N}=\frac{1}{X_L^j}C\left(\frac{1-f_N}{1-R_\sigma}\Delta K\right)^m\frac{\left(1-\dfrac{X_{th}^j\Delta K_{th}}{\Delta K}\right)^p}{\left(1-\dfrac{K_{\max}}{X_c^jK_c}\right)^q} \tag{9.7}$$

式中,X_L^j、X_{th}^j、X_c^j 正比于裂纹扩展寿命,反比于裂纹扩展速率。假设 X_L^j、X_{th}^j、X_c^j 分别服从正态分布 $N(\mu_L,\sigma_L^2)$、$N(\mu_{th},\sigma_{th}^2)$、$N(\mu_c,\sigma_c^2)$,其中 μ_L、μ_{th}、μ_c 为均值,σ_L、σ_{th}、σ_c 为标准差,用以量化表征裂纹扩展不同阶段裂纹扩展速率的分散性,如图 9.7 所示。

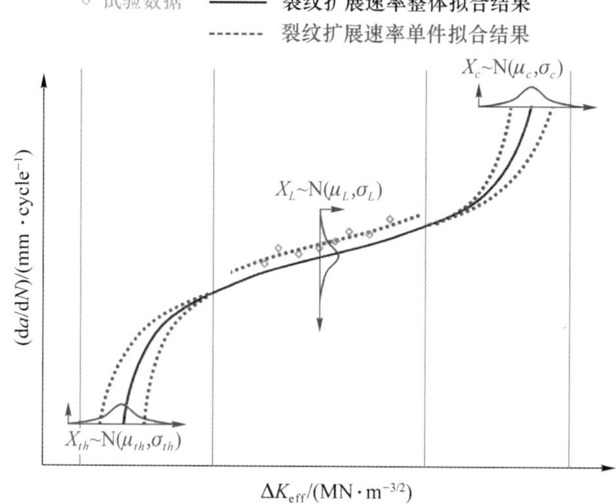

图 9.7 基于 NASGRO 模型的裂纹扩展分散性量化示意图

式(9.7)模型参数预测过程如下:(1)对于某试验条件下的全部试件的疲劳裂纹扩展数据,采用式(4.16)进行整体拟合,确定模型中的拟合参数 C、m;(2)基于所得参数 C、m,对于某试验条件下的单个试件的疲劳裂纹扩展数据,采用式(9.7)进行拟合,确定模型中的寿命分散因子 X_L。

长裂纹扩展建模需要基于分散性试验数据实现,试验数量依据概率论中"估计母体百分位值得最少试件个数判据",由式(9.8)计算评价指标。

$$\frac{s}{\bar{x}}\leqslant\frac{\delta}{t_\gamma\sqrt{\dfrac{1}{n}+u_p^2(\hat{k}^2-1)}-\delta u_p\hat{k}} \tag{9.8}$$

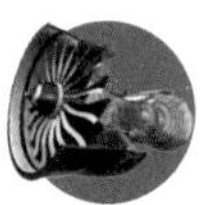

式中，s 为样本标准差，$\bar{x}$ 为样本均值，t_γ 为 t 分布取值，n 为样本数，u_p 为正态分布偏量，$\hat{k}$ 为标准差修正系数，γ 为置信度，p 为可靠度，δ 为误差限度。一般选择可靠度 $p=99.9\%$，误差限 $\delta=5\%$，置信度 $\gamma=90\%$ 确定试件数量，当指标无法满足时，补充试验件直至满足要求。

分别开展某型发动机盘缘 A 和安装边 D 取样 CT 件在温度条件 550 ℃和 380 ℃下长裂纹扩展试验，应力比选择 $R_\sigma=0.1$ 与 $R_\sigma=0.5$，控制方式为应力控制，载荷波形为三角波，加载频率为 10 Hz，试验分组如表 9.2 所列，每个条件下试验件数量为 18 件，试验结果如图 9.8 所示。

表 9.2　低周疲劳长裂纹扩展分散性试验分组

试件编号	温度/℃	R_σ	f/Hz
A 处取样件	550	0.1	10
A 处取样件	550	0.5	
D 处取样件	330	0.1	
D 处取样件	330	0.5	

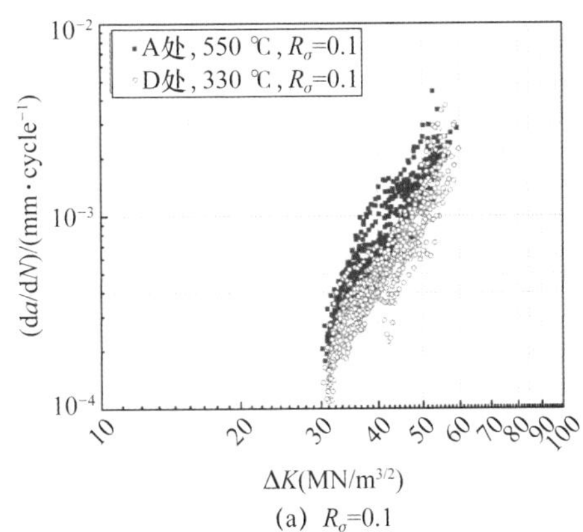

(a) R_σ=0.1

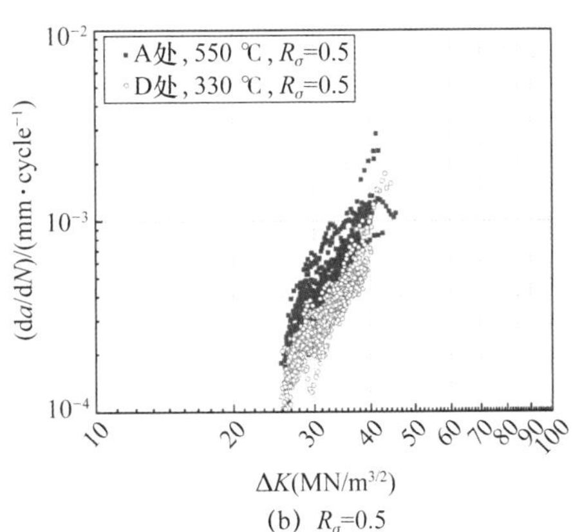

(b) R_σ=0.5

图 9.8　各取样位置在不同应力比下的裂纹扩展速率

基于上述三因子概率化 NASGRO 模型，对低周疲劳长裂纹扩展分散性试验数据进行拟合，得到 NASGRO 模型参数 C、m、p、q。基于试件 j 的试验数据计算各寿命分散因子，即分别以 X_{th}^j、X_L^j、X_c^j 表征单件拟合在裂纹扩展第Ⅰ阶段、第Ⅱ阶段、第Ⅲ阶段相对整体拟合的偏差。根据各试件的 X_{th}^j、X_L^j、X_c^j 数据，并基于前述正态分布假设，统计获得正态分布中的 μ_L、μ_{th}、μ_c、σ_L、σ_{th}、σ_c。结果如表 9.3、表 9.4 所列。

表 9.3　三因子概率化 NASGRO 模型拟合参数($R_\sigma=0.1$)

取样位置，温度	A 处，550 ℃	D 处，330 ℃
C (E-09)	1.02	5.57
m	3.66	3.72
p	2.96	1.96
q	0.50	0.49
μ_L，σ_L	0.98，0.17	0.92，0.19
μ_{th}，σ_{th}	1.00，0.39	0.69，0.24
μ_c，σ_c	0.99，0.13	0.88，0.46

表 9.4　三因子概率化 NASGRO 模型拟合参数($R_\sigma=0.5$)

取样位置，T	A 处，550 ℃	D 处，330 ℃
C (E-09)	1.82	0.87
m	3.69	3.71
p	2.24	1.96
q	0.43	0.42
μ_L，σ_L	0.96，0.15	0.94，0.13
μ_{th}，σ_{th}	1.26，0.30	1.22，0.29
μ_c，σ_c	0.98，0.05	0.97，0.04

结果表明，$R_\sigma=0.1$ 条件下的分散性大于 $R_\sigma=0.5$ 条件，其中以 σ_c 表征的断裂韧度分散性差异最为显著，且温度对分散性的影响并不显著。其原因可归结为①在 $R_\sigma=0.1$ 条件下的裂纹闭合效应相比 $R_\sigma=0.5$ 条件更为显著，在裂纹扩展规律中引入附加的影响因素，因而其分散性更为显著；②在裂纹扩展后期，由于裂纹长度较长，应力强度因子较大，其最小值超过裂纹张开应力强度因子时，裂纹闭合效应消失，从而导致裂纹扩展分散性降低；③由于 σ_c 平均值在 $R_\sigma=0.5$ 条件下显著低于 $R_\sigma=0.1$ 条件的，考虑到 $R_\sigma=0.5$ 条件下裂纹闭合效应已消失，则可认为裂纹闭合是导致裂纹扩展分散性的主要原因。

3. 应力强度因子高效算法

应力强度因子是断裂力学中的重要参量，也是损伤容限评估的关键基础。应力强度因子的求解精度和求解效率直接关系到涡轮盘结构损伤容限评估方法的准确性和实用性。传统的经验公式法计算应力强度因子，计算式明确、求解高效。但经验公式法在应力拟合获取时采用简单的结构和载荷，要应用在复杂结构中需要将复杂的端面应力简化为均布载荷。而以涡轮盘为代表的复杂结构往往存在大量非均匀应力

分布,导致基于均匀应力分布的经验公式计算方法存在较大的偏差。另一种应力强度因子计算方法为有限元法(例如 FRANC3D 商业软件),优势在于可以求解复杂结构应力强度因子,但计算效率低[17]。

综合经验公式法和有限元法的利弊,以 Buechner[18] 和 Rice[19] 为代表的学者提出权函数方法,用以计算复杂应力分布下的应力强度因子。广泛使用的权函数为 Glinka 等提出的多项式幂函数形式[20]。在给定应力分布下通过有限元模拟部分时刻的裂纹状态,基于应力强度因子模拟结果拟合确定权函数待定系数;如果有限元模拟的裂纹状态涵盖整个裂纹扩展过程,则认为所建立的权函数模型能够描述整个裂纹扩展过程。该方法将应力强度因子计算中的几何因素和载荷因素分离,在适用范围内,可以实现该裂纹形式下任意载荷条件和任意裂纹尺寸下的应力强度因子计算。

下面依次介绍几类常见裂纹形式的权函数建立方法。

(1) 平板 1/4 椭圆角裂纹权函数

对于平板 1/4 椭圆角裂纹,以椭圆裂纹中心点为坐标原点,记 x 轴方向裂纹前缘为 A 点(对应裂纹长度 a)、y 方向裂纹前缘为 B 点(对应裂纹长度 b),B 方向厚度为 t,应力沿 x 轴方向分布,图 9.9 所示为示意图。

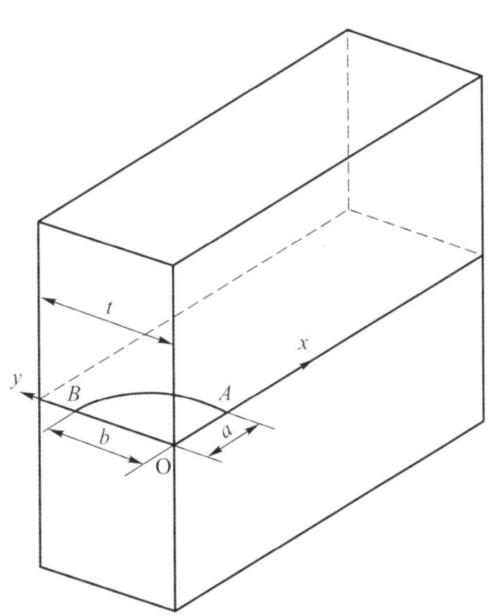

图 9.9　平板 1/4 椭圆角裂纹示意图

根据权函数法定义,A、B 两点的应力强度因子可表示为[21]

$$K_A = \int_0^a \sigma(x) m_A(x, a) \mathrm{d}x \tag{9.9}$$

$$K_B = \int_0^a \sigma(x) m_B(x,a) \mathrm{d}x \tag{9.10}$$

式中，$m_A(x,a)$、$m_B(x,a)$分别为 A、B 两点的权函数，可表示为[21]

$$m_A(x,a)=\frac{2}{\sqrt{2\pi(a-x)}}\left[1+M_{1A}\left(1-\frac{x}{a}\right)^{\frac{1}{2}}+M_{2A}\left(1-\frac{x}{a}\right)+M_{3A}\left(1-\frac{x}{a}\right)^{\frac{3}{2}}\right] \tag{9.11}$$

$$m_B(x,a)=\frac{2}{\sqrt{\pi x}}\left[1+M_{1B}\left(\frac{x}{a}\right)^{\frac{1}{2}}+M_{2B}\left(\frac{x}{a}\right)+M_{3B}\left(\frac{x}{a}\right)^{\frac{3}{2}}\right] \tag{9.12}$$

式中，M_{1A}、M_{2A}、M_{3A}、M_{1B}、M_{2B}、M_{3B} 为待定系数。选用沿 x 方向均布、线性和 2 次分布载荷作为参考载荷，如表 9.5 所列。

表 9.5　参考载荷及应力强度因子

载　荷	示意图	应力分布	参考应力强度因子
均布	σ_0　$\sigma(x)$　x　a	$\sigma(x)=\sigma_0$	$K_{0A/B}=\sigma_0\sqrt{\frac{\pi b}{Q}}F_{0A/B}$
线性	σ_0　$\sigma(x)$　x　a	$\sigma(x)=\sigma_0\left(1-\frac{x}{a}\right)$	$K_{1A/B}=\sigma_0\sqrt{\frac{\pi b}{Q}}F_{1A/B}$
二次	σ_0　$\sigma(x)$　x　a	$\sigma(x)=\sigma_0\left(1-\frac{x}{a}\right)^2$	$K_{2A/B}=\sigma_0\sqrt{\frac{\pi b}{Q}}F_{2A/B}$

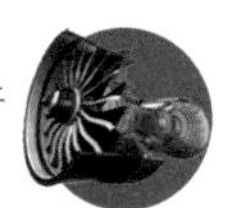

将表 9.5 中的应力分布及式(9.11)、式(9.12)代入式(9.9)、式(9.10),积分得

$$\begin{cases} K_{0A}=\sigma_0\sqrt{\dfrac{\pi b}{Q}}F_{0A}=\sigma_0\sqrt{\dfrac{2a}{\pi}}(2+M_{1A}+\dfrac{2}{3}M_{2A}+\dfrac{1}{2}M_{3A}) \\ K_{1A}=\sigma_0\sqrt{\dfrac{\pi b}{Q}}F_{1A}=\sigma_0\sqrt{\dfrac{2a}{\pi}}\left(\dfrac{2}{3}+\dfrac{1}{2}M_{1A}+\dfrac{2}{5}M_{2A}+\dfrac{1}{3}M_{3A}\right) \\ K_{2A}=\sigma_0\sqrt{\dfrac{\pi b}{Q}}F_{2A}=\sigma_0\sqrt{\dfrac{2a}{\pi}}\left(\dfrac{2}{5}+\dfrac{1}{3}M_{1A}+\dfrac{2}{7}M_{2A}+\dfrac{1}{4}M_{3A}\right) \end{cases} \tag{9.13}$$

$$\begin{cases} K_{0B}=\sigma_0\sqrt{\dfrac{\pi b}{Q}}F_{0B}=\sigma_0\sqrt{\dfrac{a}{\pi}}\left(4+2M_{1B}+\dfrac{4}{3}M_{2B}+M_{3B}\right) \\ K_{1B}=\sigma_0\sqrt{\dfrac{\pi b}{Q}}F_{1B}=\sigma_0\sqrt{\dfrac{a}{\pi}}\left(\dfrac{8}{3}+M_{1B}+\dfrac{8}{15}M_{2B}+\dfrac{1}{3}M_{3B}\right) \\ K_{2B}=\sigma_0\sqrt{\dfrac{\pi b}{Q}}F_{2B}=\sigma_0\sqrt{\dfrac{a}{\pi}}\left(\dfrac{32}{15}+\dfrac{2}{3}M_{1B}+\dfrac{32}{105}M_{2B}+\dfrac{1}{6}M_{3B}\right) \end{cases} \tag{9.14}$$

式中,$Q=E(k^2)^2$,其中 $E(k^2)$ 为第二类完全椭圆积分。Q 的近似计算公式为[21]

$$Q=1+1.464\left(\frac{a}{b}\right)^{1.65},0\leqslant\frac{a}{b}\leqslant 1 \tag{9.15}$$

$F_{iX}(i=0,1,2,X=A,B)$为几何因子。将 M_{1A}、M_{2A}、M_{3A}、M_{1B}、M_{2B}、M_{3B} 表示为 F_{1A}、F_{2A}、F_{3A}、F_{1B}、F_{2B}、F_{3B} 的形式:

$$\begin{cases} M_{1A}=\dfrac{90\pi}{\sqrt{2Q}}\sqrt{\dfrac{b}{a}}\left(\dfrac{1}{5}F_{0A}-F_{1A}+\dfrac{14}{15}F_{2A}\right)-\dfrac{48}{5} \\ M_{2A}=\dfrac{315\pi}{\sqrt{2Q}}\sqrt{\dfrac{b}{a}}\left(-\dfrac{1}{6}F_{0A}+F_{1A}-F_{2A}\right)+21 \\ M_{3A}=\dfrac{252\pi}{\sqrt{2Q}}\sqrt{\dfrac{b}{a}}\left(\dfrac{1}{7}F_{0A}-\dfrac{20}{21}F_{1A}+F_{2A}\right)-\dfrac{64}{5} \end{cases} \tag{9.16}$$

$$\begin{cases} M_{1B}=\dfrac{42\pi}{\sqrt{Q}}\sqrt{\dfrac{b}{a}}\left(\dfrac{1}{7}F_{0B}-\dfrac{13}{14}F_{1B}+F_{2B}\right)-\dfrac{48}{5} \\ M_{2B}=\dfrac{315\pi}{\sqrt{Q}}\sqrt{\dfrac{b}{a}}\left(-\dfrac{1}{12}F_{0B}+\dfrac{1}{2}F_{1B}-\dfrac{1}{2}F_{2B}\right)+21 \\ M_{3B}=\dfrac{132\pi}{\sqrt{Q}}\sqrt{\dfrac{b}{a}}\left(\dfrac{2}{11}F_{0B}-F_{1B}+\dfrac{21}{22}F_{2B}\right)-\dfrac{64}{5} \end{cases} \tag{9.17}$$

取 F_{iA}、$F_{iB}(i=0,1,2)$为 b/t 的四次多项式,t 为 B 方向上的平板厚度,即

$$F_{iA}=\alpha_{i0}+\alpha_{i1}\left(\frac{b}{t}\right)^1+\alpha_{i2}\left(\frac{b}{t}\right)^2+\alpha_{i3}\left(\frac{b}{t}\right)^3+\alpha_{i4}\left(\frac{b}{t}\right)^4 \tag{9.18}$$

$$F_{iB}=\beta_{i0}+\beta_{i1}\left(\frac{b}{t}\right)^1+\beta_{i2}\left(\frac{b}{t}\right)^2+\beta_{i3}\left(\frac{b}{t}\right)^3+\beta_{i4}\left(\frac{b}{t}\right)^4 \tag{9.19}$$

式中，α_{ij}、β_{ij}（$i=0,1,2$、$j=0,\cdots,4$）均可表示为(b/a)的三次多项式，即

$$(\alpha \text{ or } \beta)_{ij}=\begin{cases} p_1^{ij}+p_2^{ij}\left(\dfrac{b}{a}\right)+p_3^{ij}\left(\dfrac{b}{a}\right)^2+p_4^{ij}\left(\dfrac{b}{a}\right)^3, & \dfrac{b}{a}<1 \\ p_4^{ij}+p_5^{ij}\left(\dfrac{b}{a}\right)+p_6^{ij}\left(\dfrac{b}{a}\right)^2+p_7^{ij}\left(\dfrac{b}{a}\right)^3, & \dfrac{b}{a}\geqslant 1 \end{cases} \tag{9.20}$$

提取危险部位最大主应力，使用最小二乘法以六次多项式形式进行拟合

$$\sigma=s_0+s_1x+s_2x^2+s_3x^3+s_4x^4+s_5x^5+s_6x^6 \tag{9.21}$$

其中，s_i（$i=0,1,\cdots,6$）为拟合系数。通过式(9.9)、式(9.10)进行数值积分可以计算得到不同裂纹长度下的裂纹尖端应力强度因子。

(2) 平板半椭圆表面裂纹权函数

对于平板半椭圆表面裂纹，以椭圆裂纹中心点为坐标原点，记 x 轴方向裂纹前缘为 A 点(对应裂纹长度 a)、y 方向裂纹前缘为 B 点(对应裂纹长度 b)，x 方向厚度为 t，应力沿 x 轴方向分布，示意图如图 9.10 所示。A、B 两点的应力强度因子及权函数的形式，与平板 1/4 椭圆角裂纹类似。采用与平板 1/4 椭圆角裂纹权函数相同的方法可以计算得到不同裂纹长度下的裂纹尖端应力强度因子。

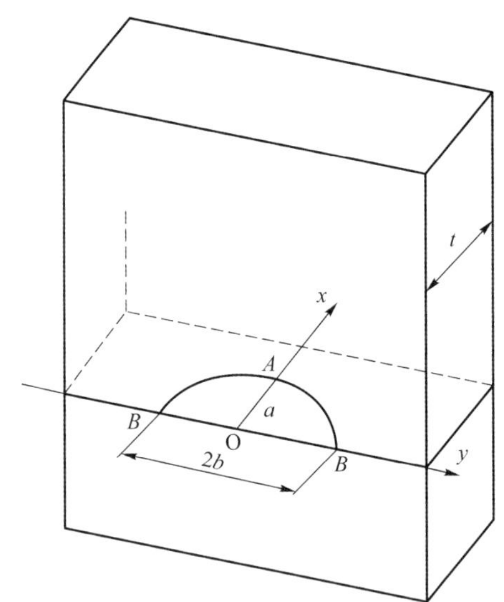

图 9.10　平板半椭圆表面裂纹示意图

(3) 平板椭圆内含裂纹权函数

对于平板椭圆内含裂纹，以椭圆裂纹中心点为坐标原点，记 x 轴方向裂纹前缘为 A 点，后缘为 A—点(对应裂纹半轴长度 a)、y 方向裂纹前缘为 B 点(对应裂纹半轴长度 b)，A—点到平板边缘距离为 d，应力沿 x 轴方向分布，图 9.11 所示为示意图。

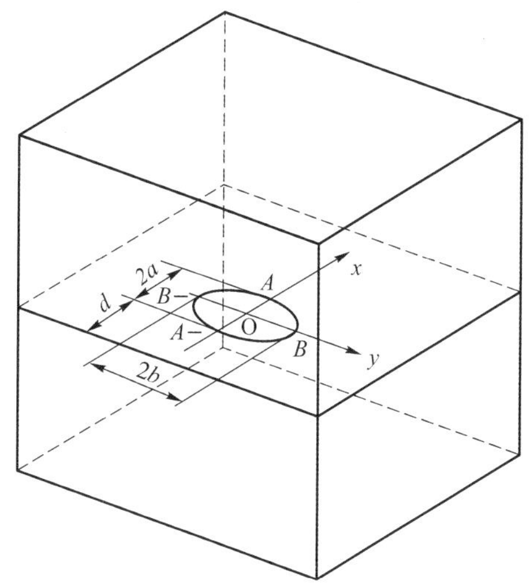

图 9.11　平板椭圆内含裂纹示意图

$m_A(x,a)$、$m_{A-}(x,a)$、$m_B(x,a)$、$m_{B-}(x,a)$分别为 A、$A-$、B、$B-$三点的权函数，可表示为

$$m_A(x,a)=\frac{2}{\sqrt{2\pi(a-x)}}\left[1+M_{1A}\left(1-\frac{x}{a}\right)^{\frac{1}{2}}+M_{2A}\left(1-\frac{x}{a}\right)+M_{3A}\left(1-\frac{x}{a}\right)^{\frac{3}{2}}\right] \tag{9.22}$$

$$m_{A-}(x,a)=\frac{2}{\sqrt{2\pi(a+x)}}\left[1+M_{1A-}\left(1+\frac{x}{a}\right)^{\frac{1}{2}}+M_{2A-}\left(1+\frac{x}{a}\right)+M_{3A-}\left(1+\frac{x}{a}\right)^{\frac{3}{2}}\right] \tag{9.23}$$

$$m_B(x,a)=m_{B-}(x,a)=\begin{cases}\dfrac{1}{\sqrt{\pi x}}\left[1+M_{1B}\sqrt{\dfrac{x}{a}}+M_{2B}\dfrac{x}{a}\right] & x\geqslant 0\\ \dfrac{1}{\sqrt{\pi(-x)}}\left[1+M_{1B}\sqrt{\dfrac{-x}{a}}+M_{2B}\dfrac{x}{a}\right] & x<0\end{cases} \tag{9.24}$$

式中，M_{1A}、M_{2A}、M_{3A}、M_{1B}、M_{2B}、M_{3B}为待定系数。

根据权函数法定义，A、$A-$、B、$B-$点的应力强度因子可表示为

$$K_A=\int_{-a}^{a}\sigma(x)m_A(x,a)\mathrm{d}x \tag{9.25}$$

$$K_{A-}=\int_{-a}^{a}\sigma(x)m_{A-}(x,a)\mathrm{d}x \tag{9.26}$$

$$K_B=K_{B-}=\int_{0}^{a}\frac{[\sigma(x)+\sigma(-x)]}{\sqrt{\pi x}}\left[1+M_{1B}\sqrt{\frac{x}{a}}+M_{2B}\frac{x}{a}\right]\mathrm{d}x \tag{9.27}$$

权函数待定系数由边界条件及均布($\sigma(x)=1$)和一次($\sigma(x)=x/a$)参考载荷下的有限元解确定。当 $y=-a$ 时，$m_A(-a,a)=0$，因此，边界条件为

$$1+\sqrt{2}M_{1A}+2M_{2A}+2^{\frac{3}{2}}M_{3A}=0 \tag{9.28}$$

类似地，将权函数待定系数表示为几何因子的形式

$$\begin{cases} M_{1A}=-4\sqrt{2}-\dfrac{3}{2}\dfrac{\pi}{\sqrt{2Q}}F_{0A}+\dfrac{15}{2}\dfrac{\pi}{\sqrt{2Q}}F_{1A} \\ M_{2A}=\dfrac{15}{2}+\dfrac{15}{4}\dfrac{\pi}{\sqrt{Q}}F_{0A}-\dfrac{45}{4}\dfrac{\pi}{\sqrt{Q}}F_{1A} \\ M_{3A}=-2\sqrt{2}-3\dfrac{\pi}{\sqrt{2Q}}F_{0A}+\dfrac{15}{2}\dfrac{\pi}{\sqrt{2Q}}F_{1A} \end{cases} \tag{9.29}$$

$$\begin{cases} M_{1A-}=-4\sqrt{2}-\dfrac{3}{2}\dfrac{\pi}{\sqrt{2Q}}F_{0A-}-\dfrac{15}{2}\dfrac{\pi}{\sqrt{2Q}}F_{1A-} \\ M_{2A-}=\dfrac{15}{2}+\dfrac{15}{4}\dfrac{\pi}{\sqrt{Q}}F_{0A-}+\dfrac{45}{4}\dfrac{\pi}{\sqrt{Q}}F_{1A-} \\ M_{3A-}=-2\sqrt{2}-3\dfrac{\pi}{\sqrt{2Q}}F_{0A-}-\dfrac{15}{2}\dfrac{\pi}{\sqrt{2Q}}F_{1A-} \end{cases} \tag{9.30}$$

$$\begin{cases} M_{1B}=-4+\dfrac{3}{2}\dfrac{\pi}{\sqrt{Q}}F_{0B} \\ M_{2B}=3-\dfrac{3}{2}\dfrac{\pi}{\sqrt{Q}}F_{0B} \end{cases} \tag{9.31}$$

取 F_{iA}、F_{iA-}、$F_{iB}(i=0,1)$为 d/a 的四次多项式，即

$$F_{iA}=\alpha_{i0}+\alpha_{i1}\left(\frac{d}{a}\right)^1+\alpha_{i2}\left(\frac{d}{a}\right)^2+\alpha_{i3}\left(\frac{d}{a}\right)^3+\alpha_{i4}\left(\frac{d}{a}\right)^4 \tag{9.32}$$

$$F_{iB}=\beta_{i0}+\beta_{i1}\left(\frac{d}{a}\right)^1+\beta_{i2}\left(\frac{d}{a}\right)^2+\beta_{i3}\left(\frac{d}{a}\right)^3+\beta_{i4}\left(\frac{d}{a}\right)^4 \tag{9.33}$$

$$F_{iA-}=\gamma_{i0}+\gamma_{i1}\left(\frac{d}{a}\right)^1+\gamma_{i2}\left(\frac{d}{a}\right)^2+\gamma_{i3}\left(\frac{d}{a}\right)^3+\gamma_{i4}\left(\frac{d}{a}\right)^4 \tag{9.34}$$

式中，α_{ij}、β_{ij}、$\gamma_{ij}(i=0,1、j=0,\cdots,4)$均可表示为$(b/a)$的三次多项式

$$(\alpha \text{ or } \beta \text{ or } \gamma)_{ij}=\begin{cases} p_1^{ij}+p_2^{ij}\left(\dfrac{b}{a}\right)+p_3^{ij}\left(\dfrac{b}{a}\right)^2+p_4^{ij}\left(\dfrac{b}{a}\right)^3, & \dfrac{b}{a}<1 \\ p_4^{ij}+p_5^{ij}\left(\dfrac{b}{a}\right)+p_6^{ij}\left(\dfrac{b}{a}\right)^2+p_7^{ij}\left(\dfrac{b}{a}\right)^3, & \dfrac{b}{a}\geqslant 1 \end{cases} \tag{9.35}$$

提取危险部位最大主应力，使用最小二乘法以六次多项式形式进行拟合。通过对式(9.25)、式(9.26)和式(9.27)进行数值积分可以计算得到不同裂纹长度下的裂纹尖端应力强度因子。

(4) 算例分析

以平板 1/4 椭圆角裂纹为例，进行权函数建模及验证。根据均布、线性和二次参考载荷下的裂纹尖端应力强度因子有限元解，建立权函数模型，拟合参数 p_k^{ij} 如表 9.6 所列。

表 9.6　参考载荷下拟合参数 p_k^{ij}

		A					B				
载荷	p_k^{ij}	α_{i0}	α_{i1}	α_{i2}	α_{i3}	α_{i4}	β_{i0}	β_{i1}	β_{i2}	β_{i3}	β_{i4}
均布 $i=0$	p_1^{ij}	1.995	−1.603	18.444	−25.500	18.013	2.387	−1.542	20.039	−26.521	22.052
	p_2^{ij}	−1.088	1.830	−18.775	29.690	−21.158	−1.624	1.590	−19.949	27.390	−22.745
	p_3^{ij}	0.300	−0.674	6.408	−10.756	7.669	0.459	−0.529	6.562	−9.234	7.673
	p_4^{ij}	−0.030	0.079	−0.715	1.237	−0.880	−0.046	0.057	−0.704	1.008	−0.839
线性 $i=1$	p_1^{ij}	0.494	−0.797	11.320	−16.511	11.841	1.990	−0.780	11.741	−14.271	13.364
	p_2^{ij}	−0.185	0.765	−10.810	18.061	−13.243	−1.353	0.695	−11.065	13.685	−13.129
	p_3^{ij}	0.042	−0.256	3.522	−6.278	4.645	0.386	−0.210	3.506	−4.389	4.288
	p_4^{ij}	−0.004	0.029	−0.379	0.700	−0.520	−0.039	0.021	−0.367	0.463	−0.459
二次 $i=2$	p_1^{ij}	0.268	−0.645	8.770	−13.295	9.453	1.749	−0.578	8.682	−10.353	10.179
	p_2^{ij}	−0.083	0.625	−8.421	14.500	−10.524	−1.192	0.519	−8.202	9.950	−10.021
	p_3^{ij}	0.016	−0.209	2.749	−5.027	3.679	0.342	−0.158	2.602	−3.194	3.277
	p_4^{ij}	−0.001	0.023	−0.296	0.559	−0.410	−0.034	0.016	−0.272	0.337	−0.351

针对所建立的权函数模型，分别在 3 次、5 次载荷下验证应力强度因子的求解精度，应力分布为

$$\sigma(x)=100\left(1-\frac{x}{a}\right)^i \quad (i=3,5) \tag{9.36}$$

在 3 次和 5 次载荷下，裂纹尖端 A、B 点处应力强度因子权函数解和有限元解的对比结果如图 9.12 所示。从图中可以看出所建立的权函数模型在参考载荷（均布、线性、2 次）下，A、B 点应力强度因子计算最大误差均小于 0.01%，在 3 次和 5 次载荷下，最大相对误差为 1.9%。说明权函数模型具有较高的精度。

将权函数模型应用于某型涡轮盘榫槽齿根的裂纹扩展模拟，裂纹位于榫槽第二榫齿齿根，裂纹面法向与最大主应力方向重合，如图 9.13 所示。

沿 x 方向提取最大主应力分布，并以 6 次多项式拟合，拟合系数作为权函数模型的载荷输入。初始裂纹半径选取 0.2 mm，约为 10 倍晶粒尺寸大小[21]。以裂纹长度 $a_C=4.5$ mm 作为扩展终止判据，目前国内外检测技术针对该长度的裂纹缺陷检出概率接近 100%[22]。进行涡轮盘榫槽齿根的裂纹扩展模拟，并与有限元结果进行对比，如图 9.14 所示。与有限元法结果对比，权函数法得到的应力强度因子最大相对误差为 2.66%，然而计算时间却仅为有限元法的 1/20 000，这说明权函数法在保证模型精度的同时具有较高的计算效率，可满足工程应用需求。

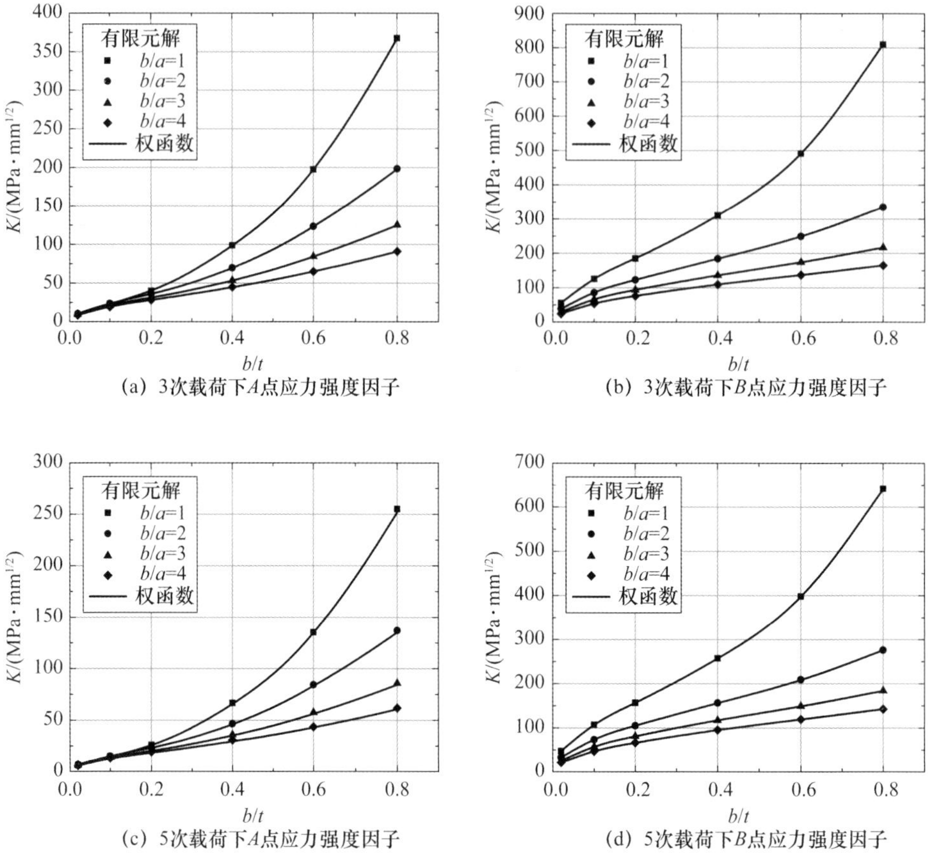

(a) 3次载荷下A点应力强度因子

(b) 3次载荷下B点应力强度因子

(c) 5次载荷下A点应力强度因子

(d) 5次载荷下B点应力强度因子

图 9.12　应力强度因子计算结果对比

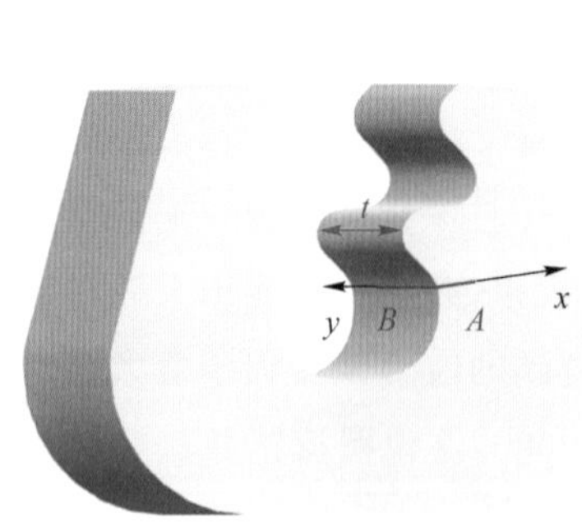

图 9.13　榫槽角裂纹示意图

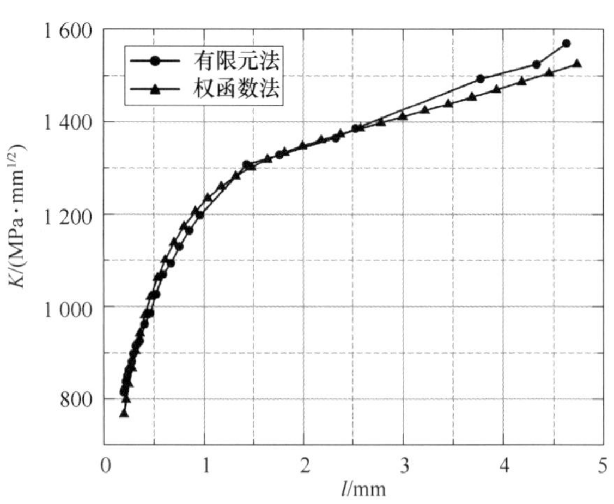

图 9.14　权函数法裂纹扩展模拟结果对比

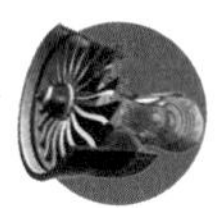

4. 结构件裂纹应力强度因子提取

在损伤容限分析时,通常需要进行大量裂纹扩展分析以判断失效风险,采用权函数模型提高应力强度因子的求解效率。权函数的模型将裂纹平面表示为矩形板,其裂纹前沿是半椭圆形或椭圆形。经验表明,这是许多部件中实际疲劳裂纹几何形状的合理近似,这些几何简化有助于计算应力强度因子。

考虑到在涡轮盘等复杂构件中,任意裂纹平面上的横截面几乎都不是矩形的,因此在概率损伤容限分析时,需要发展一种能够快速生成断裂矩形板的方法以实现高精度裂纹扩展自动化分析[23]。

首先,考虑到涡轮盘,裂纹非常小时,它们可能沿着受局部材料微观结构取向和局部应力多轴性影响的平面扩展,随着裂纹继续扩展,裂纹通常沿着最大主应力平面扩展。由于通常不分析微小裂纹的扩展,且认为最大主应力平面随着裂纹的扩展是不变的,将裂纹源最大主应力平面作为断裂矩形板平面。

然后,确定断裂矩形板平面的主次方向和尺寸。图 9.15 为内埋裂纹生成矩形板示意图,裂纹原点位于 O 处,主要方向和次要方向分别为 x_2 和 x_1,据此定义四个象限。定义在正 x_2 轴上的两个象限是主要关注区域,因为其余象限的边界是裂缝起点与其最近边界之间的最小距离 $d_1=d_{\min}$。横截面边界与两个轴的交点定义了物理极限:d_2、d_3 和 d_4。从第一象限开始,逐个象限地执行确定最佳长度的过程。第一个象限由正 x_2 轴和负 x_1 轴定义,随后按顺时针方向选择象限。

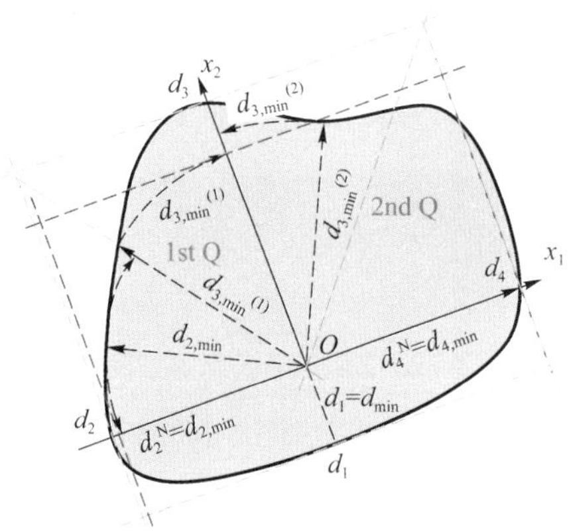

图 9.15　矩形板模型[24]

与 x_1 轴距离为 d_3 的平行线和与 x_2 轴距离为 d_2 的平行线相交于一点,如图 9.16 两条蓝色虚线所示。这一点和裂纹原点的连线构成了一条分界线,将第一象限划分为两个三角形区域。在每个区域中,从裂纹原点到截面边界的最小距离分别用 $d_{2,\min}$ 和 $d_{3,\min}^{(1)}$ 表示。由于从两个不同的象限得到的 $d_{3,\min}$ 可能不同,因此用上标来指定象限。d_2 和 $d_{2,\min}$ 中的最小值定义了矩形板沿负 x_1 方向的最佳长度 d_2^N,即 $d_2^N=\min(d_2, d^{2,\min})$。在第二象限使用同样的方法可以定义两个最小距离 $d_{3,\min}^{(1)}$ 和 $d_{4,\min}$。因此,沿

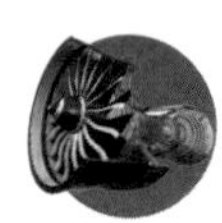

正 x_2 轴的最佳长度 d_3^N 和正 x_1 轴的最佳长度 d_4^N 分别由 $\min(d_{3,\min}^{(1)},d_3,d_{3,\min}^{(2)})$ 和 $\min(d_{4,\min},d_4)$ 决定。沿负 x_2 轴的距离由物理极限 d_1 确定，矩形板的尺寸和方向由最佳长度 d_2^N、d_3^N 和 d_4^N 确定。

以上即为内埋裂纹矩形板生成基本方法，该方法也可以应用于表面裂纹和角裂纹，与相应权函数结合后可以用于概率损伤容限中裂纹扩展寿命的快速计算。

5. 寿命近似曲线及插值方法

虽然权函数和矩形板的应用使裂纹扩展寿命的计算时间大幅缩短，但上万次的裂纹扩展模拟仍然会耗费大量时间，在这种情况下，寿命近似函数可以极大地减少对裂纹扩展模拟算法的调用，降低计算成本。

寿命近似函数是一系列初始缺陷的大小与其对应寿命组成的曲线。寿命近似函数表通常设置为 100 到 200 个初始异常尺寸的缺陷，以便保持足够的准确性。

对于一个含初始裂纹或缺陷的区域，获取该区域的缺陷分布和应力分布后，生成矩形板并使用权函数和裂纹扩展模型计算得到不同初始缺陷和应力变异系数下对应的裂纹扩展寿命，计算完成后即可生成寿命近似函数，如图 9.16 所示。得到寿命近似函数后，再次计算寿命时可直接基于初始裂纹或缺陷插值得到。

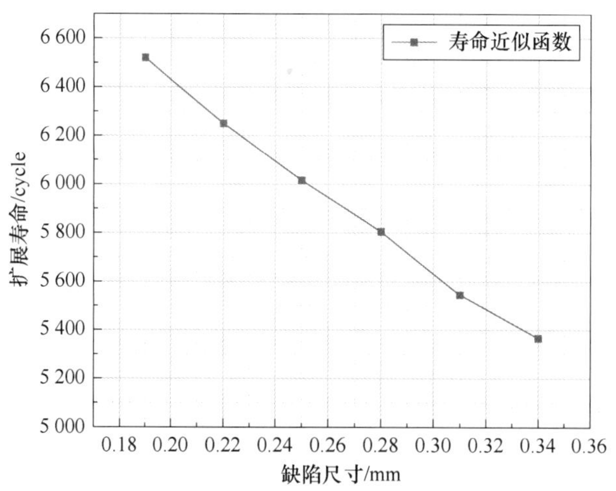

图 9.16 寿命近似函数

9.1.4 分区失效风险分析

涡轮盘危险部位裂纹扩展失效由裂纹扩展长度确定，涡轮盘中裂纹或缺陷大小和应力强度因子 K 将随着飞行循环数的增加而增加，当最大应力强度因子 K 超过断裂韧性 K_c 时发生失效。极限状态函数可表示为[25]

$$g(X,Y,t)=K_C-K(X,Y,t) \tag{9.37}$$

式中，t 是时间（飞行或服役时间）；X 表示与检测无关的输入变量向量，包括缺陷形

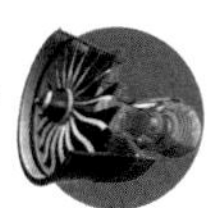

位特征、应力和材料等；Y 表示与检测有关的输入变量向量，包括检测能力（缺陷检出概率，PoD）和检测周期。基于式(9.37)，任意时间 t 时的失效概率可计算为

$$P_f = \Pr[g(X, Y, t) \leqslant 0] \tag{9.38}$$

涡轮盘危险部位失效风险分析仅针对单一失效模式/危险部位，而涡轮盘几何结构、载荷形式等复杂，不同部位失效模式往往存在差异，且初始缺陷分布特征也存在不同，为此建立基于分区的失效风险评估方法。

为了保证评估精度的前提下，有效降低计算成本，首先采用恰当的方法将结构划分为一系列分区（分区数通常为几十至一百），以便将计算资源有效分配给失效风险较高的区域。分区具体方法为

(1) 给定应力区间和温度区间，基于主循环载荷下稳态应力场和温度场进行区域划分，确定初始分区；

(2) 对近表面区域分区细化，基于裂纹形式将轮盘分为表面区域和内部区域，对于粉末冶金涡轮盘，其初始缺陷直径一般不超过 1 mm，故可以将表面区域厚度设置为 1 mm。

(3) 基于瞬态应力场进行分区细化，保证每个区域的应力差在飞行周期内不超过给定的应力区间。

确定涡轮盘分区后，定义 F_i 为分区 i 中初始缺陷造成的失效事件($i=1,2,\cdots,m$)，则分区 1 至分区 m 中任何一个分区失效都将意味着轮盘的整体失效，即

$$P_f[\text{disk}] = P[F_1 \cup F_2 \cup \cdots \cup F_m] \tag{9.39}$$

由于缺陷大小相对于涡轮盘很小，且缺陷密度较小，所以可以认为缺陷之间不会相互影响，各分区的失效事件是相互独立的，式(9.39)可以简化为

$$P_f[\text{disk}] = 1 - \prod_{i=1}^{m}(1 - P[F_i]) \tag{9.40}$$

当 $P[F_i]$ 也很小的时候，式(9.40)可以进一步简化为

$$P_f[\text{disk}] \approx \sum_{i=1}^{m} P[F_i] \tag{9.41}$$

式(9.41)说明轮盘的失效风险近似等价于各分区失效风险的代数和。

设分区 i 的缺陷发生率为 α_i，定义为

$$\alpha_i = \alpha \cdot \frac{W_i}{W_d} \tag{9.42}$$

式中，W_i 为分区 i 所包含材料的重量，当轮盘上的不同分区缺陷发生率不同时，各分区的缺陷发生率满足

$$\alpha = \sum_{i=1}^{m} \alpha_i \tag{9.43}$$

即分区缺陷发生率之和等于轮盘整体的缺陷发生率。

式(9.41)可以被改写为各分区条件失效概率轮盘失效与缺陷发生率乘积之和的形式，即

$$p_f(\text{disk}) \approx \sum_{i=1}^{m} p_f^c[\text{zone } i \mid \text{given } a \text{ defect in zone } i] \cdot \alpha_i \tag{9.44}$$

当 α_i 较大时，上述等效不再成立，需要考虑单个区域内出现多个缺陷的情况，假设缺陷之间相互不影响，则区域失效概率可以表示为缺陷数量发生率与出现缺陷后区域条件失效概率的乘积和的形式，即

$$p_i = \sum_{j=1}^{n} [\{1 - [P(\bar{F}_{i|A_j,L})]^j\} \cdot \frac{(\lambda_i)^j}{j!} \exp(-\lambda_i)] \tag{9.45}$$

式(9.45)化简后也可以表示为

$$p_i = 1 - \exp[-\lambda_i \cdot p_{i|A,L}] \tag{9.46}$$

此时，整盘失效风险表示为

$$p_F = 1 - \prod_{i=1}^{m} [1 - p_i] \tag{9.47}$$

分区风险评估法赋予每个分区实际的缺陷发生率、材料属性、应力、温度及缺陷检测状态（包括检查日程、检查类型、PoD 曲线等），从而使设计人员能够在强度校核与规划检查周期时重点关注轮盘上的关键分区。

9.1.5 检修周期制定

考虑各区域缺陷检出概率 PoD 的失效风险分析方法如图 9.17 所示，在达到检修周期时开展轮盘缺陷检测，若通过 PoD 检出裂纹则认为轮盘到寿，不再执行后续飞行任务。通过无损检测检出裂纹，降低了不考虑检测时裂纹直接扩展至临界尺寸而导致失效的风险，从而提高了轮盘的可靠度。通过对比不同检修周期下涡轮盘失效风险和设计目标风险（design target risk, DTR）可以指定检修周期，以满足设计要求。

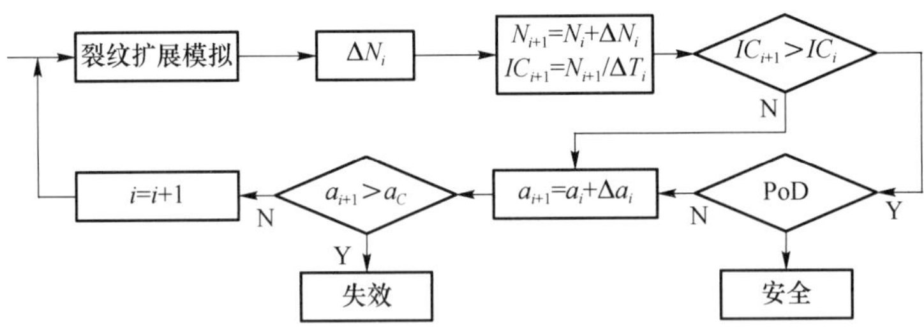

图 9.17 考虑检修周期的失效风险分析流程

9.2 涡轮盘概率损伤容限分析软件

为了实现概率损伤容限分析方法的工程应用，研究团队开发了涡轮盘概率损伤容限分析软件。该软件采用了基于组件技术的通用工作流引擎的设计方法，其核心

思想是软件复用。软件复用是指重复使用"为了复用目的而设计的软件"的过程。而基于组件的软件开发(component-based development,CBD)是软件复用的有效手段。组件技术是在面向对象的软件开发方法基础上逐渐发展起来的,它对相关的一组类进行封装,是一种更高层次的抽象,因此 Clemens Szyperski 等称其为超越面向对象编程。

基于组件技术的软件开发的基本思想是将目标软件系统分解成粒度较小的功能模块,然后从现有的组件库中找到能够完成此功能的基本组件。这些组件对外提供了良好的接口,可以直接用其进行应用系统的组装,而无需重新设计开发这些功能模块。不同涡轮盘疲劳寿命评估过程常常包含相同的活动,例如几何建模、分网、应力应变分析等,甚至不同的结构,除几何模型不同外,其疲劳寿命评估流程极其相似或完成相同。以往的针对单个结构固定失效模式的寿命评估软件并没有很好的重用这些活动和流程,导致开发过程不断地重复定义过程定义文档,效率较低。其次,传统的软件模块往往和具体的评估流程、失效模式相关,当模型发生改变时,需要进行代码级的修改,很难实现重构。课题组在前期软件开发过程中,积累了大量的成熟组件,如参数化建模组件、有限元分析组件等。因此,在软件开发过程中对这些组件进行重构、封装,形成组件库,为形成基于工作流的损伤容限分析建立了基础。同时,由于组件库是开放式且互相独立的,组件之间的数据和信息交换仅通过接口进行定义,因此也为评估软件工程应用后的维护、扩展提供了方便。

9.2.1　软件总体架构

基于国际通用的开放系统体系结构(open system architecture, OSA)层次和数据处理架构,软件总体架构如图 9.18 所示。软件主要由物理层、数据层和应用层三大层次,以数据管理为基础,保证软件正常运行。

1. 服务层

服务层作为软件的底层设施是建立在物理的服务器和存储设备之上的各类服务器,包括应用服务器,主要负责运行软件底层服务,如数据交换服务、数值计算服务等;文件服务器负责各种非结构化的数据(数据包、图片、多媒体文件)的处理;数据库服务器负责运行数据库服务提供结构化数据的存取和处理服务,本软件采用的是目前较为主流的 MySql 数据库,同时预留了与 Oracle、SQL Server 等数据库服务的接口。各服务器通过交换机互联组成底层服务网络,通过交换机经过防火墙部署到局域网或互联网上,保证可以随时跨部门/地域访问服务资源,增强了系统伸缩性。

2. 系统层

系统层主要负责应用服务及各类数据的安全维护和备份管理,包括用户管理、角色权限管理、系统配置管理、数据备份恢复等。用户管理可以实现对用户信息进行统一配置,包括创建、修改和删除账户等。在配置用户账户时,可以为用户分配角色,便于按照用户角色对用户权限进行统一管理。角色包括系统管理员、普通设计人员、组长、室主任、总师等，不同角色拥有对应用和数据不同的访问权限。系统配置管理负责对软件进行统一配置，由于软件是运行在不同的电脑上，系统管理员可基于域环境对软件配置进行统一批量设置，保证软件的可靠运行；数据备份恢复管理则负责对软件的设计、分析数据，以及用户账户信息、安全信息等进行备份和回复，防止意外引发的数据丢失，增强了软件的安全性。

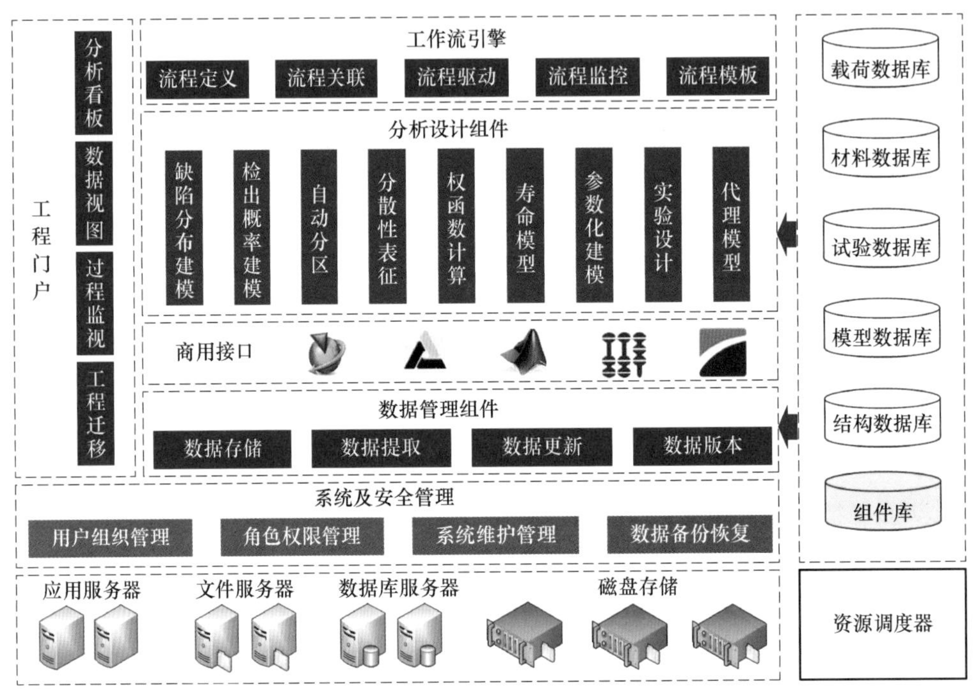

图 9.18　总体架构

3. 组件层

组件层包括分析设计组件、商用软件接口组件以及数据管理组件。根据组件的设计思想，完成概率损伤容限所需要的功能模块都以组件的形式进行打包，包括缺陷分布建模、检出概率建模、自动分区、分散性表征、权函数、寿命模型、参数化建模、试验设计、代理模型等。这些组件都定义了明确的功能和数据接口，只有接口类型相同的组件才可以被正确链接，为后续数据流驱动的分析过程建立基础，即前序组件的数据可以通过规范的接口无缝链接到后续组件中，为后续组件功能的完成提供输入数据。另外，软件还提供了一些常用的商用软件接口，同样封装成接口组件，如 UG 接口组件、Ansys 接口组件、Matlab 接口组件、Abaqus 接口组件等，这些接口组件独立于分析设计组件，可读取第三方商用软件的数据，以方便用户在需要的时候进行调用。

4. 工作流引擎层

工作流引擎主要负责对概率损伤容限分析和设计流程进行定义、管理、执行和监控。工作流技术出现于 20 世纪 70 年代的任务批处理和自动化领域，是针对日常工

作中具有固定程序的活动而提出的。通过将工作分解成定义良好的任务、角色，并按照一定的规则和过程来执行和监控这些任务，可以达到提高工作效率的目的。工作流技术已经渗透到各个领域和各种软件系统中，为企业内部和企业间的业务流程提供了一个自动化执行平台。与传统应用软件系统相比其最大的区别是具有高度的灵活性，可以按照企业的具体需求，快速灵活地生成应用软件系统。工作流系统成为企业信息环境中不可缺少的软件平台，并最终成为覆盖于各类台式机与网络操作系统之上的业务操作系统BOS(Business Operating System)[26]。涡轮盘概率损伤容限设计参照工作流管理联盟(WfMC)规范，把引擎分为IOC容器和引擎内核两个主要模块，并对引擎的各个功能模块进行了清晰定义和功能划分，同时定义了引擎与外部的交互接口，实现了引擎由大内核架构向微内核架构的转型。引入控制反转(Inversion of control，IOC)容器作为组件的装配工厂能够很方便的配置系统中各组件的依赖关系，使系统中各个相对独立的组件件在运行时能够相互协作。

5. 支撑数据库

软件集成了载荷、材料、模型、试验、结构五大类数据库，通过数据管理组件为软件工作运行提供数据支撑。载荷数据库主要用于存储涡轮盘损伤容限分析所需要的载荷数据，如应力载荷、温度载荷等；材料数据库主要用于存储材料属性信息，包括密度、弹性模量、断裂韧度等；模型数据库存储软件运行所涉及的各类数学模型，如裂纹扩展模型、代理模型等；试验数据库用于存储各类试验数据，包括原位单轴拉伸试验、原位低周疲劳试验、低周疲劳标准件试验、蠕变-疲劳标准件试验、高低周复合疲劳标准件试验、多轴疲劳标准件试验、原位裂纹扩展标准件试验、低周疲劳长裂纹扩展试验、蠕变-疲劳长裂纹扩展试验、高低周疲劳长裂纹扩展试验、缺口疲劳标准件试验、低周疲劳裂纹扩展分散性试验、涡轮盘孔特征、过渡段特征、榫槽特征模拟件试验等，通过对这些高价值数据的统一存储，实现数据颗粒归仓。在数据库设计上，采用基于元模型的设计方法，支持用户对数据模板的字段进行自定义，方便用户快速组织、导入和查看数据，为数据库扩充提供了良好的基础。

9.2.2 组件和工作流设计

参照组件模型的BNF范式描述，下面给过程损伤容限寿命评估所涉及的组件模型的BNF范式描述。其中两个标志组件、活动组件及路由组件是基本组件，通过它们的有序组合就能得到能够刻画某个业务流程的过程组件。多个过程组件的有机组合就能够实现工作流管理系统的快速搭建。下面对标志组件、路由组件和活动组件三类基本组件的设计规范进行介绍。

1. 标志组件

标志组件的设计相当简单，其中只包含两个原子组件，开始组件和结束组件，分别用于标识过程组件的开始和结束状态，因此这两个标志组件在每个过程组件中出现且仅能出现一次。其模型可以分别用 XML 描述如下：

```
<Step-Component id="x" type="Begin">
    <List>
    <Step name="Xxx" id="X"/>
    <!-其它步骤->
    </List>
</Step-Component>
```

开始组件标志着流程的初始状态，List 标签下的内容为流程启动后首先要执行的步骤(Step)列表，其中每个步骤对应一个步骤组件，由 name 和 id 两个属性唯一标识。

结束组件：

```
<Step-Component id="x" type="End">
    <List type="sequence/and/or">
        <Step name="Xxx" id="X"/>
        <!-其它步骤->
    </List>
</Step-Component>
```

结束组件标志着流程的终止状态，流程运行时根据 List 标签下的 type 属性对前依赖步骤进行逻辑运算，根据运算结果来决定流程是否结束。

2. 路由组件

路由组件用于实现业务活动之间的路由跳转，仅封装了步骤(Step)标志符和步骤间导航规则，而没有指定步骤具体实现的流程组件。根据 WFMC 对工作流模型的定义，一个工作流引擎至少支持以下几种流向控制：顺序(Sequence)、或汇聚(OR-Join)、与汇聚(And-Join)、或汇出(OR-Split)和与汇出(And-Split)。通过这五种流向控制就可以组合成各种不同的工作流模式。设计中每个步骤组件中都存在一个路由组件，此组件担负着承前继后的作用。由于每个步骤都不仅与它的前驱有关而且还与它的后继有关，因此路由组件中也要包含两部分的信息，即前依赖步骤和后转发步骤。下面给出路由组件模型的 XML 描述：

```
<Route-Component>
    <Condition type="sequence/and/or">
        <Step name="Xxx" id="X"/>
        <!-其它前依赖步骤->
    </Condition>
```

```
    < Next type = "sequence/and/or">
        < Step name = "Yyy" id = "Y"/>
        <! - 其它后转发步骤 ->
    </Next >
</Route-Component >
```

其中,Condition 标签标志其所在的步骤组件的前依赖步骤,Next 标签标志着执行当前步骤之后的后转发步骤。

3. 活动组件

活动组件是封装了业务流程的活动定义和活动相关应用程序的实现体,是一类能够完成一定业务活动功能的流程组件。根据活动的类型不同,又可以把活动组件划分成两种原子组件:自动活动组件(Automatic Activity-Component)和手动活动组件(Manual Activity-Component)。自动活动组件是能够被计算机自动处理,直接由工作流管理系统来管理的活动组件。手工活动组件是需要与参与者的交互才能完成的活动组件。下面给出活动组件模型的 XML 描述:

```
< Activity-Component name = "Xxx" id = "X" type = "manual/auto">
    < Description >活动描述</Description >
    < Participant >参与者</Participant >
    < Resource >所需资源</Resource >
    < Statue >状态</Statue >
    < Task >
        <! - 相关属性列表 ->
    < Task >
</Activity-Component >
```

工作流建模的主要任务是获取过程模型,工作流组件化之后,过程组件代表一个完整的业务过程,因此过程组件模型就是对一个业务过程的完整描述,其实就是通常所说的工作流过程定义。针对前面给出的基本组件模型的 XML 描述,给出过程组件模型的 XML 描述:

```
< Process-Component name = "P">
    < Step-Component id = "n0" type = "Begin">
        < list >
            < Step name = "a" id = "m0"/>
            <! - 其它步骤 ->
        </List >
```

```
</Step-Component >
< Step-Component id = "n1" type = "Normal">
    < Route-Component >
        < Condition type = "sequence/and/or">
            < Stpe name = "b" id = "m1"/>
            <! - 其它前依赖步骤 - >
        </Condition >
        < Next type = "sequence/and/or">
            < Stpe name = "c" id = "m2"/>
            <! - 其它后转发步骤 - >
        </Next >
    </Route-Component >
    < Activity-Component name = "d" id = "m3">
        < Description >活动描述</Description >
        < Participant >参与者</Participant >
        < Resource >所需资源</Resource >
        < Statue >状态</Statue >
        < Task >
            <! - 相关属性列表 - >
        </Task >
    </Activity-Component >
</Step-Component >
```

由 WfMC 给出的工作流管理系统参考模型可知，工作流引擎是工作流系统的核心，其设计的好坏直接影响着工作流系统的性能。工作流引擎负责过程模型的实例化和执行，产生任务项并自动调用应用程序，以及维护工作流控制数据和工作流相关数据等功能。引擎的主要功能模块包括 IOC 容器、引擎内核、流程监控器、任务表管理器。IOC 容器主要实现对组件生命周期的维护，建立组件之间的依赖关系，引擎内核主要完成流程的调度，流程监控器用于对正在执行的自动化计算过程进行人为干涉，包括流程的启动、挂起、跳转、恢复及终止等功能；任务表管理器主要完成计算任务的分配。具体设计方法可参考 WfMC 规范[27]，本节不在此赘述。

9.2.3 软件功能实现

软件主界面和操作界面如图 9.19 所示。通过拖放分析设计组件和组件链接，搭建概率损伤容限分析设计流程如图 9.20 所示。下面对主要功能模块设计进行介绍。

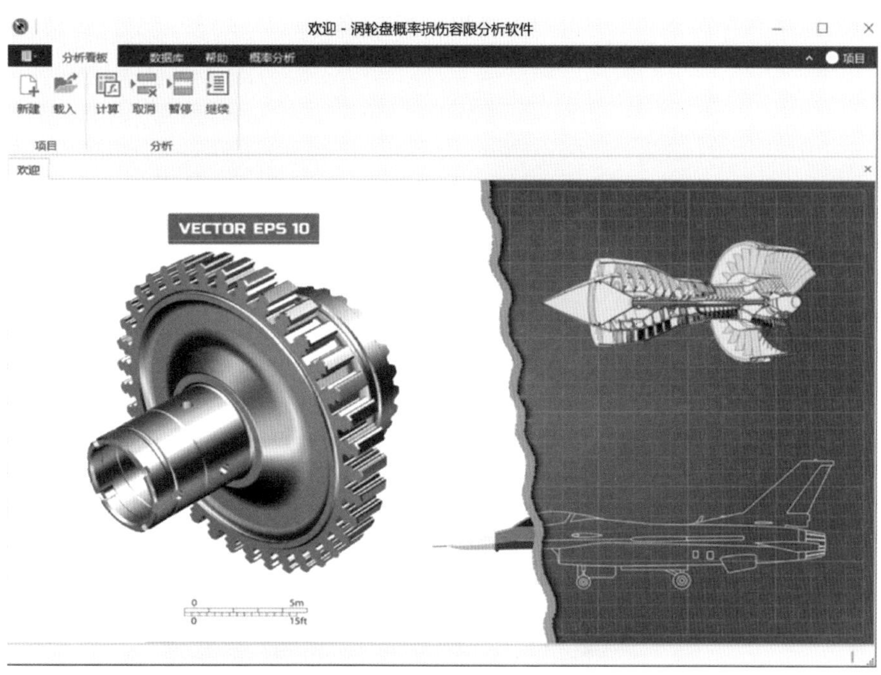

图 9.19　涡轮盘概率损伤容限分析软件主界面

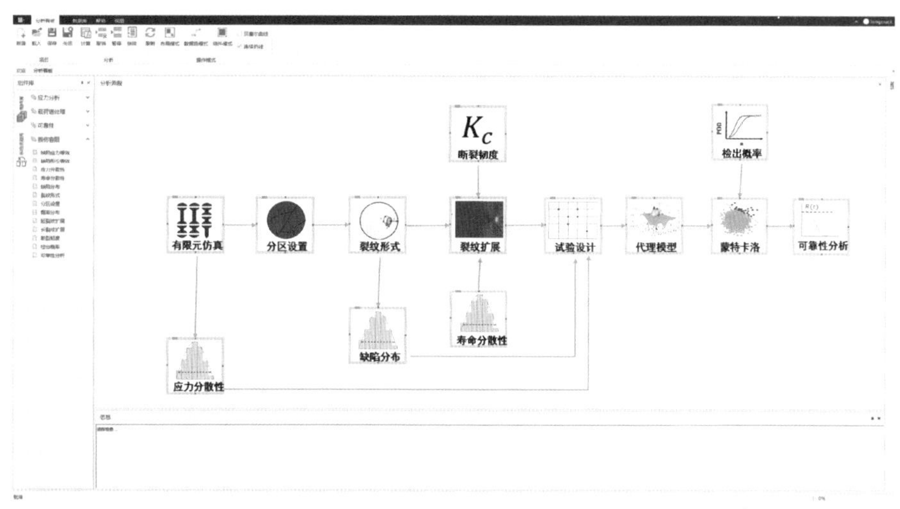

图 9.20　涡轮盘概率损伤容限分析流程

1. 缺陷分布概率表征模块

缺陷分布概率表征模块设置如图 9.21 所示。在缺陷概率表征模块，软件内置了标准正态分布、正态分布、威布尔分布、指数分布四类分布表征类型，用户可以根据需要选择合适的缺陷表征方法，通过输入表征参数(以威布尔分布为例，包括均值、方差、上下限),对涡轮盘中缺陷分布的分散性进行表征。具体表征参数可以通过对真实涡轮盘进行取样,开展断口观测分析获得,详见第 9.1.2 节。

图 9.21 缺陷分布概率表征设置

2. 缺陷检出概率表征

缺陷检出概率表征模块设置如图 9.22 所示。与缺陷概率表征设置类似,缺陷检出概率表征包含了标准正态分布、正态分布、威布尔分布、指数分布四类检出概率表征类型,用户可以根据需要选择合适的检出概率表征方法,通过输入表征参数,对检出概率进行表征如图 9.23 所示。具体参数获取方法见第 8 章。

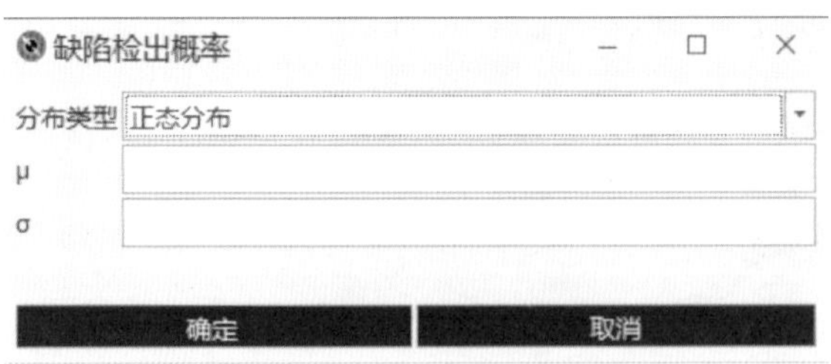

图 9.22 缺陷检出概率表征设置

3. 分区设置

用户可以设置用于自动分区的分区原则,包括按照温度分区、按照应力分区和自动分区三种方法。通过设置温度间隔区间或者应力间隔区间,软件将调用分区算法,对涡轮盘按照分区原则进行分区,如图 9.24 所示。具体分区算法见第 9.1.4 节。

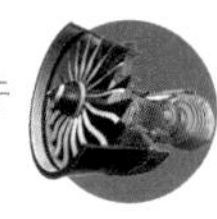

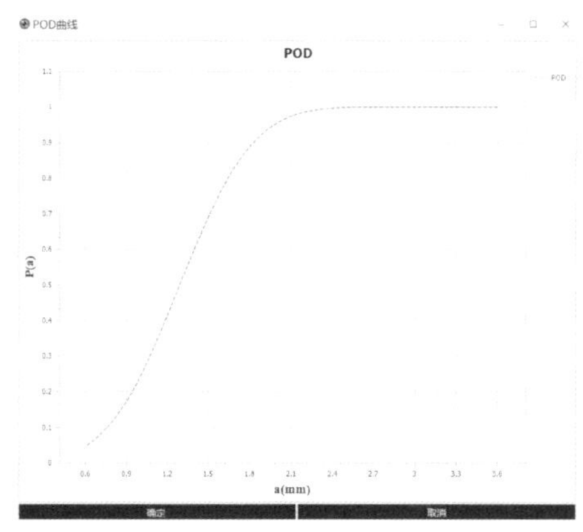

图 9.23　缺陷检出概率表征结果

分区设置

温度区间(℃)　300

应力区间(MPa　200

分区方法　自动分区

确定　取消

图 9.24　分区设置

同时，软件考虑了不同分区缺陷分布的差异，用户可以选择分区，对各个分区的缺陷分布进行设置，如图 9.25 所示。

4. 应力强度因子求解

应力强度因子求解设置如图 9.26 所示。软件包括贯穿裂纹、角裂纹、表面裂纹和嵌入裂纹等 4 大类 19 种初始裂纹形式的应力强度因子快速求解方法。用户可以根据需要初始裂纹形式并设置几何和载荷参数。以矩形板表面裂纹为例，用户可以输入平板宽度 W 和厚度 t，以及应力梯度系数 Poly6 这三个参数，将其加入到应力强度因子计算中。在分析过程中将调用对应的求解算法从而实现快速求解，详见第 9.1.3 节。

5. 裂纹扩展模型

裂纹扩展模型包括涡轮盘短裂纹扩展模型和长裂纹扩展模型两类，如图 9.27 所示。软件内置了修正 Tanaka 模型、N-R 模型和 Shyam 模型三类短裂纹扩展模型，以及 Paris 模型、Walker 模型和 NASGRO 三种长裂纹扩展模型。用户可以通过选择需要的裂纹扩展模型，通过设置模型参数表，从而完成裂纹扩展寿命分析。具体模型建立方法见第 4、5、6 章及第 9.1.3 节。

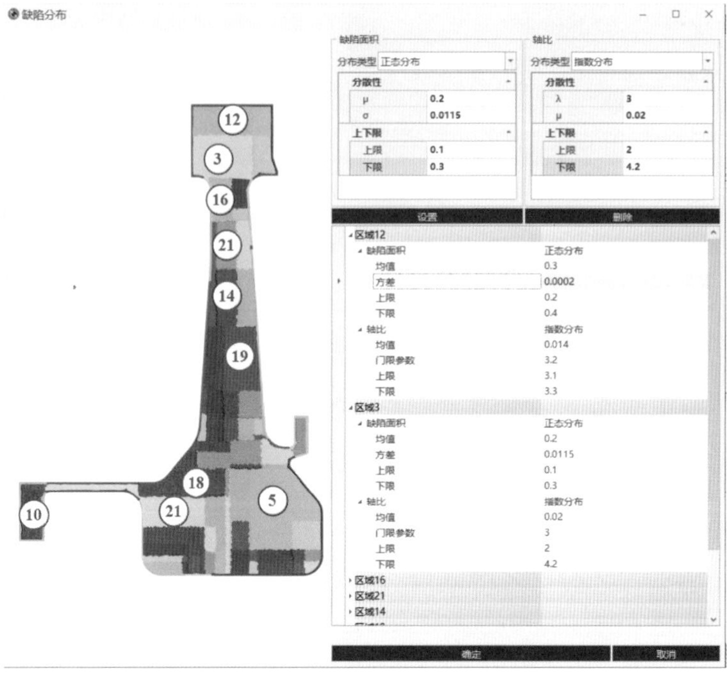

图 9.25　不同分区缺陷分布

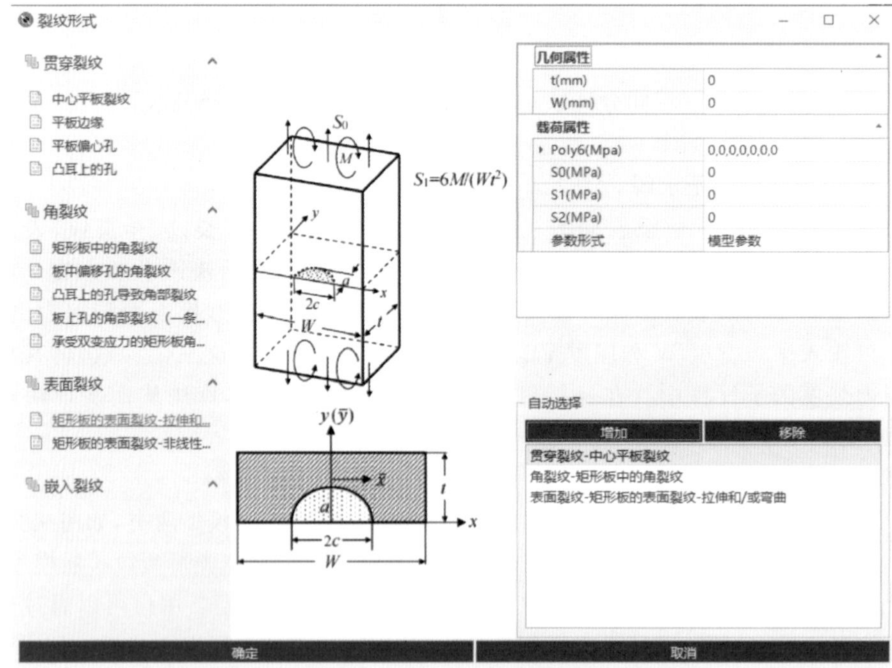

图 9.26　应力强度因子求解

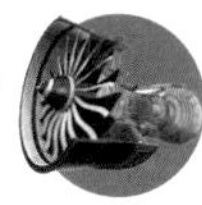

图 9.27　裂纹扩展寿命模型

6. 应力与寿命分散性分析

应力与寿命分散性设置如图 9.28 所示。与缺陷分布概率表征设置类似，应力与寿命分散性分析包含了标准正态分布、正态分布、威布尔分布、指数分布四类分散性表征类型，用户可以根据需要选择合适的分布概率表征方法，通过输入表征参数，对应力和寿命的分散性进行表征。具体分析方法见第 9.1.1、第 9.1.3 节。

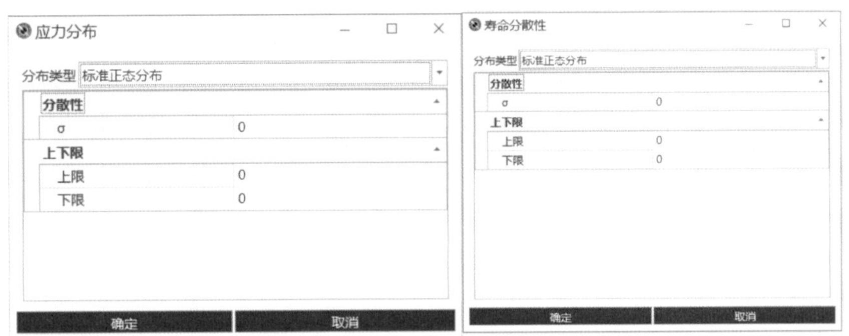

图 9.28　应力与寿命分散性表征

7. 失效风险分析模块

失效风险分析模块如图 9.29 所示。通过设置不同检修周期，即可计算出裂纹扩展寿命与给定维修周期下概率损伤容限可靠性/失效风险－设计寿命关系，为检修周期制订提供依据。可以看出，在相同检修周期下，涡轮盘可靠性随设计寿命增加而逐渐降低，此时由于漏检裂纹导致的失效风险逐渐增加；检修周期越长，可靠度越低，失效风险越高。具体分析方法见第 9.1.4、第 9.1.5 节。

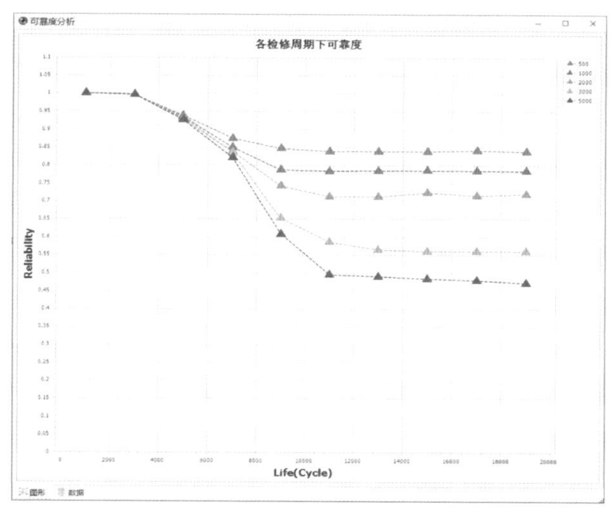

图 9.29　各检修周期下可靠度分布

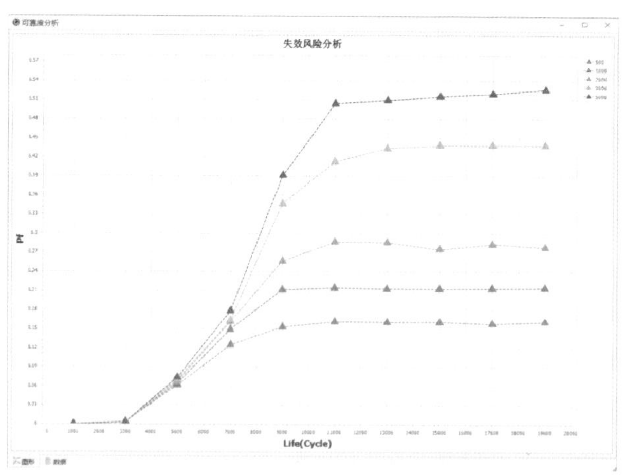

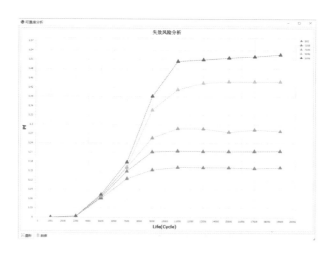

图 9.30　各检修周期下失效风险分布

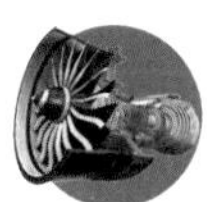

9.3　案例分析

9.3.1　涡轮盘损伤容限分析

本节针对某型航空发动机 FGH96 材料涡轮盘结构，开展损伤容限分析，以确定涡轮盘检修周期。分析过程中忽略应力、裂纹扩展等分散性影响。

首先针对涡轮盘开展静强度分析，涡轮盘中Ⅰ型裂纹由最大主应变和最大主应力主导，由分析结果可知，涡轮盘最大主应变和最大主应力的最大值点均位于辐板倒圆，因此该部位是涡轮盘的危险点，为裂纹扩展部位。

由于此时不考虑分散性影响，直接采用 FRANC3D 进行裂纹扩展有限元分析，无须建立权函数模型。在危险部位，即辐板倒圆部位插入半径为 0.2 mm 的圆形初始裂纹。

为确定裂纹扩展过程中裂纹面的形状，通过计算裂纹前缘各点的应力强度因子，预测下一步扩展后的裂纹前缘各点位置，通过 3 次多项式拟合确定扩展后的裂纹前缘形状。经过不断迭代可以得到裂纹扩展过程如图 9.31 所示。裂纹扩展中计算得到的应力强度因子变化曲线如图 9.32 所示。

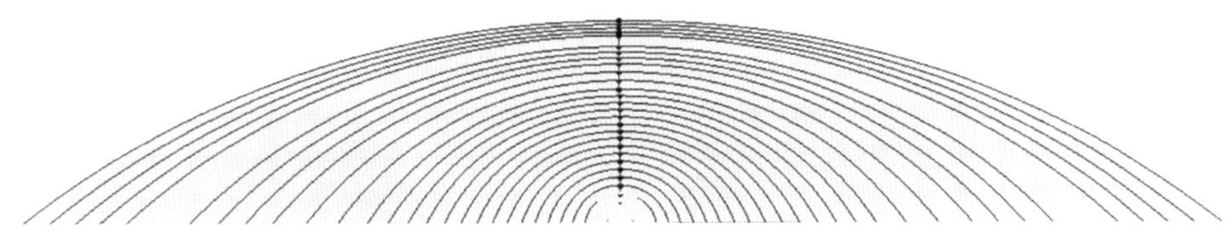

图 9.31　裂纹扩展过程

将裂纹扩展模型代入到应力强度因子计算结果进行寿命预测，其中机械载荷应力比设置为 0.1，利用裂纹扩展模型进行计算，当应力强度因子达到断裂韧度时即认为涡轮盘失效。寿命分析结果如图 9.33 所示。

根据确定性损伤容限要求，初始裂纹尺寸与无损检测能力相关，基于 95% 置信度下 90% 检出概率对应的缺陷尺寸设置初始裂纹尺寸为 0.78 mm。当初始裂纹长度为 0.78 mm 时，计算得到剩余寿命为 10 574 cycles。根据《航空发动机结构完整性大纲》[28] 设计要求在两倍规定的检查间隔内，初始裂纹不会因施加所要求的剩余强度载荷而扩展到临界尺寸，并引起轮盘破坏。据此分析得到检修周期应不高于 5 287 cycle。

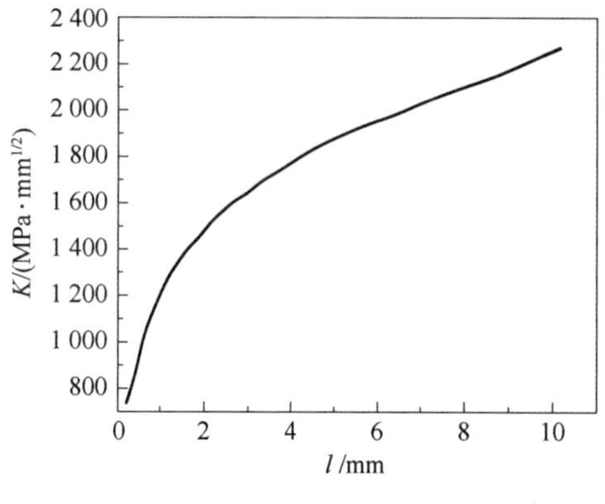

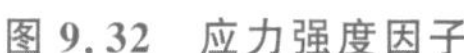

图 9.32　应力强度因子

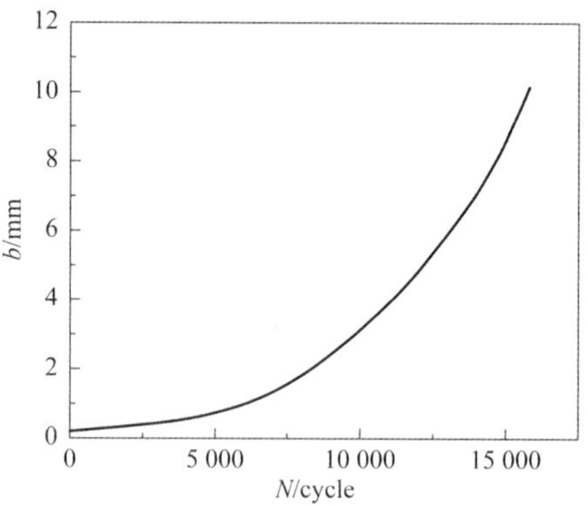

图 9.33　裂纹扩展寿命预测结果

9.3.2　涡轮盘危险部位概率损伤容限分析

本节针对某型航空发动机 GH4169 材料涡轮盘结构，开展考虑表面加工缺陷的危险部位概率损伤容限分析，重点考虑几何、裂纹扩展模型、缺陷检测技术的分散性。

1. 随机变量分散性表征

涡轮盘几何模型如图 9.34 所示，以最大应力为目标通过灵敏度分析筛选涡轮盘关键几何尺寸：CENTER2（偏心孔径向位置）、H9（出气面盘心下端径向位置）、W7（出气面辐板-安装边间距）、W10（进气面盘缘-出气面安装边间距），针对实际涡轮盘进行测量，采用正态分布表征结果如表 9.7 所列。

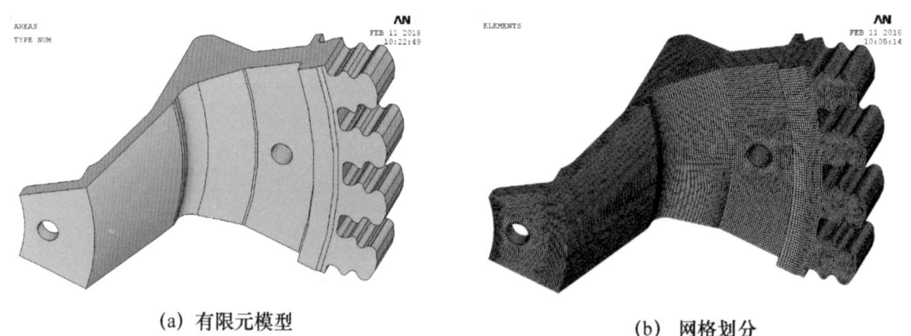

(a) 有限元模型　　(b) 网格划分

图 9.34　涡轮盘几何模型

表 9.7　关键尺寸测量结果

符　号	计量值/mm					
CENTER2	77.5	/	77.498 5	77.43	77.49	77.51
H9	51.11	51.11	50.812 5	50.81	50.813	50.82
W7	54.39	/	/	54.58	54.60	54.59
W10	43.69	/	/	43.95	44.01	44.01

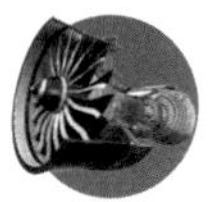

假定各加工尺寸服从正态分布，其概率密度函数、累积分布函数分别表示为

$$f(x)=\frac{1}{\sigma\sqrt{2\pi}}e^{-\frac{(t-\mu)^2}{2\sigma^2}} \tag{9.48}$$

$$p=F(X_L|\mu,\sigma)=\frac{1}{\sigma\sqrt{2\pi}}\int_{-\infty}^{X_L}e^{-\frac{(t-\mu)^2}{2\sigma^2}}\mathrm{d}t \tag{9.49}$$

采用最小二乘法进行参数拟合，最终获得各关键几何尺寸概率分布模型，参数如表 9.8 所列。

表 9.8　关键尺寸正态分布特征参数

符　号	CENTER2	H9	W7	W10
均值 μ /mm	77.49	50.86	54.59	43.99
标准差 σ/mm	0.031 9	0.120 5	0.009 6	0.028 3

针对应力分散性，结合蒙特卡洛和代理模型确定应力数据。在设计转速下模拟涡轮盘偏心孔处尺寸为 $a_0=b_0=0.5$ mm 的初始角裂纹扩展过程，采用最优拉丁方法对关键几何尺寸 CENTER2、H9、W7、W10 进行抽样，并取初始裂纹前缘最大应力强度因子 $K_{\max}^{fr}$ 随抽样点数量 N_s 的变化规律量化裂纹扩展模拟方法的收敛性，结果如表 9.9 所列。可以看出，当样本点数量 N_s 大于 100 时，$K_{\max}^{fr}$ 收敛于 MCS 模拟结果（相对误差小于 1%）。因此，可以认为，基于代理模型的裂纹扩展概率分析方法，所需样本量为 100，明显少于采用假设分布量化涡轮盘几何随机性进而模拟裂纹扩展的概率分析方法（抽样点 400），证明了该方法的计算效率优势。涡轮盘可靠度随循环数变化规律如图 9.35 所示，计算得到 99.87%下扩展寿命为 15 752 cycles，据此确定检修周期不高于 7 876 cycle。

表 9.9　初始裂纹前缘最大应力强度因子随抽样点数量的变化规律

计算方法	代理模型				蒙特卡洛
N_s	25	50	100	200	1 000
$K_{\max}^{fr}$	18.99	24.38	27.53	27.41	27.44

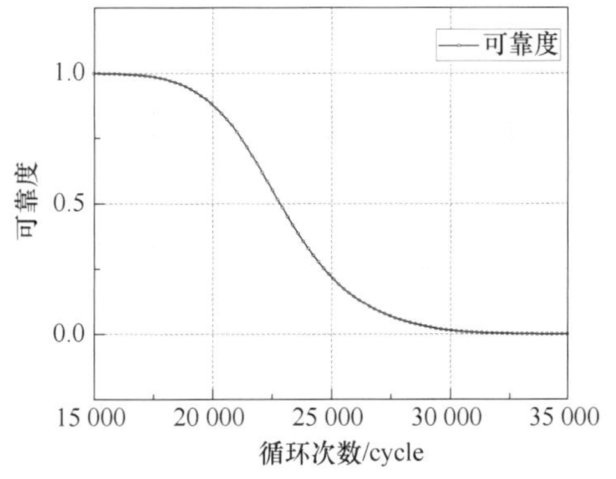

图 9.35　涡轮盘可靠度随循环数的变化

2. 概率损伤容限分析

概率损伤容限分析中裂纹扩展模拟结果如图 9.36 所示。考虑检修周期的失效概率分析过程中以给定裂纹扩展增量 Δa 下的循环间隔 ΔN 的分布表征裂纹材料、几何随机性，将“裂纹增长至断裂临界值 a_{IC} 之前被检出”视为“安全”，将“裂纹在未检出条件下增长至断裂临界值 a_{IC}”视为“失效”。

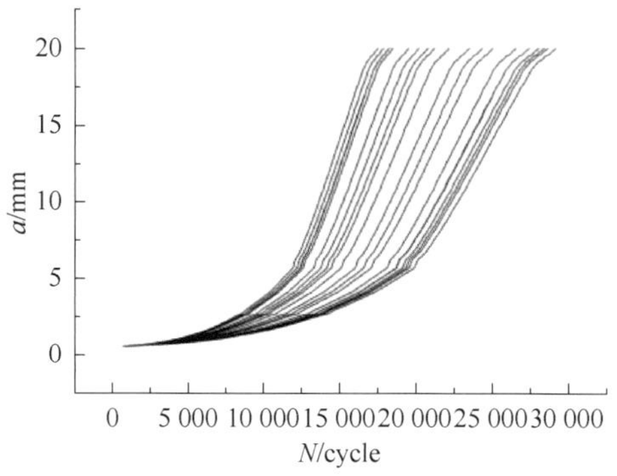

图 9.36　裂纹扩展模拟结果

设置检修周期 ΔT 由 500 至 50 000 cycle 变化时，在概率损伤容限评估框架下计算可靠度随设计寿命的变化规律，如图 9.37 所示。可以看出：

① 在相同检修周期 ΔT 下，涡轮盘可靠度 R 随设计寿命 N_d 增加而逐渐降低，表明由于漏检裂纹导致的失效风险逐渐增加；

② 随检修周期 ΔT 增加，设计寿命 N_d 大于预测寿命 N_e 时对应的可靠度 R 降低，并在检修周期 ΔT 大于预测寿命 N_e 时，可靠度 R 将趋于 0，对应无检修返厂情况。

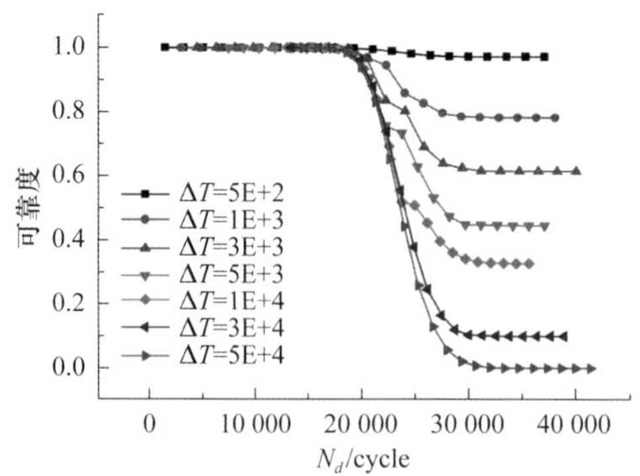

图 9.37　给定检修周期下可靠度与设计寿命关系模拟结果

本算例考虑材料、几何、检测共三类随机性，建立了基于代理模型的概率损伤容限分析方法，以偏心孔低周疲劳裂纹扩展为例，在给定检修周期下开展概率损伤容限

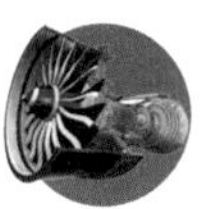

分析。结果表明，随检修周期增加，因漏检裂纹导致的失效风险逐渐增加，在相同设计寿命下涡轮盘可靠性逐渐降低，与预期相符。

9.3.3　基于分区的涡轮盘概率损伤容限分析

本节针对某型航空发动机 FGH96 材料涡轮盘结构，开展基于分区的概率损伤容限分析。涡轮盘表面及内部缺陷均可导致疲劳裂纹故障，影响涡轮盘寿命。概率损伤容限分析时考虑缺陷所致裂纹扩展，同时考虑缺陷、应力、裂纹扩展及检测的分散性。

在发动机工作过程中，涡轮盘会受到叶片及轮盘本身产生的离心载荷，温度梯度引起的温度应力，振动载荷，气动载荷和装配应力等。由于振动载荷、气动载荷和装配应力对轮盘的静强度影响较小，载荷数据也比较有限，所以在强度计算时主要考虑离心载荷和温度载荷的影响。根据 9.1.1 节载荷谱处理方法得到涡轮盘主循环峰值转速，同时将叶片旋转引起的离心载荷简化处理为轮缘表面的均布载荷。依据 9.1.3 节所述分区原则开展涡轮盘二维轴对称剖面分区，将轮盘整体分 100 个分区，如图 9.40 所示。

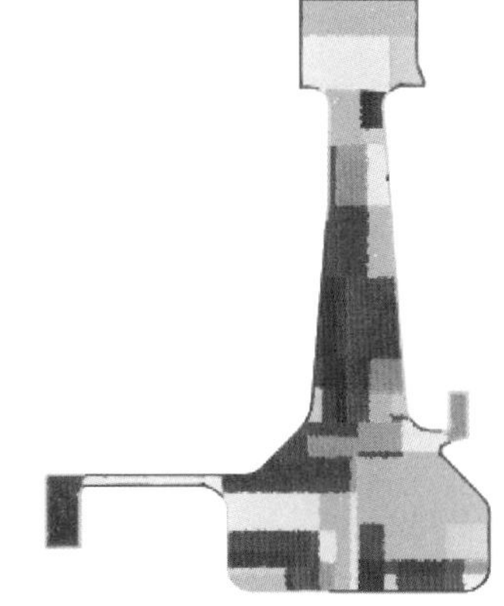

图 9.38　轮缘表面的均布载荷

根据统计，涡轮盘中缺陷尺寸大多小于 180 μm(短裂纹和长裂纹界限)，因此在计算裂纹扩展寿命时，首先选择 9.1.3 节的修正 Tanaka 模型进行短裂纹扩展模拟，然后结合计算长裂纹扩展寿命。按照前述概率损伤容限计算方法，在涡轮盘分区内进行应力、缺陷分布抽样计算，依据式(9.47)计算涡轮盘可靠度，如图 9.39 所示。表 9.10给出了不同可靠度下的寿命循环，当可靠度为 99.87%时，对应的寿命为 7 755 cycle，据此确定检修周期不高于7 755 cycle。图 9.40 显示出了当可靠度为 99.87%时，涡轮盘中可能失效的三个区域，分别位于辐板倒圆，过渡段和盘心，这也是应力较大且存在应力集中的部位。设置检修周期 ΔT 由 500 至 20 000 循环，计算可靠度随寿命循环的变化规律，如图 9.41 所示，与 9.3.2 节结论类似。

表 9.10　不同可靠度下疲劳寿命

可靠度	99.87%	99%	90%	50%
寿命/cycle	7 755	8 622	9 964	11 553

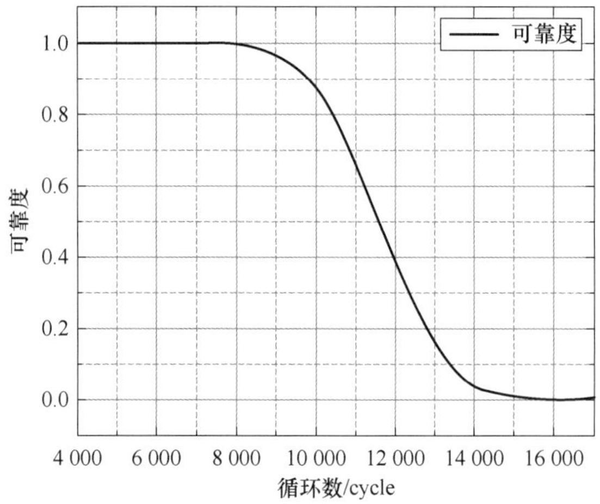

图 9.39　涡轮盘可靠度随循环数的变化

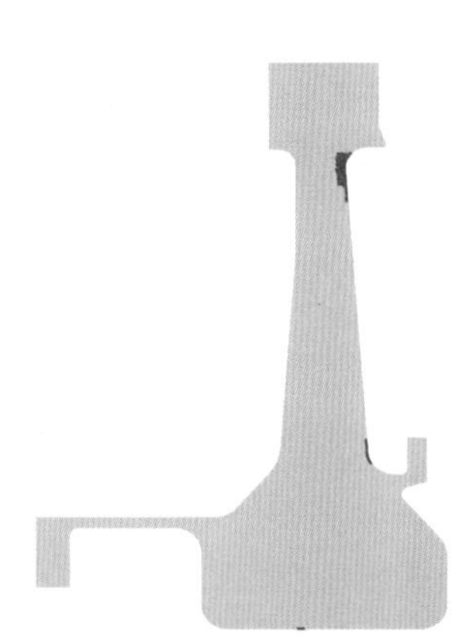

图 9.40　涡轮盘失效区域

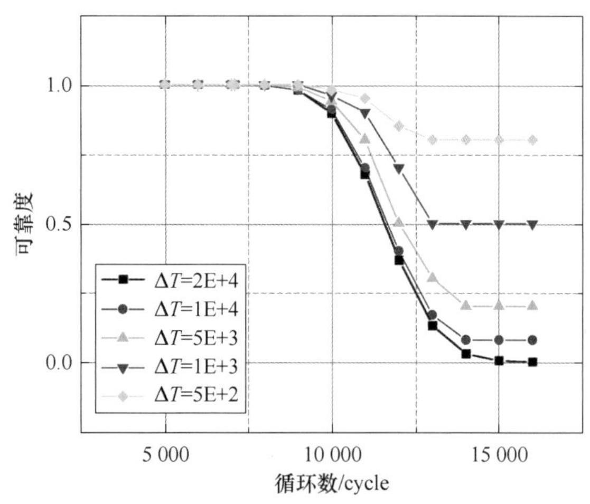

图 9.41　可靠度与循环数关系模拟结果

采用分区方法进行失效概率分析时，计算结果与区域数量密切相关，划分不同数量区域后对失效概率进行计算，结果如图 9.42 所示。从图中可以看出，随着迭代次数增加，区域数量逐渐增加，失效概率预测值逐渐降低并趋于收敛。理论上，区域数量越多失效概率预测结果精度越高，但区域数量越多，失效概率计算量越大，因此需要选择合适的区域数量，从而兼顾计算精度和效率。

上述三个案例分别介绍了不考虑分散性的涡轮盘损伤容限分析、考虑表面危险部位的概率损伤容限分析，及考虑材料内部缺陷的概率损伤容限分析流程。涡轮盘真实载荷环境复杂，存在应力、裂纹扩展等多种分散性，在实际过程中主要采用基于分区的概率损伤容限分析方法，综合考虑多种分散性影响，并结合涡轮盘检测能力获

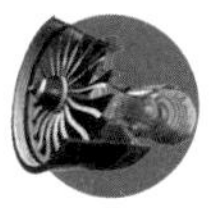

取给定检修周期下寿命及可靠度。

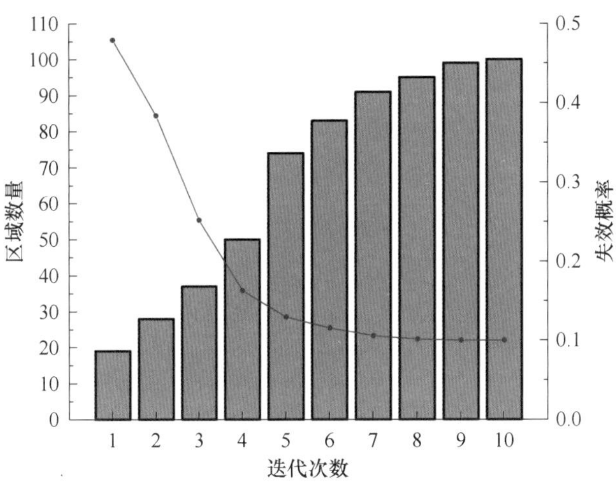

图 9.42　区域数量与失效概率关系

9.4　本章小结

本章建立了概率损伤容限容限分析流程。针对涡轮盘载荷特征，介绍了载荷谱处理方法，并结合应力分散因子描述应力分散性特征；建立了基于统计数据的缺陷分散性分析方法；分别从短裂纹和长裂纹两阶段建立概率表征模型，发展了结合权函数和寿命近似曲线的高精度高效率寿命分散性分析方法；实现了基于分区的风险分析，并结合 PoD 实现了检修周期制定。最后开发了面向设计流程的涡轮盘损伤容限分析软件，并结合三个典型案例具体介绍了涡轮盘损伤容限分析方法，为工程应用提供工具支撑。

9.5　参考文献

[1] FEDERAL AVIATION ADIMINISTRATION. Advisory circular: guidance material for aircraft engine life-limited parts requirements[Z]. 2009.

[2] FEDERAL AVIATION ADIMINISTRATION. Advisory circular: damage tolerance of hole features in high-energy turbine engine rotors[Z]. 2009.

[3] MILLWATER H R, ENRIGHT M P, FITCH S. A convergent probabilistic technique for risk assessment of gas turbine disks subject to metallurgical

defects[C]. 43rd Structures, Structural Dynamics, and Materials Conference, Denver, CO, Apr, 2002: 22-25.

[4] WU Y T, ENRIGHT M P. Probabilistic methods for design assessment of reliability with inspection [J]. American Institute of Aeronautics and Astronautics, 2002, Vol. 40(5): 937-946.

[5] WANG R, LIU X, HU D, et al. Zone-based reliability analysis on fatigue life of GH720Li turbine disk concerning uncertainty quantification [J]. Aerospace Science and Technology, 2017, 70: 300-309.

[6] 王荣桥，胡殿印. 发动机结构可靠性设计理论及应用[M]. 北京:科学出版社，2017.

[7] 何秀然，谢寿生，孙冬. 航空发动机载荷谱雨流计数的一种改进算法[J]. 燃气涡轮试验与研究，2005，18 (2)：27-30.

[8] 吴富民. 结构疲劳强度[M]. 西安:西北工业大学出版社，1985：123-128.

[9] 陆华，陈亮. 全信息代表飞机起落疲劳载荷谱编制方法研究[J]. 飞机设计，2007，27 (6)：38-42.

[10] 王通北，陈美英. 发动机零件的低循环疲劳寿命消耗和循环换算率[J]. 航空发动机，1995，4 (01)：56-60.

[11] BUCHER C G, BOURGUND U. A fast and efficient response surface approach for structure stability problems. [J] Structural safety, 1990, 7: 57-66.

[12] JOURNEL A G, ROSSI M E. When do we need a trend model in kriging? [J]. Mathematical Geology, 1989, 21(7): 715-739.

[13] JAIN A K, MAO J, MOHIUDDIN K M. Artificial neural networks: A tutorial[J]. Computer, 1996, 29(3): 31-44.

[14] HEARST M A, DUMAIS S T, OSUNA E, et al. Support vector machines [J]. IEEE Intelligent Systems and their applications, 1998, 13(4): 18-28.

[15] ENRIGHT M P, LUC H. Methodology for probabilistic life prediction of multiple-anomaly materials [J]. American Institute of Aeronautics and Astronautics, 2006, 44(4):787-793.

[16] 徐宇飞，胡殿印，毛建兴，等. 考虑应力比及温度影响的粉末高温合金短裂纹扩展模型研究[J]. 推进技术，2023，44(5):232-239.

[17] ANNORNYARKO M, XIA H. Numerical fracture analysis of a reactor pressure vessel based on abaqus-FRANC3D co-simulation method [J]. Procedia Structural Integrity, 2022, 37:225-232.

[18] BUECKNER H F. A novel principle for the computation of stress intensity factors[J]. Journal of Applied Mathematics and Mechanics, 1970, 50(10):

529-546.

[19] RICE J. Some remarks on elastic crack-tip stress field[J]. International Journal of Solids and Structures, 1972, 8(6):751-758.

[20] GLINKA G, SHEN G. Universal features of weight functions for cracks in mode I[J]. Engineering Fracture Mechanics, 1991, 40(6):1135-1146.

[21] 万志鹏,王涛,李钊,等. 晶界一次 γ′相对 GH4720Li 合金晶粒长大行为的影响[J]. 材料热处理学报, 2020, 41(08):173-181.

[22] LEE D, YOON S, PARK J, et al. Demonstration of model-assisted probability of detection framework for ultrasonic inspection of cracks in compressor blades[J]. NDT & E International. 2022, 128: 102618.1-102618.11.

[23] MCCLUNG R C, LEE Y D, ENRIGHT M P, LIANG W. New methods for automated fatigue crack growth and reliability analysis[J]. Journal of Engineering for Gas Turbines and Power, 2014, Vol.136(6): 062101.

[24] Southwest Research Institute. DARWIN® 8.0 Theory[M]. 2013.

[25] WU Y T, MILLWATER H R, ENRIGHT M P. Efficient and accurate methods for probabilistic analysis of titanium rotors[C]. Proceedings, 8th ASCE Specialty Conference on Probabilistic Mechanics and Structural Reliability, South Bend, IN, 2000: 24-26.

[26] 史美林, 杨光信, 向勇, 等. 工作流管理系统[J]. 计算机学报, 1999, 22(3): 325-329.

[27] HOLLINGSWORTH D. The workflow reference model[C]. WFMC-TC-1003. Hampshire: WFMC, 2009.

[28] U S. DEPARTMENT OF DEFENSE. MIL-HDBK-1783B Engine Structural Integrity Program[S]. Washington, DC: U. S. Department of Defense, 2002.